高等院校通信与信息专业系列教材

数字图像处理（MATLAB 版）
第 2 版

主　编　王科平
副主编　张志刚
参　编　赵运基　张中卫　张培玲

机械工业出版社

本书详细介绍了数字图像处理技术。为了便于理解，书中紧密结合大量实际应用，同时列举了基于 MATLAB 的仿真实例，使书中内容易于理解、实用性强。全书共 7 章。第 1 章为绪论，让读者对数字图像处理的基础有一个概要的认识。第 2 章为图像视觉系统与图像输入/输出设备，从硬件角度对数字图像处理系统有一个整体的认识。第 3~7 章为基本的、常见的数字图像处理技术，涵盖内容有图像变换、图像增强、图像编码、形态学图像处理和彩色图像处理，并在每章后配有基于 MATLAB 的图像处理技术实例以及拓展与思考环节，帮助读者进一步加深书中知识点的理解。

本书既可作为高等学校电子信息、通信工程、信号与信息处理学科的本科生教材，也可作为从事图像处理研究的科研工作者的参考用书。

为了满足教师和工程技术人员电子教学和培训的需要，本书免费提供电子课件。欢迎使用该教材的教师登录 www.cmpedu.com 免费注册、审核后下载，或联系编辑索取（微信：18515977506，电话：010-88379753）。

图书在版编目（CIP）数据

数字图像处理：MATLAB 版 / 王科平主编 . -- 2 版 . -- 北京：机械工业出版社，2025.6. --（高等院校通信与信息专业系列教材）. -- ISBN 978-7-111-78404-3

Ⅰ . TN911.73

中国国家版本馆 CIP 数据核字第 20254Y4C07 号

机械工业出版社（北京市百万庄大街 22 号　邮政编码 100037）
策划编辑：李馨馨　　　　　　　　责任编辑：李馨馨　秦　菲
责任校对：孙明慧　张慧敏　景　飞　封面设计：鞠　杨
责任印制：张　博
北京机工印刷厂有限公司印刷
2025 年 7 月第 2 版第 1 次印刷
184mm×260mm・13.5 印张・331 千字
标准书号：ISBN 978-7-111-78404-3
定价：59.80 元

电话服务　　　　　　　　　网络服务
客服电话：010-88361066　　机　工　官　网：www.cmpbook.com
　　　　　010-88379833　　机　工　官　博：weibo.com/cmp1952
　　　　　010-68326294　　金　书　网：www.golden-book.com
封底无防伪标均为盗版　　　机工教育服务网：www.cmpedu.com

前　言

　　数字图像处理主要研究的是将图像信号转换成数字信号并利用计算机对其进行处理，使之能具备更好的视觉效果或满足某些应用的特定需求。随着计算机技术的发展，数字图像处理技术在许多应用领域受到广泛重视并取得了重大的开拓性成就，目前已成为工程学、信息科学、计算机科学、生物学、医学甚至社会科学等各学科之间学习和研究的对象。其应用遍及社会的各个领域，如航空航天、遥感图像处理、医学图像处理、通信图像处理、工业图像处理、国防和公共安全等，对推动社会发展和改善人们生活水平都起到了重要的作用。

　　本书第 1 章和第 2 章主要介绍了数字图像处理的基础知识和图像处理系统的框架、硬件设备。第 3~7 章是最基本的、典型的图像处理技术：第 3 章详细地分析了图像处理中的傅里叶变换、离散余弦变换和非常实用的小波变换；第 4 章非常系统、全面地讲解了空域和频域中的各种不同的图像增强方法；第 5 章分别从无损压缩编码和限失真压缩编码的角度分析了不同的图像编码技术；第 6 章分析了形态学中的基础知识，结合实例讲述了多种形态学方法；第 7 章包含彩色图像处理的基本知识和真彩色、伪彩色图像增强的方法。

　　本书在介绍图像处理理论的同时，采用 MATLAB 软件，对书中的技术进行了编程实现，帮助读者在最短时间内，达到最好的学习效果。通过本书的学习，读者不仅能够快速掌握数字图像处理的理论知识，还可以掌握 MATLAB 的编程和开发，以及基于 MATLAB 软件的图像处理技术。

　　本书由河南理工大学的王科平（第 1、4 章）、张中卫（第 2、3 章）、张培玲（第 5 章）、赵运基（第 6 章）以及焦作大学的张志刚（第 7 章）共同编写。本书的顺利出版，要感谢河南理工大学的领导和老师给予的大力支持和帮助。

　　由于编者水平有限，书中难免存在不妥之处，请读者提出宝贵意见。

编　者

目　　录

前言
第 1 章　绪论 ··· 1
　1.1　数字图像处理的基本概念 ··· 1
　　1.1.1　模拟图像 ··· 1
　　1.1.2　数字图像 ··· 2
　　1.1.3　像素间的关系 ·· 5
　　1.1.4　数字图像的表示 ··· 8
　1.2　常用文件存储格式 ··· 9
　　1.2.1　BMP 图像文件格式 ·· 9
　　1.2.2　TIFF 图像文件格式 ·· 10
　　1.2.3　GIF 图像文件格式 ·· 10
　　1.2.4　JPEG 图像文件格式 ··· 10
　　1.2.5　PNG 图像文件格式 ·· 11
　　1.2.6　PCX 图像文件格式 ·· 12
　1.3　数字图像处理的主要内容 ··· 13
　1.4　数字图像处理的应用 ··· 15
　1.5　MATLAB 图像处理基础 ··· 21
　1.6　拓展与思考 ··· 24
　1.7　习题 ··· 25
第 2 章　图像视觉系统与图像输入/输出设备 ··· 26
　2.1　图像视觉系统 ··· 26
　　2.1.1　人眼的视觉原理 ··· 26
　　2.1.2　视觉系统的构成 ··· 27
　　2.1.3　光觉和色觉 ·· 29
　　2.1.4　视觉的特性 ·· 32
　2.2　图像处理系统中的常用输入/输出设备 ·· 35
　　2.2.1　输入设备 ··· 35
　　2.2.2　输出设备 ··· 38
　2.3　拓展与思考 ··· 39
　2.4　习题 ··· 40
第 3 章　基本图像变换 ··· 41
　3.1　图像变换的基础知识 ··· 41
　3.2　傅里叶变换 ··· 42
　　3.2.1　一维傅里叶变换 ··· 42
　　3.2.2　二维傅里叶变换 ··· 43
　3.3　离散余弦变换 ··· 49

3.3.1 基本概念 ·· 49
3.3.2 二维离散余弦变换 ··· 49
3.3.3 Gabor 变换 ··· 50
3.4 小波变换 ·· 51
3.4.1 概述 ·· 51
3.4.2 连续小波变换（CWT） ·· 52
3.4.3 离散小波变换（DWT） ·· 53
3.5 基本图像变换 MATLAB 仿真实例 ·· 55
3.5.1 傅里叶变换仿真实例 ··· 55
3.5.2 离散余弦仿真实例 ··· 57
3.5.3 小波变换仿真实例 ··· 59
3.6 拓展与思考 ·· 62
3.7 习题 ·· 64

第4章 图像增强 ·· 65
4.1 空域图像增强技术 ·· 66
4.1.1 直方图修正技术 ··· 66
4.1.2 图像灰度映射 ··· 73
4.1.3 图像间运算 ··· 75
4.1.4 图像平滑处理 ··· 79
4.1.5 图像锐化处理 ··· 85
4.2 频域图像增强技术 ·· 88
4.2.1 频域增强的理论基础 ··· 89
4.2.2 低通滤波法 ··· 89
4.2.3 高通滤波法 ··· 92
4.2.4 带通、带阻滤波法 ··· 95
4.2.5 同态滤波器 ··· 95
4.3 频域增强技术与空域增强技术 ·· 97
4.4 图像增强 MATLAB 仿真实例 ··· 97
4.5 拓展与思考 ·· 105
4.6 习题 ·· 106

第5章 图像编码 ·· 107
5.1 图像编码的基础知识 ·· 107
5.1.1 数据冗余 ·· 107
5.1.2 图像编码中的保真度准则 ··· 109
5.1.3 图像编码模型 ··· 111
5.1.4 信息论的基础理论 ··· 112
5.2 无损压缩编码 ·· 114
5.2.1 基本编码定理 ··· 114
5.2.2 霍夫曼编码 ··· 115
5.2.3 香农-法诺编码 ·· 116
5.2.4 算术编码 ·· 117

5.3　限失真编码 118
      5.3.1　信息率失真定理 119
      5.3.2　预测编码 121
      5.3.3　正交变换编码 126
   5.4　图像编码 MATLAB 仿真实例 131
   5.5　拓展与思考 140
   5.6　习题 141

第 6 章　形态学图像处理 142

   6.1　形态学预备知识 142
      6.1.1　集合的基本知识 143
      6.1.2　二值图像、集合和逻辑运算符 143
   6.2　腐蚀和膨胀 144
      6.2.1　腐蚀 144
      6.2.2　膨胀 146
      6.2.3　腐蚀运算和膨胀运算的对偶性 148
   6.3　开操作和闭操作 148
   6.4　击中和击不中变换 150
   6.5　一些基本形态学算法 151
      6.5.1　边界提取 151
      6.5.2　孔洞填充 153
   6.6　灰度级形态学 154
      6.6.1　腐蚀和膨胀 155
      6.6.2　开运算和闭运算 162
   6.7　形态学图像处理仿真实例 164
      6.7.1　二值图像腐蚀和膨胀的仿真实例 164
      6.7.2　二值图像的开运算与闭运算 166
      6.7.3　灰度图像的腐蚀和膨胀 167
      6.7.4　灰度图像的开运算和闭运算 168
   6.8　拓展与思考 169
   6.9　习题 170

第 7 章　彩色图像处理 172

   7.1　彩色图像的基本概念 172
      7.1.1　彩色视觉基础 172
      7.1.2　三原色与色匹配 173
      7.1.3　色度图 174
      7.1.4　彩色图像在 MATLAB 中的表示 175
   7.2　彩色模型 180
      7.2.1　面向硬件设备的彩色模型 180
      7.2.2　面向视觉感知的彩色模型 182
   7.3　伪彩色增强处理 186
      7.3.1　亮度切割 186

  7.3.2 从灰度到彩色的映射 ·· 187
  7.3.3 频域滤波方法 ·· 189
 7.4 真彩色图像处理 ··· 189
  7.4.1 真彩色处理策略 ··· 189
  7.4.2 单分量变换增强 ··· 190
  7.4.3 全彩色增强 ·· 193
 7.5 彩色图像处理 MATLAB 仿真实例 ·· 194
 7.6 拓展与思考 ··· 204
 7.7 习题 ·· 204
参考文献 ·· 206

第 1 章 绪 论

1.1 数字图像处理的基本概念

图像是我们人类非常熟悉的概念，图像有多种含义，其中最常见的定义是指各种图形和影像的总称。在日常的学习或统计中，图像都是必不可少的组成部分，它为人类构建了一种形象的思维模式，有助于我们学习、思考问题。据统计，在人类从外界接收的信息中约有75%来自于视觉系统，也就是从图像中得到的。所以，图像信息是十分重要的。中国古语中有"百闻不如一见""一目了然""耳听为虚，眼见为实"等，都反映了图像在获取信息中的重要程度。

图像处理技术的应用非常广泛，已给人类带来了巨大的经济和社会效益。未来，它不仅在理论上会有更深入的发展，在应用上亦是科学研究、社会生产乃至人类生活中不可缺少的强有力工具。近年来，人工智能在计算机视觉、自然语言处理、数据挖掘等领域取得了非常显著的成果，成为交通、工业、医疗、金融、教育等众多行业的重要驱动力。图像处理、识别是人工智能领域的一个重要组成部分，是其中应用最为广泛的技术之一。图像处理技术的发展可以进一步推动人工智能在各个应用领域的普及和深入。

"图像"一词主要来自西方艺术史译著，通常指 image、icon、picture 和它们的衍生词，也指人对视觉感知的物质再现。图像可以由光学设备获取，如照相机、镜子、望远镜、显微镜等；也可以人为创作，如手工绘画。图像可以记录与保存在纸质媒介、胶片等对光信号敏感的介质上。

图像可以分为模拟图像和数字图像两大类，随着数字采集技术和信号处理理论的发展，越来越多的图像以数字形式存储。因而，在有些情况下，"图像"一词实际上是指数字图像，本书中主要探讨的也是数字图像的处理。

1.1.1 模拟图像

日常所见到的实物图像，如照片、底片、印刷品、画等都是模拟图像，即，只要是通过客观的物理量表现颜色的图像就是模拟图像。模拟图像是可以用连续函数来描述的，如

$$I=F(x,y) \tag{1-1}$$

式中，I 表示图像；(x,y) 为图像任意一点的光照位置；F 为图像各点对应的特性，如光照强度。x、y 和 F 均可以取任意数值，它们均为连续变化的量。

在计算机尚未出现时，图像处理指的是模拟图像处理。模拟图像是指图像空间坐标和明暗程度都连续变化的、计算机无法直接处理的图像。模拟图像处理主要包括光学处理（利用透镜）和电子处理，其优点是速度快，理论上可达到光速；缺点是精度低，灵活性差。数字图像处理是指经过空间采样和幅值量化后的图像，它可以利用计算机或其他实时的硬件处理，因而又称为计算机图像处理，它的优点是精度高，变通能力强。

1.1.2 数字图像

数字图像(或称数码图像)是指以数字方式存储的图像。将图像在空间上离散、量化存储每一个离散位置的信息,这样就可以得到最简单的数字图像。数字图像处理技术起源于20世纪20年代,当时通过海底电缆从英国伦敦到美国纽约传输了一幅照片,它采用了数字压缩技术。就当时的技术水平来看,如果不压缩,传一幅图像要一星期时间,压缩后只用了3h。1964年美国的"喷气推进实验室"处理了由太空船"徘徊者七号"发回的月球照片,这标志着第三代计算机问世后,数字图像处理概念开始得到应用。其后,数字图像处理技术发展迅速,目前已成为工程学、计算机科学、信息科学、统计学、物理、化学、生物学、医学,甚至社会科学领域中各学科之间学习和研究的对象。

图1-1给出两幅图像,图1-1a所用的坐标系统常在屏幕显示中采用,它的原点在图像的左上角,纵坐标标记图像的行,横坐标标记图像的列。图1-1b所用的坐标系统常在图像计算中采用,它的坐标原点在图像的左下角,横轴为 X 轴,纵轴为 Y 轴。

图1-1 图像在坐标中的表示

这种数字图像一般数据量很大,需要采用图像压缩技术以便能更有效地存储在数字介质上。简单地说,数字图像就是把传统图像的画面分割成如图1-2所示的被称为像素(picture element,简称pixel。有时候也用pel这一简写词)的小的离散点,各像素的灰度值也是用离散值即整数值来表示的。数字图像(digital image)和传统的图像即模拟图像(picture)是有差别的。

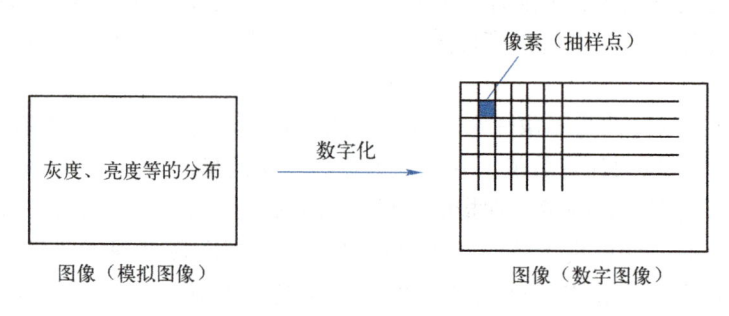

图1-2 数字图像中的像素

为了从一般的照片、景物等模拟图像中得到数字图像，需要对传统的模拟图像进行采样与量化两种操作（二者统称为数字化）。

1. 采样

采样（Sampling）就是把在时间上和空间上连续的图像变成离散点（采样点，即像素）的集合的一种操作。图像基本上是在二维平面上连续分布的信息，如图1-3所示，要把它输入到计算机中，首先要把二维信号变成一维信号，因此要进行扫描（Scanning）。最常用的扫描方法是在二维平面上按一定间隔从上方顺序地沿水平方向的直线（扫描线）扫描，从而取出图像中每一点的浓淡值（即灰度值）。对于由此得到的一维信号，通过求出每一特定间隔的值，可以得到离散的信号。对于运动图像，除进行水平、垂直两个方向的扫描以外，还要进行时间轴上的扫描。

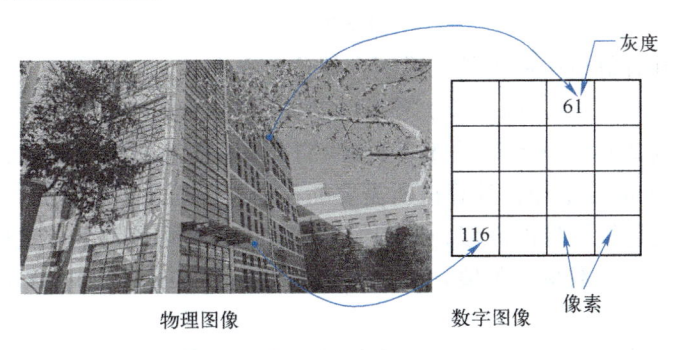

图 1-3 模拟图像数字化采样示例

通过采样，如设横向的像素数为 M，纵向的像素数为 N，则画面的大小可以表示为 $M \times N$ 个像素。

采样时最关键之处在于采样间隔的选取。采样间隔太小，则会增大数据量；采样间隔太大，则会发生信息的混叠，导致细节无法辨认。

在采样过程中有一个非常重要的概念，就是空间分辨率。空间分辨率是指要精确测量和再现一定尺寸的图像所必需的像素个数，是图像空间中可分辨的最小细节，一般用单位长度上采样的像素数目表示，单位为像素×像素（如数码相机指标30万像素（640像素×480像素）。空间分辨率（图像的采样）与图像质量的关系非常密切，图像空间分辨率的大小直接影响图像的品质。空间分辨率越高，图像质量越好；空间分辨率越低，图像质量越差，会出现棋盘模式。所以在对图像进行数字化处理时，应根据不同的用途来设置不同的分辨率，最经济有效地进行工作。

2. 量化

经过采样，图像被分解成在时间上和空间上离散分布的像素，但是像素的值（灰度值）还是连续值。像素的值，是指白色—灰色—黑色的灰度值，有时候也指光的强度（亮度）值或灰度值。把这些连续的灰度值变为离散的值（整数值）的操作就是量化。可以用灰度分辨率来描述图像灰度值量化的程度。灰度分辨率是图像灰度级中可分辨的最小变化。一般用灰度级或比特数表示。

如果把这些连续变化的值（灰度值）量化为 8 bit，则灰度值被分成 0~255 的 256 个级别，分别对应于各个灰度值的浓淡程度，叫作灰度等级或灰度标度。在 0~255 的值对应于白-黑的时候，有以 0 为白、255 为黑的方法，也有以 0 为黑、255 为白的方法，这取决于图像的输入方法以及用什么样的观点对图像进行处理等，这是在编程时应特别注意的问题。但对于只有黑白二值的二值图像的情形，一般设 0 为白，1 为黑。

对连续的灰度值赋予量化级的，即灰度量化方法有均匀量化（Uniform Quantization）、线性量化（Linear Quantization）、对数量化、MAX 量化和锥形量化（Tapered Quantization）等。一般采用均匀量化的较多。

3. 采样、量化和图像细节的关系

上面的数字化过程，如果横向采样点和纵向采样点数相同，设为 N 的话，需要确定数值 N 和灰度级的级数 K。在数字图像处理中，一般都取 2 的整数幂，即

$$N = 2^n \tag{1-2}$$

$$K = 2^m \tag{1-3}$$

一幅数字图像在计算机中所占的二进制存储位数 b 为

$$b = \log_2(2^m)^{N \times N} = N \times N \times m (\text{单位为 bit}) \tag{1-4}$$

例如，灰度级为 256 级（$m=8$）的 512 像素×512 像素的一幅数字图像，需要大约 210 万个存储位。随着 N 和 m 的增加，计算机所需要的存储量也随之迅速增加。

由于数字图像是连续图像的近似，从图像数字化的过程可以看到。这种近似的程度主要取决于采样样本的大小和数量（N 值）以及量化的级数 K（或 m 值）。N 和 K 的值越大，图像越清晰。

图 1-4 给出一组空间分辨率变化所产生效果的例子，其中图 1-4a 为一幅 512 像素×512 像素，256 个灰度级的图像，其余各图依次为保持灰度级不变而将原图空间分辨率在横竖两个方向逐次减半所得到的结果，即它们的空间分辨率分别为 256 像素×256 像素、128 像素×128 像素、64 像素×64 像素、32 像素×32 像素、16 像素×16 像素。由这组图像可以看出，随着空间分辨率的降低，图像质量越来越粗糙。图 1-4e 的面部细节已模糊不清，而图 1-4f 几乎看不到任何图像的脸部信息。

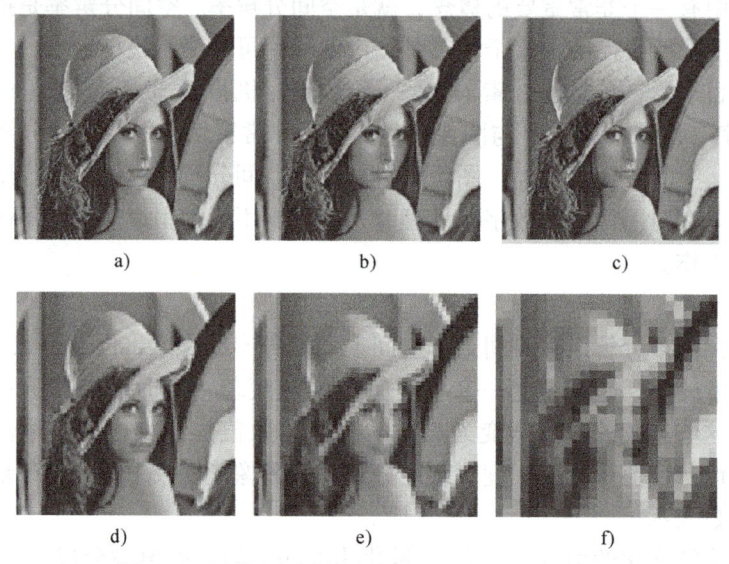

图 1-4 图像空间分辨率逐渐变小所产生的效果

图 1-5 给出一组灰度分辨率变化所产生效果的例子，其中图 1-5a 为一幅 512 像素×512 像素，256 个灰度级的图像，其余各图依次为保持空间分辨率不变而将原图灰度级逐次减小所得到的结果，即它们的灰度级分别为 64、16、8、4、2。由这组图像可以看出，随着灰度的降低，图像逐渐产生虚假轮廓的现象。

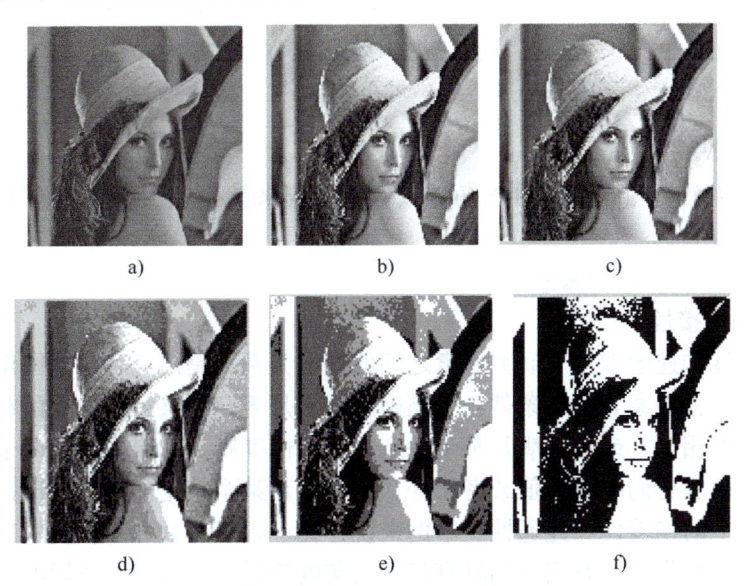

图 1-5　图像灰度分辨率逐渐变小所产生的效果

1.1.3　像素间的关系

数字图像是由其基本单元——像素组成的，像素在图像空间是按某种规律排列的，互相之间有一定的联系。为了表述上的方便，本节在讨论图像中像素间的关系时约定，用诸如 p、q 和 r 这样的一类小写字母表示某些特指的像素，用诸如 S、T 和 R 这样的一类大写字母表示像素子集。

1. 像素的邻域

对一个像素来说，与它关系最密切的常是它的邻近像素，它们组成该像素的邻域。图像中常见的像素邻域有如下 3 种：

（1）4-邻域 $N_4(p)$

设图像中的像素 p 位于 (x,y) 处，则 p 在水平方向和垂直方向相邻的像素 q_i 最多可有 4 个，其坐标分别为 $(x-1,y)$、$(x,y-1)$、$(x,y+1)$、$(x+1,y)$。由这 4 个像素组成的集合称为像素 p 的 4-邻域，记为 $N_4(p)$。在图 1-6a 中，中心像素 p 的 4 个 4 邻域像素是 q_1、q_2、q_3 和 q_4。

（2）对角邻域 $N_D(p)$

它由像素 p 的对角（左上、右上、左下和右下）共 4 个近邻像素组成，这些近邻像素的坐标分别是 $(x+1,y+1)$、$(x+1,y-1)$、$(x-1,y+1)$、$(x-1,y-1)$。由这 4 个像素组成的集合称为像素 p 的对角邻域，记为 $N_D(p)$。在图 1-6b 中，中心像素 p 的 4 个对角像素是 r_1、r_2、r_3 和 r_4。

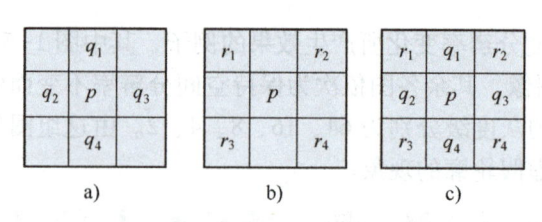

图 1-6 像素的相邻和邻域

a) 4-邻域　b) 对角邻域　c) 8-邻域

(3) 8-邻域 $N_8(p)$

把像素 p 的 4 个 4-邻域像素和对角邻域像素合起来就构成了 p 的 8-邻域，用 $N_8(p)$ 来表示，如图 1-6c 所示。

2. 像素间的连接性和连通性

(1) 像素的连接性

像素的连接性和连通性用于研究像素之间的基本关系，是研究和描述图像的基础。确定图像间两个像素是否连通有两个条件：一是确定它们是否存在某种意义上的相邻；二是确定它们的灰度值是否相等，或是否满足某个特定的相似性准则。如果图像间两个像素存在某种意义上的相邻，而且它们的灰度值或者相等，或者满足某个特定的相似性准则，则这两个像素存在某种意义上的连接性和连通性。举例来说，在一幅只有 0 和 1 灰度的二值图像中，一个像素和它邻域中的像素只有当它们具有相同的灰度值时才可以说是连通的。

设 V 是一个用于定义像素间连接性的灰度值集合。对于黑白图像来说，若相邻像素的灰度值等于 1，则说明它们彼此相邻，也即 $V=\{1\}$。比如，位于 (x,y) 处的像素 p 的灰度值为 1，$N_4(p)$ 中位于 $(x,y-1)$ 和 $(x,y+1)$ 处的像素 q_1 和 q_2 的灰度值分别为 0 和 1，如图 1-7a 所示，那么在灰度值是否同时属于 $V=\{1\}$ 中的元素的准则意义下，像素 p 与像素 q_1 是不邻接的，但像素 p 与像素 q_2 是邻接的。对于 256 灰度级的图像来说，一般用 0~255 中的任意一个灰度级子集作为判定是否相邻的准则。比如，$V=\{20,21,\cdots,28\}$，且位于 (x,y) 处的像素 p 的灰度值为 25，$N_4(p)$ 中位于 $(x-1,y)$、$(x,y-1)$ 和 $(x,y+1)$ 处的像素 q_1、q_2 和 q_3 的灰度值分别为 220、21 和 27，如图 1-7b 所示，那么在灰度值是否同时属于 $V=\{20,21,\cdots,28\}$ 中的元素的准则意义下，像素 p 与像素 q_1 是不邻接的，但像素 p 与像素 q_2 和 q_3 都是连接的。

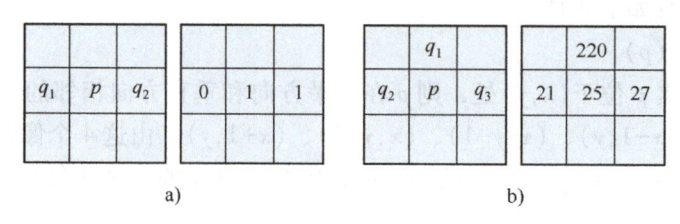

图 1-7 像素的邻接性示例

a) 二值图像像素连接性判定　b) 灰度图像像素的连接性判定

像素间有 3 种连接类型。

1) 4-连接：两个像素在同一个阈值范围内取值，而且这两个像素空间关系为 4-连接。

2) 8-连接：两个像素在同一个阈值范围内取值，而且这两个像素空间关系为 8-连接。

3) m-连接（混合连接）：若两个像素 p 和 r 在同一个阈值范围内 V 中取值，且满足下列条件之一，则它们为 m-连接：①r 在 $N_4(p)$ 中；②r 在 $N_D(p)$ 中，且集合 $N_4(p) \cap N_D(p)$ 中没有值为 V 中元素的像素，则像素 p 和 r 为 m 连接。

混合连接在实质上是在像素间同时存在 4-连接和 8-连接时，优先采用 4-连接，并屏蔽两个和同一像素间存在 4-连接的像素之间的 8-连接。混合连接可以消除 8-连接可能存在的二义性或者称为是多路问题。下面以图 1-8 为例进行说明。

由图 1-8 可见，r 在 $N_D(p)$ 中，$N_4(p)$ 包括标为 a、b、c、d 的 4 个像素，$N_4(r)$ 包括标为 c、d、e、f 的 4 个像素，$N_4(p) \cap N_4(r)$ 包括标为 c 和 d 的两个像素。设 $V=\{1\}$，则图 1-8b 和图 1-8c 分别给出满足和不满足条件②的各一个例子。

考虑图 1-9 所示的像素排列，当 $V=\{1\}$ 时，中心像素与其他 8-邻域中像素间的连接如图 1-9b 中的连线所示，请注意由于 8-连接所产生的歧义性，即中心像素和右上角像素间有两条连线，这时就可以用 m-连接来消除。因为中心像素和右上角像素之间直接的 m-连接不能成立，所以只剩下一条连线，如图 1-9c 所示。

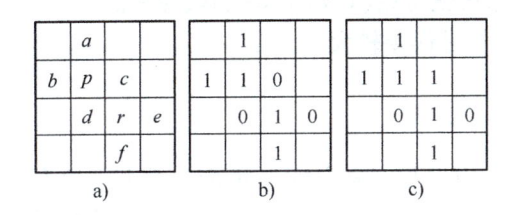

图 1-8 混合连接判断例图

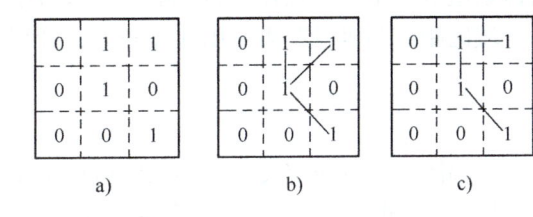

图 1-9 像素间的混合连接

（2）像素的连通性

在像素连接的基础上，可进一步探讨像素的连通性。实际上，像素的连接可以视为像素连通的一种特殊情况。先来引入一个通路的概念，从具有坐标 (x,y) 的像素 p 到具有坐标 (s,t) 的像素 q 的一条通路由一系列具有坐标 (x_0,y_0)，(x_1,y_1)，…，(x_n,y_n) 的独立像素组成。这里 $(x_0,y_0)=(x,y)$，$(x_n,y_n)=(s,t)$，且 (x_i,y_i) 与 (x_{i-1},y_{i-1}) 是相邻的（4-邻域、8-邻域），其中 $1 \leq i \leq n$，n 为通路长度。如果这条通路上的所有像素的灰度值均满足某个特定的相似准则，则说像素 p 和像素 q 是连通的。根据所采用的空间相邻方式不同，可以得到不同的连通，如 4-连通、8-连通。当长度 $n=1$ 时，两个连通的像素就是前面定义的连接。

3. 像素间的距离

像素之间的接近程度可以用像素之间的距离来测量。为测量距离，需要定义距离量度函数。给定 3 个像素 p、q、r，坐标分别为 (x,y)、(s,t)、(u,v)，如果满足下列条件，称函数 D 为一个距离量度函数：

1) $D(p,q) \geq 0$ 当且仅当 $p=q$ 时，$(D(p,q)=0)$，两个像素之间的距离总是正的。

2) $D(p,q)=D(q,p)$，距离与起终点的选择无关。

3) $D(p,r) \leq D(p,q)+D(q,r)$，最短距离是沿直线的。

在数字图像中，距离有不同的量度方法，本节介绍三种，分别为欧氏距离（Euclidean）、城区距离（City-block）和棋盘距离（Chessboard）。

欧氏距离定义为

$$D_E(p,q) = [(x-s)^2 + (y-t)^2]^{1/2} \tag{1-5}$$

根据式（1-5）的距离量度函数可得，所有距离像素点(x,y)的欧氏距离小于或等于d的像素都包含在以(x,y)为中心，以d为半径的圆内。该方法的特点是：比较直观，但运算量大，要开方。

城区距离定义为

$$D_4(p,q) = |x-s| + |y-t| \tag{1-6}$$

根据式（1-6）的距离量度函数可得，所有距离像素点(x,y)的城区距离小于或等于d的像素组成一个中心点在(x,y)的菱形。$D_4=1$的像素就是点(x,y)的4-邻域像素。

棋盘距离定义为

$$D_8(p,q) = \max(|x-s|, |y-t|) \tag{1-7}$$

根据式（1-7）的距离量度函数可得，所有距离像素点(x,y)的棋盘距离小于或等于d的像素组成一个中心点在(x,y)的正方形。$D_8=1$的像素就是点(x,y)的8-邻域像素。

城区距离与棋盘距离不用计算开方，计算量小，但是误差较大。

1.1.4　数字图像的表示

一幅图像可以被定义为一个二维函数$f(x,y)$，其中x和y是空间（平面）坐标，在任意坐标(x,y)处的幅度f被称为图像在这一位置的亮度。"灰度"通常是用来表示黑白图像亮度的术语，彩色图像是由独立的图像组合而形成的。例如，在RGB彩色系统中，一幅彩色图像是由称为红、绿、蓝原色图像的3幅独立的单色（或分量）图像组成的。因此，许多为黑白图像处理开发的技术也适用于彩色图像处理，分别处理3幅独立的分量图像即可。彩色图像处理将在第7章讲解。

如果图像在x和y的坐标，以及幅度上的取值是连续的，则需要将其进行坐标值采样，幅值量化转化成数字图像。

1. 坐标约定

取样和量化会使图像变为离散量，在MATLAB中常用矩阵来描述。常采用两种主要方法来表示数字图像。假设有一幅M行、N列的图像，则图像的大小是$M×N$。相应的值是离散的。为使符号清晰和方便，这些离散的坐标都取整数。在很多图像处理的书籍中，图像的原点被定义为$(x,y)=(0,0)$，在图像的左上角。图像中沿着第1行的下一坐标点为$(x,y)=(0,1)$。图1-10显示了这种坐标约定，从图像中可以看出，x是取$0\sim M-1$的整数，y是取$0\sim N-1$的整数。

图像处理工具箱中表示数组使用的坐标约定与前面描述的坐标约定有两处不同。首先，工具箱用(r,c)而不是(x,y)来表示行与列，其次r的取值是$1\sim M$的整数，c的取值是$1\sim N$的整数。但是，坐标原点是一致的，都是在图像的左上角，如图1-11所示。

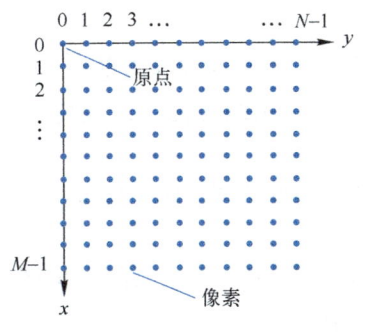

图 1-10　图像处理书籍常用坐标约定 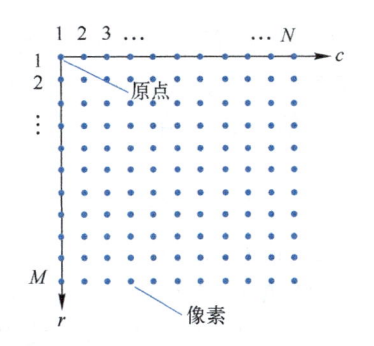　　　　图 1-11　图像处理工具箱采用坐标约定

2. 图像的矩阵表示

根据图中的坐标系统和上述讨论，可以得到数字图像的下列矩阵表示：

$$f(x,y)=\begin{bmatrix} f(0,0) & f(0,1) & \cdots & f(0,N-1) \\ f(1,0) & f(1,1) & \cdots & f(1,N-1) \\ \vdots & \vdots & & \vdots \\ f(M-1,0) & f(M-1,1) & \cdots & f(M-1,N-1) \end{bmatrix} \quad (1-8)$$

上述数字图像在 MATLAB 中表示为

$$f(x,y)=\begin{bmatrix} f(1,1) & f(1,2) & \cdots & f(1,N) \\ f(2,1) & f(2,2) & \cdots & f(2,N) \\ \vdots & \vdots & & \vdots \\ f(M,1) & f(M,2) & \cdots & f(M,N) \end{bmatrix} \quad (1-9)$$

在 MATLAB 中进行图像处理时，一般都用式（1-9）来描述数字图像。如 $f(1,1)$ 表示原点，$f(2,3)$ 表示图像的第 2 行、第 3 列的元素。

1.2　常用文件存储格式

文件格式（File Formats）是一种将文件以不同方式进行保存的方式。在图像处理中，图像文件存储是最为常见又无法回避的问题之一，由于早期的标准化问题，目前已出现了众多的图像存储格式，对这些图像文件格式的基本了解是必备的知识之一。常用图像文件格式主要包括固有格式 BMP、JPEG、TIFF、GIF、PNG 等，下面选择一些在图像处理中常用的重要格式进行讲解。

1.2.1　BMP 图像文件格式

BMP 是 Windows Bit Map 的缩写，它是最普遍的点阵图像格式之一，也是 Windows 及 OS/2 两种操作系统的标准格式。它采用位映射存储格式，除了图像深度可选以外，不采用其他任何压缩，因此，BMP 文件所占用的空间很大。BMP 文件的图像深度可选 1 bit、4 bit、8 bit 及 24 bit。BMP 文件存储数据时，图像的扫描方式是按从左到右、从下到上的顺序。由于 BMP 文件格式是 Windows 环境中交换与图有关的数据的一种标准，因此在 Windows 环境中运行的图形图像软件都支持 BMP 图像格式。

典型的 BMP 图像文件由四部分组成。

1）位图头文件数据结构：它包含 BMP 图像文件的类型、显示内容等信息。

2）位图信息数据结构：它包含有 BMP 图像的宽、高、压缩方法，以及定义颜色等信息。

3）调色板：这个部分是可选的，有些位图需要调色板，有些位图，比如真彩色图（24bit 的 BMP）就不需要调色板。

4）位图数据：这部分的内容根据 BMP 位图使用的位数不同而不同，在 24 位图中直接使用 RGB，而其他的小于 24bit 的使用调色板中颜色索引值。

1.2.2 TIFF 图像文件格式

TIFF（Tag Large File Format）图像文件是由 Aldus 和 Microsoft 公司为桌上出版系统研制开发的一种较为通用的图像文件格式。TIFF 格式灵活易变，它又定义了四类不同的格式：TIFF-B 适用于二值图像；TIFF-G 适用于黑、白、灰度图像；TIFF-P 适用于带调色板的彩色图像；TIFF-R 适用于 RGB 真彩图像。

TIFF 支持多种编码方法，其中包括 RGB 无压缩、RLE 压缩及 JPEG 压缩等。

TIFF 是现存图像文件格式中最复杂的一种，它具有扩展性、方便性、可改性。TIFF 图像文件由三个数据结构组成，分别为文件头、一个或多个称为 IFD 的包含标记指针的目录以及数据本身。TIFF 图像文件中的第一个数据结构称为图像文件头或 IFH。这个结构是一个 TIFF 文件中唯一的、有固定位置的部分；IFD 图像文件目录是一个字节长度可变的信息块，Tag 标记是 TIFF 文件的核心部分，在图像文件目录中定义了要用的所有图像参数，目录中的每一目录条目就包含图像的一个参数。

1.2.3 GIF 图像文件格式

GIF（Graphics Interchange Format）的原义是"图像互换格式"，是 CompuServe 公司在 1987 年开发的图像文件格式。GIF 文件的数据，是一种基于 LZW 算法的连续色调的无损压缩格式。其压缩率一般在 50% 左右，它不属于任何应用程序。目前几乎所有相关软件都支持它，公共领域有大量的软件在使用 GIF 图像文件。

GIF 图像文件的数据是经过压缩的，而且是采用了可变长度等压缩算法。所以 GIF 的图像深度为 1~8bit，也即最多支持 256 种色彩的图像。GIF 格式的另一个特点是其在一个 GIF 文件中可以存多幅彩色图像，如果把存于一个文件中的多幅图像数据逐幅读出并显示到屏幕上，就可构成一种最简单的动画。

GIF 解码较快，因为采用隔行存放的 GIF 图像，在边解码边显示的时候可分成 4 遍扫描。第一遍扫描虽然只显示了整个图像的 1/8，第二遍的扫描后也只显示了 1/4，但这已经把整幅图像的概貌显示出来了。在显示 GIF 图像时，隔行存放的图像会给用户感觉到它的显示速度似乎要比其他图像快一些，这是隔行存放的优点。

1.2.4 JPEG 图像文件格式

JPEG 是联合图像专家组（Joint Photographic Experts Group）的缩写，文件扩展名为".jpg"或".jpeg"，是最常用的图像文件格式，由一个软件开发联合会组织制定，是一种有损压缩格式,能够将图像压缩在很小的储存空间,图像中重复或不重要的资料会被丢失,因此容易造成图像数据的损伤。尤其是使用过高的压缩比例,将使最终解压缩后恢复的图像质量明显降低,如果追求高品质图像,则不宜采用过高压缩比例。但是 JPEG 压缩技术十分先进,它用有损压缩方式去除冗余的图像数据,在获得极高的压缩率的同时,能展现十分丰富生动的图像,换句话说,就是可以用最少的磁盘空间得到较好的图像品质。而且 JPEG 是一种很灵活的格式,具有调节图像质量的功能,允许用不同的压缩比例对文件进行压缩,支持多种压缩级别,压缩比率通常在 10∶1 到 40∶1 之间,压缩比越大,品质就越低;相反地,压缩比越小,品质就越好。比如可以把 1.37 MB 的 BMP 位图文件压缩至 20.3 KB。当然也可以在图像质量和文件尺寸之间找到平衡点。JPEG 格式压缩的主要是高频信息,对色彩的信息保留较好,适合应用于互联网,可减少图像的传输时间,可以支持 24 bit 真彩色,也普遍应用于需要连续色调的图像。

  JPEG 格式是目前网络上最流行的图像格式,是可以把文件压缩到最小的格式,在 Photoshop 软件中以 JPEG 格式存储时,提供 11 级压缩级别,以 0~10 级表示。其中 0 级压缩比最高,图像品质最差。即使采用细节几乎无损的 10 级质量保存时,压缩比也可达 5∶1。以 BMP 格式保存时得到 4.28 MB 图像文件,在采用 JPG 格式保存时,其文件仅为 178 KB,压缩比达到 24∶1。经过多次比较,采用第 8 级压缩为存储空间与图像质量兼得的最佳比例。

  JPEG 格式的应用非常广泛,特别是在网络和光盘读物上,都能找到它的身影。目前各类浏览器均支持 JPEG 图像格式,因为 JPEG 格式的文件尺寸较小,下载速度快。

  JPEG2000 作为 JPEG 的升级版,其压缩率比 JPEG 高约 30%,同时支持有损和无损压缩。JPEG2000 格式有一个极其重要的特征——它能实现渐进传输,即先传输图像的轮廓,然后逐步传输数据,不断提高图像质量,让图像由朦胧到清晰显示。此外,JPEG2000 还支持所谓的"感兴趣区域"特性,可以任意指定影像上感兴趣区域的压缩质量,还可以选择指定的部分先解压缩。

  JPEG2000 和 JPEG 相比优势明显,且向下兼容,因此可取代传统的 JPEG 格式。JPEG2000 既可应用于传统的 JPEG 市场,如扫描仪、数码相机等,又可应用于新兴领域,如网络传输、无线通信等。

1.2.5 PNG 图像文件格式

  PNG 是 Portable Network Graphics 的缩写,是一种采用无损压缩、轻量级的静态图像文件格式。PNG 不仅支持基于调色板的图像格式,也支持灰度图,以及真彩色图像,还有可选的 Alpha 通道;PNG 格式是一种将图像压缩到 Web 上的文件格式,和 GIF 格式一样,在保留清晰细节的同时,也高效地压缩实色区域。但不同的是,它可以保存 24 bit 的真彩色图像,并且支持透明背景和消除锯齿边缘的功能,可以在不失真的情况下压缩保存图像。与 GIF 文件相比,PNG 不受专利权的困扰更是它一大优势。PNG 是开放的,是自由的,是免费的,从它诞生之日起就扮演着 GIF 替代者的角色;PNG 文件格式在设计上的先进性,加上它的可流化以及支持渐进显示的能力,使得这种图像文件格式在互联网上越来越受欢迎。

  PNG 图像的优点如下:

1）兼有 GIF 和 JPG 的色彩模式。GIF 格式图像采用了 256 色以下的 index color 色彩模式，JPG 采用的是 24 bit 真彩模式。PNG 不仅能储存 256 色以下的 index color 图像，还能储存 24 bit 真彩图像，甚至能最高可储存至 48 bit 超强色彩图像。

2）PNG 能把图像文件压缩到极限以利于网络传输，但又能保留所有与图像品质有关的信息的解决方案。PNG 利用了当时已知的有效演算法来储存图像文件中的信息，让图像处理者可以用最小的空间来储存不失真的图像。如果用户的图像是以文字、形状及线条为主，PNG 会用类似 GIF 的压缩方法来得到较好的压缩率，而且不破坏原始图像的任何细节。据国际网络联盟测算，8 bit 的 PNG 图像比同位的 GIF 图像就小 10%~30%。而对于相片品质一类的压缩，PNG 则采用类似 GIF 的压缩演算法。但是 JPG 压缩程度越大，影像的品质越差。因为它的压缩采用的是破坏性压缩法，每次压缩的同时便多多少少漏掉一些像素。PNG 不同于 JPG 的地方在于：它处理相片类图像亦是采用非破坏性压缩，图像压缩后能保持与压缩前图像质量一样，没有一点失真。

3）更优化的传输显示。GIF 图像有两种模式——normal（普通）模式和 interlaced（交错）模式。interlaced 模式更适用于网络传输。在传送图像过程中，浏览者先看到图像一个大略的轮廓然后再慢慢清晰。PNG 也采取了 interlaced 模式，使图像得以水平及垂直方式显像在荧幕上，加快了下载的速度。另外，PNG 还使用 CRC 检测防止传输时的图像信息流失。

4）透明图像在制作网页图像的时候很有用，可以把图像背景设为透明，用网页本身的颜色信息来代替设为透明的色彩，这样可让图像和网页背景很和谐地融合在一起。除此之外，这种方法还可最大范围地减少文件大小，增快传输速度。JPG 格式无法实现图像透明。采用 GIF 格式透明图像过于刻板，因为 GIF 透明图像只有 1 与 0 的透明信息，即只有透明或不透明两种选择，没有层次；而 PNG 提供了 α 频段 0~255 的透明信息，可以使图像的透明区域出现深度不同的层次。在过去，处理 GIF 图像需要针对每种背景颜色采用不同的反毛边修饰才行。现在，处理 PNG 图像就可以让图像覆盖在任何背景上都看不到接缝，改善 GIF 透明图像描边不佳的问题。

5）GIF 图像在不同系统上所显示的画面也会跟着不一样，但 PNG 却可以在 Macintosh 上制作的图像与在 Windows 上所显示的图像完全相同，反之亦然。某些 Macintosh 计算机的文件格式图像送到 PC 上就必须手动加上扩展名才能读取，而 PNG 格式图像不存在这个问题，PNG 被设计成可以通过网络传送到任何机种及作业系统上读取。文字资料（如作者、出处）、存储遮罩（MASK）、伽马值、色彩校正码等信息均可掺杂在 PNG 图像中一起传输。

1.2.6 PCX 图像文件格式

PCX 图像文件的形成是有一个发展过程的。最先的 PCX 雏形是出现在 ZSOFT 公司推出的名叫 PC PAINBRUSH 的用于绘画的商业软件包中。后来，微软公司将其移植到 Windows 环境中，成为 Windows 系统中的一个子功能。先在微软的 Windows 3.1 中广泛应用，随着 Windows 的流行、升级，加之其强大的图像处理能力，使 PCX 同 GIF、TIFF、BMP 图像文件格式一起，被越来越多的图形图像软件工具所支持，也越来越得到人们的重视。

PCX 是最早支持彩色图像的一种文件格式，现在最高可以支持 256 种彩色，显示 256 色的彩色图像。PCX 设计者很有眼光地超前引入了彩色图像文件格式，使之成为现在非常流行的图像文件格式。

PCX 图像文件由文件头和实际图像数据构成。文件头由 128 字节组成，描述版本信息和图像显示设备的横向、纵向分辨率，以及调色板等信息；在实际图像数据中，表示图像数据类型和彩色类型。PCX 图像文件中的数据都是用 PCXREL 技术压缩后的图像数据。

PCX 是 PC 画笔的图像文件格式。PCX 的图像深度可选为 1 bit、4 bit、8 bit。由于这种文件格式出现较早，它不支持真彩色。PCX 文件采用 RLE 行程编码，文件体中存放的是压缩后的图像数据。因此，将采集到的图像数据写成 PCX 文件格式时，要对其进行 RLE 编码，而读取一个 PCX 文件时首先要对其进行 RLE 解码，才能进一步显示和处理。

1.3　数字图像处理的主要内容

完整的数字图像处理工程大体上可分为如下几个方面：图像信息的获取、图像信息的显示、图像信息的存储、通信、处理和分析，如图 1-12 所示。

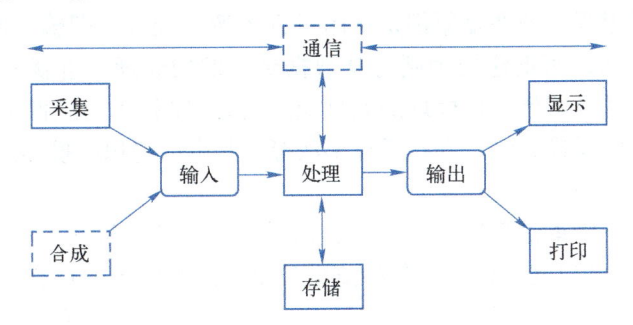

图 1-12　图像处理系统的构成示意图

1. 图像信息的获取（Image Information Acquisition）

这一过程是把一幅图像转换成适合输入计算机或数字设备的数字信号，主要包括摄取图像、光电转换及数字化等几个步骤。通常图像获取的方法有两种：硬件设备的采集和计算机软件的合成。

2. 图像信息的存储（Image Information Storage）

图像信息的突出特点是数据量巨大。一般做档案存储主要采用磁带、磁盘或光盘。为解决海量存储问题，主要研究数据压缩、图像格式及图像数据库、图像检索技术等。

3. 图像信息的传送（Image Information Transmission）

图像信息的传送可分为系统内部传送与远距离传送。内部传送多采用 DMA（Direct Memory Access）技术以解决速度问题，外部远距离传送主要解决占用带宽问题。目前，已有多种国际压缩标准来解决这一问题，图像通信网正在逐步建立。

4. 图像信息处理（Digital Image Processing）

数字图像处理概括地说主要包括如下几项内容：

（1）几何处理（Geometrical Processing）

几何处理主要包括坐标变换、图像的放大、缩小、旋转、移动，多个图像配准，全景畸变校正、扭曲校正、周长、面积、体积计算等。

(2) 算术处理（Arithmetic Processing）

算术处理主要对图像施以加、减、乘、除等运算，虽然该处理主要针对像素点的处理，但非常有用，如医学图像的减影处理就有显著的效果。

(3) 图像增强（Image Enhancement）

图像增强处理主要是突出图像中感兴趣的信息，而减弱或去除不需要的信息，从而使有用信息得到加强，便于区分或解释，主要方法有直方图修正法、灰度映射法、伪彩色增强法（Pseudo Color）、真彩色增强算法等。

(4) 图像复原（Image Restoration）

图像复原处理的主要目的是去掉干扰和模糊，恢复图像的本来面目。典型的例子如去噪就属于复原处理。图像噪声包括随机噪声和相干噪声，随机噪声干扰表现为麻点干扰，相干噪声表现为网纹干扰。

去模糊也是复原处理的任务。这些模糊来自透镜散焦、相对运动、大气湍流、云层遮挡等。这些干扰可用维纳滤波、逆滤波、同态滤波等方法加以去除。

(5) 图像重建（Image Reconstruction）

几何处理、图像增强、图像复原都是从图像到图像的处理，即输入的原始数据是图像，处理后输出的也是图像，而重建处理则是从数据到图像的处理。也就是说输入的是某种数据，而处理结果得到的是图像。该处理的典型应用就是CT技术，图像重建的主要算法有代数法、迭代法、傅里叶反投影法、卷积反投影法等，其中以卷积反投影法运用最为广泛，因为它的运算量小、速度快。

值得注意的是，三维重建算法发展很快，而且由于与计算机图形学相结合，把多个2D图像合成3D图像，并加以光照模型和各种渲染技术，能生成各种具有强烈真实感及纯净的高质量图像。三维图形的主要算法有线框法、表面法、实体法、彩色分域法等，这些算法在计算机图形学中都有详尽的介绍。三维重建技术也是当今颇为热门的虚拟现实和科学可视化技术的基础。

(6) 图像编码（Image Encoding）

图像编码的研究属于信息论中信源编码范畴，其主要宗旨是利用图像信号的统计特性及人类视觉的生理学及心理学特性对图像信号进行高效编码，即研究数据压缩技术，以解决数据量大的矛盾。一般来说，图像编码目的有三个：减少数据存储量；降低数据率以减少传输带宽；压缩信息量，便于特征抽取，为图像识别做准备。

Kunt把1948年～1988年这40年中研究的以去除冗余为基础的编码方法称为第一代编码。如：PCM、DPCM、亚取样编码法；变换编码中的DFT、DCT、Walsh-Hadamard变换等方法以及以此为基础的混合编码法均属于经典的第一代编码法。

而第二代编码方法多是20世纪80年代以后提出的新的编码方法，如金字塔编码法、Fractal编码、基于神经元网络的编码方法、小波变换编码法和模型基编码法等。

现代编码法的特点是：充分考虑人的视觉特性，恰当地考虑对图像信号的分解与表述，采用图像的合成与识别方案压缩数据率。

(7) 图像识别（Image Recognition）

图像识别是指利用计算机对图像进行处理、分析和理解，以识别各种不同模式的目标和对象的技术。它是数字图像处理、人工智能的一个重要领域。为了编制模拟人类图像识别活动的计算机程序，人们提出了不同的图像识别模型。例如模板匹配模型，这种模型认为，识别某个图像，必须在过去的经验中有这个图像的记忆模式，又叫模板。当前的刺激如果能与大脑中的模板相匹配，这个图像也就被识别了。例如有一个字母 A，如果在脑中有个 A 模板，字母 A 的大小、方位、形状都与这个 A 模板完全一致，字母 A 就被识别了。这个模型简单明了，也容易得到实际应用。但这种模型强调图像必须与脑中的模板完全符合才能加以识别，而事实上人不仅能识别与脑中的模板完全一致的图像，也能识别与模板不完全一致的图像。例如，人们不仅能识别某一个具体的字母 A，也能识别印刷体的、手写体的、方向不正、大小不同的各种字母 A。同时，人能识别的图像是大量的，如果所识别的每一个图像在脑中都有一个相应的模板，也是不可能的。

为了解决模板匹配模型存在的问题，格式塔心理学家又提出了一个原型匹配模型。这种模型认为，在长时记忆中存储的并不是所要识别的无数个模板，而是图像的某些"相似性"。从图像中抽象出来的"相似性"就可作为原型，拿它来检验所要识别的图像。如果能找到一个相似的原型，这个图像也就被识别了。这种模型从神经上和记忆探寻的过程上来看，都比模板匹配模型更适宜，而且还能说明对一些不规则的，但某些方面与原型相似的图像的识别。但是，这种模型没有说明人是怎样对相似的刺激进行辨别和加工的，它也难以在计算机程序中得到实现。

（8）图像理解（Image Understanding）

图像理解就是对图像的语义理解。它是以图像为对象，知识为核心，研究图像中有什么目标、目标之间的相互关系、图像是什么场景以及如何应用场景的一门学科。图像理解属于数字图像处理的研究内容之一，属于高层操作。其重点是在图像分析的基础上进一步研究图像中各目标的性质及其相互关系，并得出对图像内容含义的理解以及对原来客观场景的解释，进而指导和规划行为。图像理解所操作的对象是从描述中抽象出来的符号，其处理过程和方法与人类的思维推理有许多相似之处。图像工程根据抽象程度和研究方法可分为三个层次：图像处理、图像分析和图像理解。其中图像理解是其最高层次，目前已是人工智能与模式识别领域的一个非常热门、非常受关注的方向。

5. 图像显示

图像处理的最终目的是为人或机器提供一幅更便于解释和识别的图像。因此，图像输出也是图像处理的重要内容之一。图像的输出有两种，一种是硬拷贝，另一种是软拷贝。其分辨率随着科学技术的发展从 256 像素×256 像素、512 像素×512 像素、1024 像素×1024 像素，至今已有 2048 像素×2048 像素及更高分辨率的显示设备问世。通常的硬拷贝方法有照相、激光复制、彩色喷墨打印等几种方法；软拷贝方法有 CRT 显示、液晶显示器、场致发光显示器等。

1.4 数字图像处理的应用

图像是人类获取和交换信息的主要来源，因此，图像处理的应用领域必然涉及人类生活和工作的方方面面。随着人类活动范围的不断扩大，图像处理的应用领域也将随之不断扩大。

1. 航天和航空技术方面

数字图像处理技术在航天和航空技术方面的应用，除了对月球、火星照片的处理之外，另一方面的应用是在飞机遥感和卫星遥感技术中。许多国家每天派出很多侦察飞机对地球上感兴趣的地区进行大量的空中摄影，并对由此得来的照片进行处理分析。以前需要雇用几千人，而现在改用配备有高级计算机的图像处理系统来判读分析，既节省人力，又加快了速度，还可以从照片中提取人工所不能发现的大量有用情报。从20世纪60年代末以来，美国及一些国际组织发射了资源遥感卫星（如 LANDSAT 系列）和天空实验室（如 SKYLAB），由于成像条件受飞行器位置、姿态、环境条件等影响，图像质量总不是很高。因此，以如此昂贵的代价进行简单直观的判读来获取图像是不合算的，而必须采用数字图像处理技术。如 LANDSAT 系列陆地卫星，采用多波段扫描器（MSS），在 900 km 高空对地球每一个地区以 18 天为一周期进行扫描成像，其图像分辨率大致相当于地面上十几米或 100 m（如 1983 年发射的 LANDSAT-4，分辨率为 30 m）。这些图像在空中先处理（数字化、编码）成数字信号存入磁带中，在卫星经过地面站上空时，再高速传送下来，然后由处理中心分析判读。这些图像无论是在成像、存储、传输过程中，还是在判读分析中，都必须采用很多数字图像处理方法。

现在世界各国都在利用陆地卫星所获取的图像进行资源调查（如森林调查、海洋泥沙和渔业调查、水资源调查等），灾害检测（如病虫害检测、水火检测、环境污染检测等），资源勘察（如石油勘查、矿产量探测、大型工程地理位置勘探分析等），农业规划（如土壤营养、水分和农作物生长、产量的估算等），城市规划（如地质结构、水源及环境分析等）等，如图 1-13~图 1-15 所示。

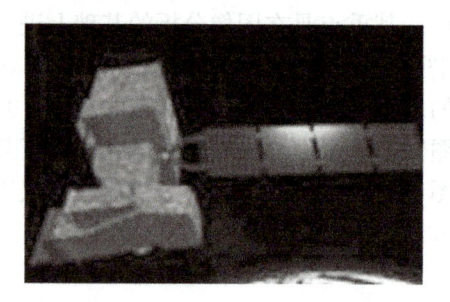

图 1-13　卫星

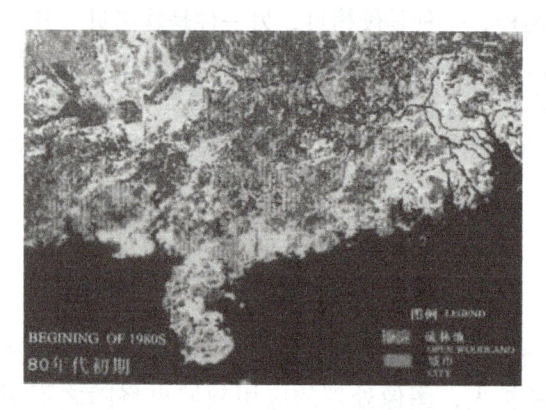

图 1-14　卫星拍摄的地面图像

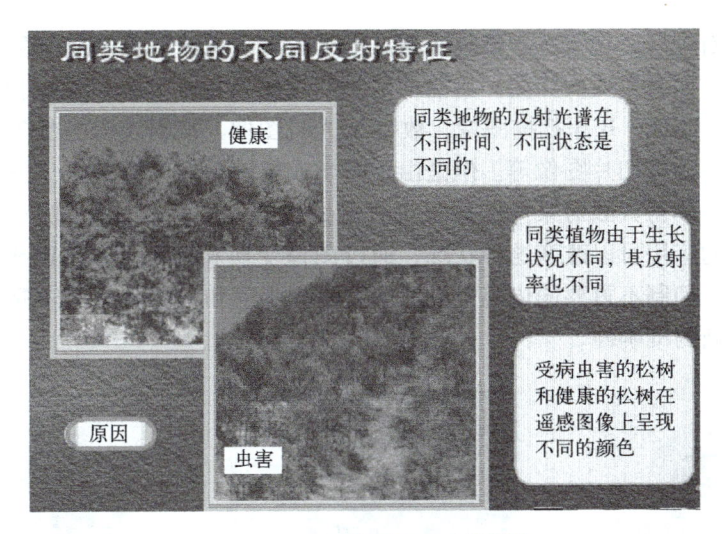

图 1-15 卫星拍摄地面森林图像

我国也陆续开展了以上诸方面的一些实际应用，并获得了良好的效果。2021 年 10 月 14 日，搭载着我国首颗太阳探测科学技术试验卫星"羲和号"的长征二号丁运载火箭在太原成功发射，我国正式步入空间探日的新时代。"羲和号"全称太阳 Hα 光谱探测与双超平台科学技术试验卫星，拥有双超平台（超高指向精度+超高稳定度平台），主要科学载荷为 Hα 成像光谱仪的探测器，肩负着通过 Hα 波段给太阳拍"X 光片"的重任。在气象预报和对太空其他星球研究方面，数字图像处理技术也发挥了相当大的作用。

2. 生物医学工程方面

自伦琴（1845—1923，见图 1-16）于 1895 年发现 X 射线以来，数字图像处理在生物医学工程方面的应用十分广泛，而且很有成效。伦琴为德国维尔茨堡大学校长兼物理研究所所长。1895 年 11 月 8 日傍晚，他研究阴极射线。为了防止外界光线对放电管的影响，也为了不使管内的可见光漏出管外，他把房间全部涂黑，还用黑色硬纸给放电管做了个封套。为了检查封套是否漏光，他给放电管接上电源，他看到封套没有漏光而满意。可是当他切断电源后，却意外地发现 1m 以外的一个小工作台上有闪光，闪光是从一块荧光屏上发出的。然而阴极射线只能在空气中行进几厘米，这是别人和他自己的实验早已证实的结论。于是他重复刚才的实验，把屏一步步地移远，直到 2m 以外仍可见到屏上有荧光。伦琴认为这不是阴极射线。伦琴经过反复实验，确信这是一种尚未为人所知的新射线，便取名为 X 射线。他发现 X 射线可穿透千页书、2～3 cm 厚的木板、几厘米厚的硬橡皮、15 cm 厚的铝板等。可是 1.5mm 的铅板几乎就完全把 X 射线挡住了。他偶然发现 X 射线可以穿透肌肉照出手骨轮廓，于是有一次伦琴夫人（见图 1-17）到实验室来看他时，他请她把手放在用黑纸包严的照相底片上，然后用 X 射线对准照射 15 min，显影后，底片上清晰地呈现出伦琴夫人的手骨像，手指上的结婚戒指也很清楚，如图 1-18 所示。这是一张具有历史意义的照片，它表明了人类可借助 X 射线，隔着皮肉去透视骨骼。1895 年 12 月 28 日伦琴向维尔茨堡物理医学学会递交了第一篇 X 射线的论文《一种新射线——初步报告》，报告中叙述了实验的装置、做法、初步发现的 X 射线的性质等。X 射线的发现，又很快导致了放射性的发现。在医学领域，可以用图像的形式揭示更多有用的医学信息，医学的诊断方式也发生了巨大的变化。随着科学技术的不断发展，现代医学已越来越离不开医学图像的信息处理，医学图像在临床诊断、教学科研等方面有重要的作用。目前的医学图像主要包括计算机断层扫描（CT）图像、核磁共振（MRI）图像、B超扫描图像、数字X光机图像、X射线透视图像、各种电子内窥镜图像、显微镜下病理切片图像等。但是由于医学成像设备的成像机理、获取条件和显示设备等因素的限制，使得人眼对某些图像很难直接做出准确的判断，如图1-19和图1-20所示。计算机技术的应用可以改变这种状况，通过图像变换和增强技术来改善图像的清晰度，突出重要的内容，抑制不重要的内容，以适应人眼的观察和机器的自动分析，这无疑大大提高了医生临床诊断的准确性。

图1-16　德国科学家伦琴 　　　　图1-17　伦琴夫人 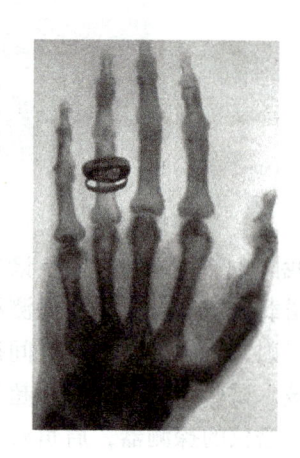　　　　图1-18　世界第一张X光图像

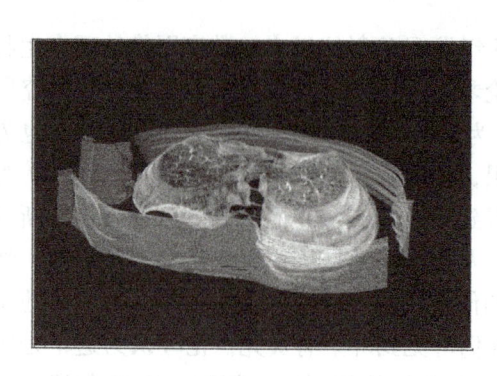

图1-19　CT图像（肺与皮肤） 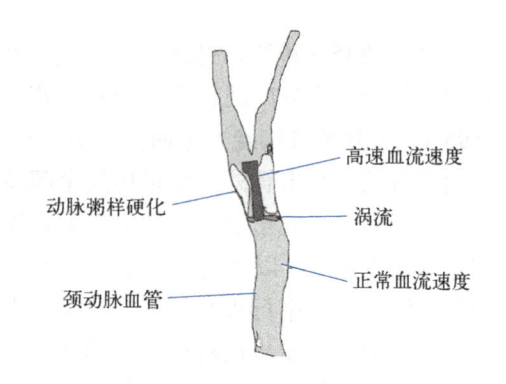　　　　图1-20　多普勒血管成像

3. 通信工程方面

当前通信的主要发展方向是声音、文字、图像和数据结合的多媒体通信，如图1-21所示的语音图像唇形同步。具体地讲，是将电话、电视和计算机以三网合一的方式在数字通信网上传输，其中以图像通信最为复杂和困难。因图像的数据量十分巨大，如传送彩色电视信号的速率达100 Mbit/s以上，要将这样高速率的数据实时传送出去，必须采用编码技术来压缩信息的比特量。从一定意义上讲，编码压缩是这些技术成败的关键。除了已应用较广泛的熵编码、DPCM编码、变换编码外，目前国内外正在大力开发研究新的编码方法，如分行编码、自适应网络编码、小波变换图像压缩编码等。

图 1-21　语音图像唇形同步例图

国际上新出现的 VCM 机器视觉编码标准将视频编码领域推向新的高度，视频编码技术已演变为面向人类视觉以及面向机器视觉的编码新体系。我国在视频编码核心技术研发和标准化方面已取得优秀进展，国产 AVS 视频标准 20 年努力锻造了我国自主标准体系，为视频编码核心技术研发和标准突破提供了优秀的经验。另一方面，我国多家机构参与并共同推进的 DCM 面向机器视觉编码的标准，将为我国编码标准国际化带来新的历史机遇。

4. 工业和工程方面

在工业和工程领域中，图像处理技术有着广泛的应用，如在自动装配线中检测零件的质量、并对零件进行分类，检查印制电路板瑕疵，对弹性力学照片进行应力分析，对流体力学图片进行阻力和升力分析，自动分拣邮政信件，在一些有毒、放射性环境内识别工件及物体的形状和排列状态，先进的设计和制造技术中采用工业视觉等，如图 1-22、图 1-23 所示。其中值得一提的是，研制具备视觉、听觉和触觉功能的智能机器人，将会给工农业生产带来新的激励，目前已在工业生产中的喷漆、焊接、装配中得到有效的利用。

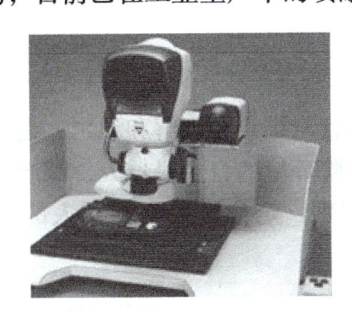

图 1-22　印制电路板瑕疵检查　　　　图 1-23　邮政快递包裹分拣

5. 军事公安方面

在军事方面图像处理和识别主要用于导弹的精确制导，各种侦察照片的判读，具有图像传输、存储和显示的军事自动化指挥系统，飞机、坦克和军舰模拟训练系统等；公安业务图片的判读分析，指纹识别（见图 1-24），人脸鉴别，不完整图片的复原，以及交通监控（见图 1-25）、事故分析等。目前已投入运行的高速公路不停车自动收费系统中的车辆和车牌的自动识别都是图像处理技术成功应用的例子。

图 1-24　指纹识别　　　　　　　　　图 1-25　交通监控

6. 文化艺术方面

目前这类应用有电视画面的数字编辑、动画的制作、电子图像游戏、纺织工艺品设计、服装设计与制作、发型设计、文物资料照片的复制和修复、运动员动作分析和评分等，现在已逐渐形成一门新的艺术——计算机美术。图 1-26 为计算机合成图像。

图 1-26　计算机合成图像

7. 机器人视觉

机器视觉作为智能机器人的重要感觉器官，主要进行三维景物理解和识别，是目前处于研究之中的开放课题。机器视觉主要用于军事侦察、危险环境的自主机器人，邮政、医院和家庭服务的智能机器人（见图 1-27），装配线工件识别、定位，太空机器人的自动操作（见图 1-28）等。

图 1-27　家庭机器人　　　　　　　　　图 1-28　太空机器人

8. 视频和多媒体系统

目前，电视制作系统广泛使用的图像处理、变换、合成，多媒体系统中静止图像和动态图像的采集、压缩、处理、存储和传输等。图 1-29 为视频图像制作。

图 1-29　视频图像制作

9. 科学可视化

图像处理和图形学紧密结合，形成了科学研究各个领域新型的研究工具。图 1-30 为图像图形处理。

10. 电子商务

在当前呼声甚高的电子商务中，图像处理技术也大有可为，如身份认证、产品防伪、水印技术等。图 1-31 是应用示例。

图 1-30　图像图形处理　　　　图 1-31　可视化水印

总之，图像处理技术应用领域相当广泛，已在国家安全、经济发展、日常生活中充当越来越重要的角色，对国计民生的作用不可低估。

数字图像处理如今已是各个学科竞相研究并在各个领域广泛应用的一门学科。随着科技事业的进步及人类需求的多样化发展，多科学的交叉、融合已是现代科学发展的突出特色和必然途径，而图像处理科学又是一门与国计民生紧密相连的一门应用科学，它的发展与应用与我国的现代化建设联系之密切、影响之深远是不可估量的。图像处理科学无论在理论上还是在实践上都存在着巨大的潜力。

1.5　MATLAB 图像处理基础

MATLAB 是集数值计算、符号运算及图形处理等强大功能于一体的科学计算语言。作为强大的科学计算平台，它几乎能够满足所有的计算需求。MATLAB 软件具有很强的开放性和适用性。在保持内核不变的情况下，MATLAB 可以针对不同的应用学科推出相应的工具箱（Toolbox）。目前，MATLAB 已经把工具箱延伸到了科学研究和工程应用的诸多领域，诸如数据采集、概率统计、信号处理、图像处理和物理仿真等，都在工具箱（Toolbox）家族中有自己的一席之地。本书主要用到 MATLAB 提供的图像处理工具箱（Image Processing Toolbox）。

MATLAB 全称是 Matrix Laboratory（矩阵实验室），一开始它是一种专门用于矩阵数值计算的软件，从这一点上也可以看出，它在矩阵运算上有自己独特的特点。实际上，MATLAB 中的绝大多数运算都是通过矩阵这一形式进行的。这一特点也就决定了 MATLAB 在处理数字图像上的独特优势。理论上讲，图像是一种二维的连续函数，然而在计算机上对图像进行数字处理的时候，首先必须对其在空间和亮度上进行数字化，这就是图像的采样和量化的过程。二维图像进行均匀采样，就可以得到一幅离散化成 $M \times N$ 样本的数字图像，该数字图像是一个整数阵列，因而用矩阵来描述该数字图像是最直观最简便的。而 MATLAB 的长处就是处理矩阵运算，因此用 MATLAB 处理数字图像非常的方便。

MATLAB 支持五种图像类型，即索引图像、灰度图像、二值图像、RGB 图像和多帧图像阵列；支持 BMP、GIF、HDF、JPEG、PCX、PNG、TIFF、XWD、CUR、ICO 等图像文件格式的读、写和显示。MATLAB 对图像的处理功能主要集中在它的图像处理工具箱（Image Processing Toolbox）中。图像处理工具箱是由一系列支持图像处理操作的函数组成，可以进行诸如几何操作、线性滤波和滤波器设计、图像变换、图像分析与图像增强、二值图像操作以及形态学处理等图像处理操作。

1. 图像读入

可以利用 imread 函数完成图像文件的读取操作。常用语法格式为

　　I=imread('filename.fmt');

其作用是将文件名用字符串 filename 表示的、扩展名用字符串 fmt（表示图像文件格式）表示的图像文件中的数据读到矩阵 I 中。当 filename 中不包含任何路径信息时，imread 会从当前工作目录中寻找并读取文件。要想读取指定路径中的图像，最简单的方法就是在 filename 中输入完整的或相对的地址。MATLAB 支持多种图像文件格式的读、写和显示。因此参数 fmt 常用的可能值有：'bmp''jpg' or 'jpeg''tif' or 'tiff''gif''pcx''png' 等。

2. 图像写入

使用 imwrite 函数可以实现图像的写入，其语法格式为

　　imwrite（A，filename，fmt）；把图像 A 按照 fmt 指定的格式写入图像文件 filename。

　　imwrite（X，MAP，filename，fmt）；按照 fmt 指定的格式将图像数据矩阵 X 和调色板 MAP 写入文件 filename。

　　imwrite（A，filename）；把图像 A 写入图像文件 filename，并推测可能的格式用来做 filename 的扩展名。扩展名必须是 fmt 中一合法名。

3. 提取图像文件信息

使用 imfinfo 函数用于读取图像文件的有关信息，其语法格式为

　　imfinfo(filename,fmt)

imfinfo 函数返回一个结构 info，它反映了该图像的各方面信息，其主要数据包括：文件名（路径）、文件格式、文件格式版本号、文件的修改时间、文件的大小、文件的长度、每个像素的位数（BitDepth）、图像的类型（ColorType）、颜色表矩阵（Colormap）等。

例如：

```
imfinfo('rice.tif')
ans =
        Filename: 'D:\MATLAB6p1\toolbox\images\imdemos\rice.tif'
     FileModDate: '26-Oct-1996 06:11:58'
        FileSize: 65966
          Format: 'tif'
   FormatVersion: []
           Width: 256
          Height: 256
        BitDepth: 8
       ColorType: 'grayscale'
 FormatSignature: [73 73 42 0]
       ByteOrder: 'little-endian'
  NewSubfileType: 0
   BitsPerSample: 8
     Compression: 'Uncompressed'
PhotometricInterpretation: 'BlackIsZero'
      StripOffsets: [8x1 double]
   SamplesPerPixel: 1
      RowsPerStrip: 32
   StripByteCounts: [8x1 double]
       XResolution: 72
       YResolution: 72
    ResolutionUnit: 'Inch'
          Colormap: []
PlanarConfiguration: 'Chunky'
         TileWidth: []
        TileLength: []
       TileOffsets: []
    TileByteCounts: []
       Orientation: 1
         FillOrder: 1
   GrayResponseUnit: 0.0100
    MaxSampleValue: 255
    MinSampleValue: 0
       Thresholding: 1
   ImageDescription: [1x166 char]
```

4. 图像显示

MATLAB 图像处理工具箱提供了 imshow 函数来显示各种图像，其语法如下：

imshow(I,n)或 imshow(I_BW);imshow(X,MAP);imshow(I_RGB)

其中 imshow(I,n)用于显示灰度图像；I 是图像数据矩阵；n 为灰度级数目（n 可缺省，默认值为 256）。其他的分别用于显示二值图像、索引色图像和 RGB 真彩色图像。另外，对 RGB 彩色图像，还可以用 imshow(RGB(:,:,1))、imshow(RGB(:,:,2))、imshow(RGB(:,:,3))分别显示 RGB 图像的 R、G、B 三个分量（注意：这样显示出的图像是以各分量值为对应的灰度值所显示的灰度图像）。

需要同时显示多幅图像时，可以使用 figure 语句，它的功能就是打开一个新的图像显示窗口。例如，

I=imread('rice.tif');
imshow(I);
J=imread('flowers.tif');
figure,imshow(J);

显示结果如图 1-32 所示。

图 1-32　同时显示多幅图像示例

也可以使用 subplot 函数将多幅图像显示在同一个图像显示窗口的不同区域位置。如：

I=imread('rice.tif');
subplot(1,2,1),Imshow(I);
J=imread('flowers.tif');
subplot(1,2,2),imshow(J);

显示结果同图 1-32 一致。

1.6　拓展与思考

数字图像处理技术与国家战略

数字图像处理技术是信息科学领域的重要组成部分，它不仅推动了国家的科技进步，而且在国家安全、经济发展、社会稳定等方面发挥着至关重要的作用。在国家战略层面，数字

图像处理技术被视为推动科技创新和产业升级的关键。在《数字中国建设整体布局规划》等国家战略中，数字基础设施和数据资源体系的建设被明确提出，为数字图像处理技术的发展提供了坚实的基础和广阔的应用场景。

（1）科技进步

数字图像处理技术的发展推动了人工智能、计算机视觉等领域的科技进步。中国在人工智能领域的发展战略中，已经将图像识别作为核心技术之一，加强研发和应用，以保持在全球竞争中的领先地位。

（2）国家安全

在国家安全领域，数字图像处理技术可以用于卫星图像和无人机图像的分析，支持国防安全和边境监控。此外，在网络空间安全中，图像识别技术可以用于识别和过滤非法和有害信息，维护国家网络空间的安全和稳定。

（3）经济发展

数字图像处理技术在工业生产中发挥着重要作用，如自动化检测、质量控制、智能监控等。在农业领域，通过卫星遥感图像的分析，数字图像处理可以用于作物估产、灾害预警等。在服务业，图像识别技术可以用于智能安防、人脸支付等，促进产业升级。

（4）社会管理

在城市管理中，数字图像处理技术可以用于交通监控、环境监测、公共安全等领域，提高城市管理的智能化水平。在医疗领域，图像处理技术可以用于医学影像的分析，辅助疾病诊断和治疗。

（5）文化传播

数字图像处理技术还可以用于文化遗产的数字化保护和复原，以及数字媒体的创意制作，推动中华文化的传承和发展。

数字图像处理技术在多个层面上对国家的发展具有深远的影响，其在国家战略中的地位凸显了其在推动社会进步和保障国家安全中的关键作用。通过不断的技术创新和应用拓展，有望在未来为国家的全面发展做出更大的贡献。

1.7 习题

1. 图像主要分为几大类？分别是什么？
2. 什么是数字图像？图像数字化过程包括哪些内容？
3. 什么是空间分辨率、灰度分辨率？这些值对数字图像有何影响？
4. 常用的文件存储格式有哪些？简述它们的优缺点。
5. 在 Windows 图画中建立一幅图像，分别存储为 BMP、GIF、JPEG 和 TIFF 格式，比较哪种格式文件最大，哪种文件格式最小？
6. 图像信息获取设备有哪几种？其优、缺点是什么？
7. 数字图像处理主要包括哪些内容？
8. 数字图像处理有哪些应用？

第 2 章　图像视觉系统与图像输入/输出设备

在数字图像处理中,理解视觉系统原理与图像感知机制,可以建立人类视觉过程的概念模型。通过这些简明的概念模型,可进而探讨物理体系与生理、心理体系之间的复杂关联性,指导图像处理的具体实践。获取图像视觉系统原理的基本认识是我们进行数字图像处理的必要前提。因此,本章首先讲解图像视觉系统,介绍人眼的视觉原理、成像系统的构成以及人类的光觉与色觉等其他一些视觉特性。然后,对数字图像处理中数字图像获取的硬件工具——常用的输入/输出设备以及一些相关的基础知识进行介绍。

2.1　图像视觉系统

图像处理技术虽然建立在数学和概率统计表示法的基础上,但相比之下,在选择一种技术时,人的直觉和分析将会起关键作用,这种选择常常是主观的视觉判断。在进行图像处理时,许多技术处理的目的都是为了帮助人们更好地观察、理解图像中的内容,通过人眼来判断处理的结果。因此,对人类视觉系统的了解应作为学习数字图像处理的第一步。

2.1.1　人眼的视觉原理

人类视觉系统(Human Vision System,HVS)的功能极其发达,其信号传递和运作的许多细节尚没有精确的答案,理解起来十分复杂,如图 2-1 所示。视觉系统能在非常宽的光强范围内辨识出具有对比度的图像、颜色以及运动信息。视觉信息处理最初阶段的生理基础是视网膜。早在 19 世纪末,神经科学家 Santiago Ramony Cajal 就描绘了哺乳动物视网膜中的细胞结构和连接方式:光信号传入光感受器(视杆细胞和视锥细胞),感受器与双极细胞相连,后者连接到神经节细胞,而神经节细胞的轴突组成视神经。Cajal 描述的模式基本是正确的,但现在的实验证明还有新的通路和反馈细胞群。

图 2-1 展示了视觉通路的基本模式。人类对光的感知依靠的是视网膜(Retina)细胞,视网膜上能感受光的细胞有两种:视杆细胞(Rod)和视锥细胞(Cone),其功能不同。视杆细胞数量很多,大约有 1 亿个,仅能感知光的亮度,不能感知颜色;而视锥细胞数量只有 600~700 万,稀疏地填充在视网膜中心称为"中央凹"的部位,它们主要感应光度(较强光)和色彩。视杆细胞响应峰值波长为 498 nm,与视锥细胞相比,虽然不能感知颜色,但对光的灵敏度较高(约为视锥细胞的一万倍)。在弱光环境下,经过一定时间的适应后,视杆细胞起主要作用,因此我们不能在暗环境中分辨颜色差别(一些数码相机的夜光拍摄模式也模拟了这一特性),观察到的景物只有黑白、浓淡之分。夜晚的视觉过程主要由视杆细胞完成,所以视杆视觉称为夜视觉或暗视觉。视锥细胞敏感度低,主要决定人的色彩感觉,并能充分识别图像的细节。白天视觉过程主要靠视锥细胞来完成,所以视锥视觉称为白昼视觉或亮光视觉。根据对感应峰值波长的不同,视锥又分为红敏(响应峰值波长为 570 nm)、绿敏(响应峰值波长为 535 nm)和蓝敏(响应峰值波长为 445 nm)三种,这三种锥体分别

称作 L 锥体、M 锥体和 S 锥体。需要指出的是，所谓红敏锥体，其峰值区域实际是黄色的，该部分将放到 2.1.3 节中去陈述。光度（Luminance）正比于视网膜细胞接收到的光强度能量，但人类对相同强度不同波长的光具有不同的敏感度。人类可感知的波长范围是 380～780 nm，称为可见光。其中对绿色（550nm）光产生最大的光强敏感度。

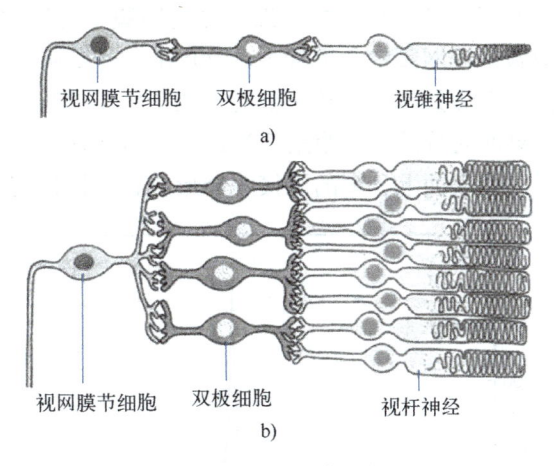

图 2-1 视觉通路示意图
a）视锥通路　b）视杆通路

2.1.2　视觉系统的构成

1. 人眼的基础结构

人眼的结构如图 2-2 所示。人眼的外形是一个直径大约为 20 mm 的球体，它由角膜和巩膜构成的外壳、脉络膜、视网膜三层薄膜包着。角膜是一种硬而透明的组织，它覆盖着眼睛的前表面，光线由此进入。巩膜与角膜连在一起，巩膜是一层包围着眼球剩余部分的不透明膜，作为外壳保护眼球。

脉络膜位于巩膜的下面，这层膜包含着血管网，是眼睛的重要滋养源。脉络膜外壳着色很重，有助于减少外来光束进入人眼球内的回射。脉络膜的最前面为睫状体和虹膜。虹膜的中间有一个圆孔，称为瞳孔。它的直径为 2～8 mm，大小可以通过连接虹膜的环状肌肉组织（睫状肌）进行调节，以控制进入眼睛内部光通量的大小（其作用和照相机中的光圈一样）。虹膜的前部含有可见的眼睛色素，后部含有黑色素。由于人类的种族不同，虹膜有时也具有不同的颜色，如黑色、蓝色、褐色等。

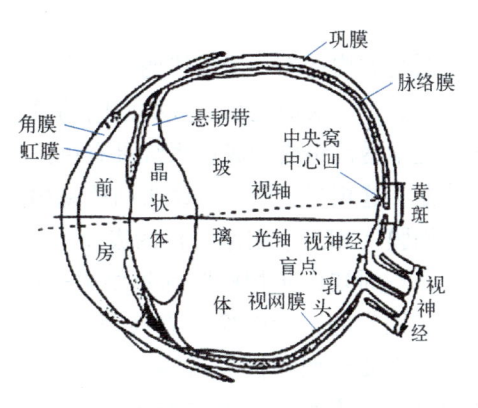

图 2-2　人眼的结构示意图

在瞳孔后面有一个扁球形的透明晶状体，内含有 60% 左右的水、6% 左右的蛋白质，是人眼含蛋白质最多的组织。晶状体由纤维细胞的同心层组成，并由睫状体上的睫状小带支撑着。晶状体的作用相当于一个焦距可变的透镜，它的曲率可以由睫状肌的收缩进行调节，从而使物理图像始终聚焦在中央凹上。晶状体大约吸收可见光谱的 8%，在越短的波长上吸收得越多。晶状结构内的蛋白质对红外和紫外光的吸收率较高，因此，如果红外和紫外光过量，会使眼睛受到损伤。

人眼最里层的膜为视网膜，它的表面分布有大量光敏细胞——视锥细胞和视杆细胞。视锥细胞和视杆细胞的分布如图 2-3 所示。视锥细胞在视网膜中心即在中央凹的中心区最密，它对颜色最敏感。视杆细胞从视网膜中心离轴大约 20°处，密度从小到大逐渐增加，然后向外密度逐渐下降。在视神经汇集处没有视觉细胞而导致了所谓的盲点，除了这一区域，视神经的分布是沿视线关于中央凹对称的。当眼睛适当地聚焦时，从眼睛外部物体反射来的光就在视网膜上成像。整个视网膜表面上分离的光接收器形成物体影像视觉。

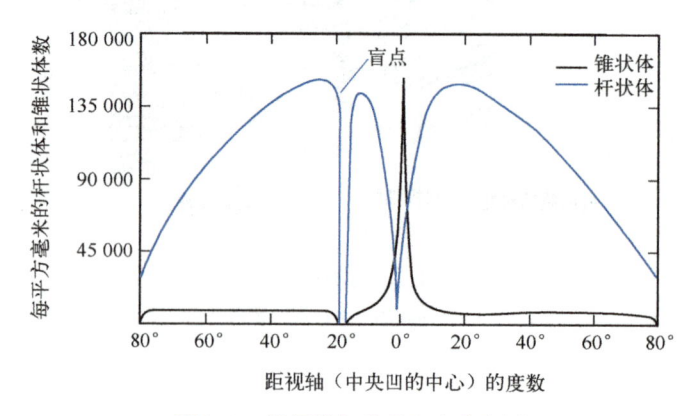

图 2-3　视网膜细胞的密度分布图

2. 眼睛中图像的形成

眼睛的构造除了新陈代谢所特有的一些功能外，其余部分都可以与照相机中的各个功能部件找到一一对应关系。人类眼睛的晶状体是一个精密绝伦的光学成像透镜，这种成像系统比电光学透镜组成的成像系统具有更强的适应性。晶状体的形状和厚度由睫状体韧带和张力来控制，这相当于照相机镜头凸透镜的曲率发生变化，从而调节焦距，使被注视物体刚好落在视网膜（相当于成像面）的表面上，形成最清晰的像。

众所周知，照相机照远景要用长焦距镜头，而照近景要用短焦距镜头。但由于镜头的焦距是固定的，所以除了靠换镜头进行粗调外，还要通过拉伸镜头与底片的距离进行微调。人眼要比照相机灵活得多，只靠眼球外侧肌肉的运动，就可以通过自动调整透镜的曲率来调整焦距。人眼在看远方的物体时，控制肌肉使晶状体相对比较扁平，屈光能力减小。同样，在看近处的物体时，控制肌肉使晶状体变得较厚，屈光能力增大。当晶状体的聚焦中心与视网膜间的距离由 14 mm 扩大到 17 mm 时，晶状体的折射能力由最大变到最小。当眼睛聚焦到非常近的物体时，晶状体的折射能力最强，而当眼睛聚焦到远于 3 m 的物体时，晶状体的折射能力最弱。利用这一信息可以算出任何物体在视网膜上形成图像的大小。例如，在图 2-4 中，有一棵 15 m 高的树，距离观测者 100 m，设 x 为视网膜上图像的大小，单位为 mm。根据图中的几何关系，$15/100 = x/17$，$x = 2.55$ mm。视网膜上的光敏细胞感受到强弱不同的光刺激，产生强度不同的电脉冲，并经神经纤维传送到视神经中枢，由于不同位置的光敏细胞产生了和该处光的强弱成比例的电脉冲，所以，大脑中便会形成一幅景物的感觉。

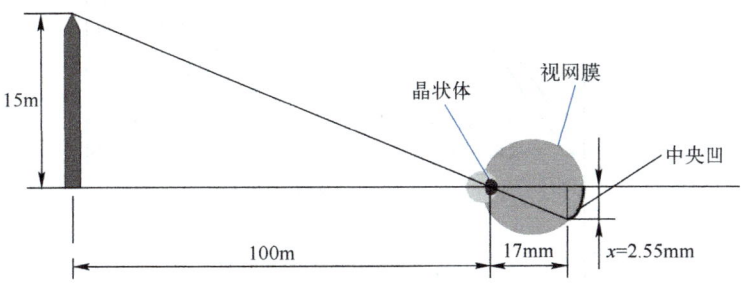

图 2-4 人眼成像示意图

2.1.3 光觉和色觉

1. 视觉系统的光觉

视觉系统对光照的响应，就形成了亮度感觉。视觉系统对不同波段的光照，其响应并不是一致的。这种不一致性被称作视力敏感性（Eye Sensitivity），国际照明委员会（Commission Internationale de l'Eclairage，CIE）提出了测量视力敏感性的函数 $V(\lambda)$（该函数又被称为相对照度效率函数），用来比较准确地描述人眼对不同波段的视觉响应情况。$V(\lambda)$ 是典型的钟形函数。需要注意的是，视力敏感性与视觉环境条件相关（图 2-5 和对数坐标下的图 2-6），从图中可以看出，暗视条件下的响应峰值波长比明视条件下的响应峰值波长左移了大约 50 nm。

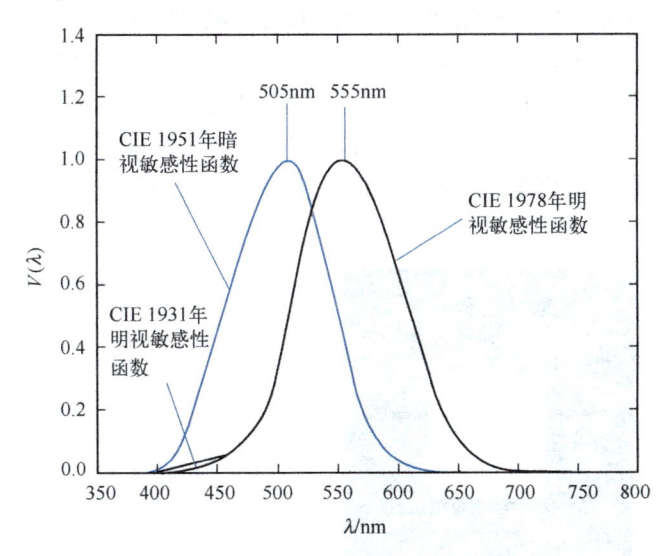

图 2-5 CIE 提出的视力敏感性函数系列

（包括 1931 年明视敏感性函数，1978 年明视敏感性函数，1951 年暗视敏感性函数）

注：两个明视敏感性函数仅仅在波长 470 nm 以下有差别

在人眼成像过程中，物体表面的光照分布实际是与物体的空间位置相关的。这样，将光照分布标记为 $I(x,y,\lambda)$，从视觉系统的立场来看，其亮度则可表示为

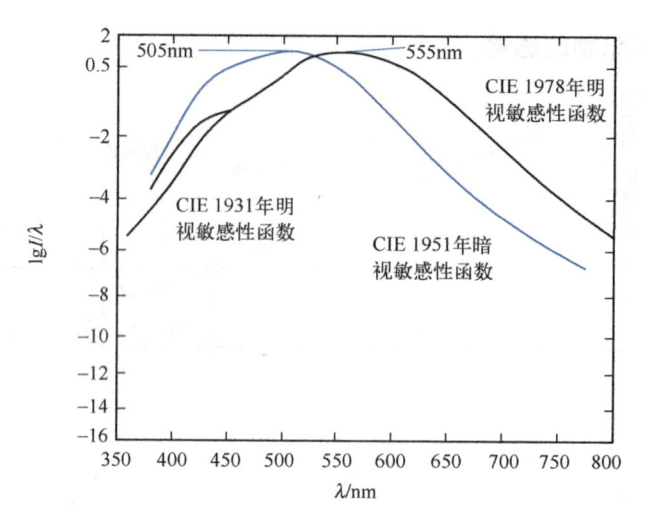

图 2-6 CIE 提出的视力敏感性函数系列在对数尺度下的示意图

$$f(x,y) = \int_0^\infty I(x,y,\lambda) V(\lambda) \, d\lambda \tag{2-1}$$

亮度又称作表面亮度，它度量了视觉系统对照度（luminance，这是一个物理量，可以具体测量）的感受程度。

需要指出的是，式（2-1）中的视力敏感性函数 $V(\lambda)$ 本身是与环境光照条件有关的。前面仅是粗略地分为明视和暗视两类敏感性，深入的实验和分析表明，视觉对光照的对比度（而不是光照的绝对强度）更加敏感。眼睛对照明强度的变化呈现非线性的响应。观测同一个光照强度的对象，如果环境光照强度不一致，那么主观亮度感觉就有差异，这可以通过同时性对比（Simutaneous Contrast）实验来解释。在图 2-7 中，中间两个方块的光强度完全一致，但是其周边的环境光强度有很大的差异，左边外围光照强度很低，而右边的外围光照强度很高。可是，通过视觉系统进行判断时，左边的中心方块会显得比右边的中心方块更加明亮。从而可以证明，视觉系统建立起来的亮度，主要依据的是强度对比度，而并非完全是靠光的绝对强度决定。

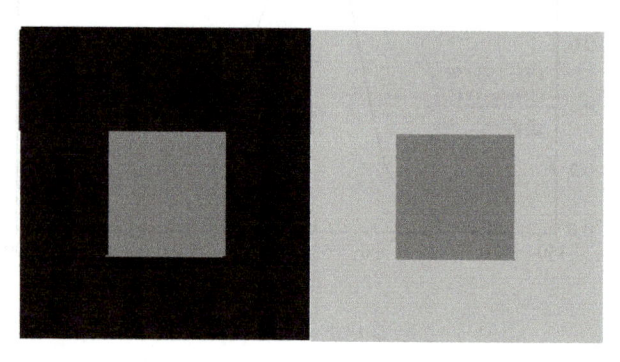

图 2-7 同时性对比实验

以奥地利物理学家和哲学家 Ernst Mach（1838-1916）命名的马赫（Mach）带效应，也是关于对比度敏感性的一个实验证据。在图 2-8 中，可以看到，尽管光强度变化是阶梯形的函数，但是视觉响应曲线却在阶梯的边沿处出现过冲和欠冲现象。当观察两块亮度不同的区域时,边界处亮度对比加强,我们看起来每一竖条纹内右边要比左边稍暗一些,使轮廓表现得特别明显,这就是所谓的马赫带效应。

图 2-8　马赫带效应

2. 视觉系统的色觉

视觉系统的色觉机理极其复杂。以下的三层模型是比较简明的一种解释。大脑神经中枢是一层,它从对立色层获得信号;对立层包含亮度(此处的亮度是指 Luminance)通道和对立色通道。对立色层的亮度通道从 L-锥体和 M-锥体获得信号,而对立色通道则从所有三种锥体获得信号。其模式如图 2-9 所示。

图 2-9　色感的三层模型

视觉系统的光信息输入可以看作在视锥细胞层进行。外部光信息刺激视锥细胞产生响应信号。每一种视锥细胞只输出被其吸收的光量子数信息,而不能传递光的精确波长信息。Smith 与 Pokorny 确定了不同视锥细胞的光谱敏感度(见图 2-10)。根据其感光波长的峰值位置,分别将其命名为 L-锥体、M-锥体和 S-锥体。目前,有研究认为这三种锥体细胞的数量间的比例关系为 32∶16∶1。

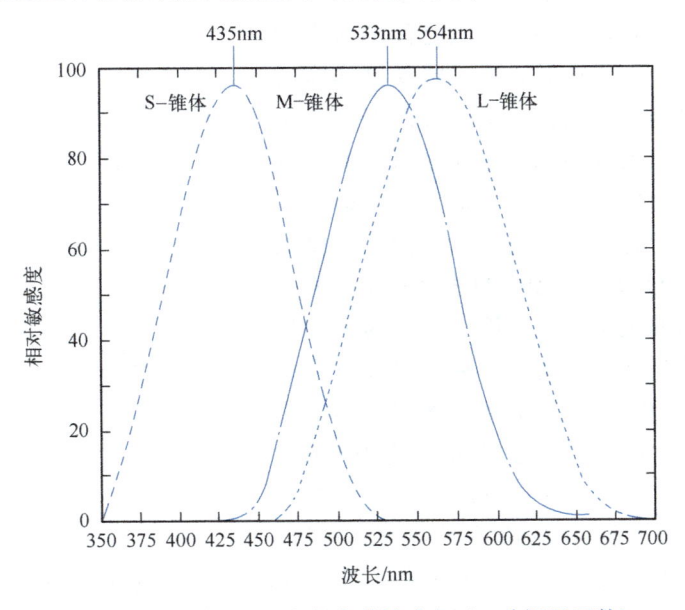

图 2-10　不同视锥细胞的光谱敏感度(又称视见函数)

在对立色层,来自锥体细胞的信息被运算、编码。这里介绍一下 Hering 的对立颜色概念(Opponent Color Theory)。这种理论认为,有 4 种称为单色的基本颜色,分别是红、黄、绿和蓝。所有的颜色都可以由这四种颜色组合而成。Hering 进一步认为,在视觉系统中,必然存在 r/g 的对立色通道,也存在 y/b 的对立色通道;另一方面,该层也应包含亮度信息的通道。

2.1.4 视觉的特性

无论对图像进行何种处理,在很多情况下,图像质量的主观评价仍然是以人作为图像的观察者。人眼除了具有通过 2.1.3 节视觉系统的光觉和色觉相关内容所学习的对比灵敏度、同时对比度、马赫带效应,以及韦伯定律等视觉特性外,视觉功能还具有亮度适应力、视觉运动特性、视觉空间和时间频率特性等其他特性。了解这些特性,对图像信号的处理也是非常有用处的。

1. 视觉范围和亮度适应力

当我们从阳光灿烂的室外走入室内的瞬间,会感到一片漆黑,但稍过片刻,视觉便会逐渐恢复,这种人眼适应暗环境的能力称为暗适应性,通常这种适应过程需要 10~30 s。人眼具有暗适应性,主要有两方面的原因:一方面是因为瞳孔放大,通过玻璃体成像的光通面积增大;另一方面,更重要的原因是由于在完成视觉的过程中视锥细胞代替视杆细胞工作,视神经细胞发生了转换。由于后者的视敏度约为前者的 10 000 倍,在视觉环境由亮到暗产生突变时,视杆细胞需要一定的时间对微弱的光刺激恢复感觉。同样,当从黑暗的房间进入明亮的大厅时,人眼具有明适应性。与暗适应性相比,明适应性过程要快得多,通常只需 1~2 s。这是因为视锥细胞恢复工作所需的时间要比视杆细胞少得多。

视觉范围是指人眼所能感觉到的亮度范围。人的视觉系统能够适应光强度的级别范围是非常宽的,从暗视觉阈值门限到眩目强闪光极限之间的级别约为 10^{10} 量级。但是,人眼并不能同时感受这样宽的亮度范围,说得更确切一点,它是通过改变其整个灵敏度来完成如此大的变动的,这就是所谓的亮度适应现象。很多实验数据表明,主观亮度(即由人的视觉系统感觉到的亮度)是进入人眼内光强度的对数函数。如图 2-11 所示,图中曲线表示出了光强度与主观亮度之间的关系。图中箭头所示为人的视觉系统所能适应的光强度的范围。从中可以看出昼视觉的阈值上限是 10^6 mL(1 mL = 3.18 cd/m²)。由夜视觉到昼视觉逐渐过渡,过渡范围为 0.001~0.1 mL(在对数标度中为 -3~-1 mL)。在一定的条件下,一个视觉系统当前的敏感度称为亮度适应级。

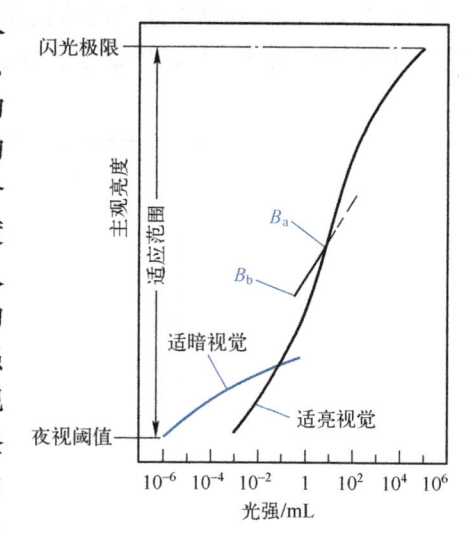

图 2-11 光强度和眼的主观亮度的关系曲线

人眼在某一时刻所能感受到的主观亮度范围是以此适应级为中心的一个小范围,例如图 2-11 中的亮度从 B_b 到 B_a,交叉曲线表示当眼睛适应这一强度级别时,人眼能感觉到的主观亮度范围，所有比 B_b 弱的刺激眼睛的响应均为黑色，而曲线上部虚线部分实际无限制，比 B_a 强的刺激都被看作白色。

2. 视觉运动特性

视锥细胞在中央凹处最密集，构成的分辨率高，但集中视力一般只有 2°~3°。视杆细胞在视网膜周围构成的周边视力分辨率低，看不清图像细节，但对图像中运动变化部分很灵敏，有特征抽取的作用。当快速运动物体从眼前通过时，人眼只能有个粗略轮廓，而很难看到其细节。只有当物体细节大小、明暗对比度以及在人眼中呈现时间长短都比较合适时，才能对物体细节有个清楚的认识。这样一种视觉特性可以用视觉空间频率特性或视觉时间频率特性来定量描述，如图 2-12 所示。

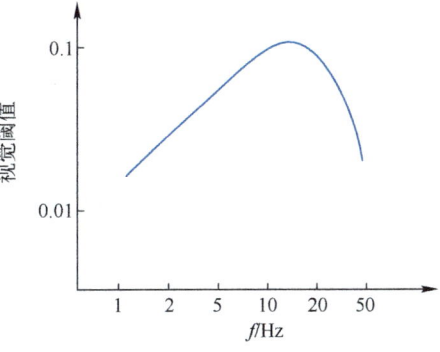

图 2-12 时间频率特性

有人曾用电视眼球标记摄像机（Television Eye-marker Camera）进行试验，得出的结论是人在观察影像时，注视点喜欢集中在图像中有特点的区域，如：

1）注视点主要集中在图像黑白交界的部分，尤其集中在拐角处。
2）用闭合的图形进行试验，注视点容易向图形内侧移动。
3）注视点容易集中在时隐时现、运动变化的部分。
4）图像中若存在一些特别的不规则处，也是注视点容易集中的地方。

图像工程技术人员通过这些现象得到启发，有人认为，人眼只接收电视系统传出信息量中极其微小的部分，而绝大部分信息都被浪费掉了。如果接收者需要看什么发信者就传送什么，将大大减少传送的信息量，这种思路将会对图像信息压缩具有非常大的帮助。

3. 视觉空间错觉和假轮廓

人们对物体形状感知中的另一个重要现象是错觉。可以说这是任何人都会产生的共同现象。错觉是在特定条件下对客观事物产生的一种不正确的、歪曲的知觉。错觉可以发生在视觉方面，也可以发生在其他知觉方面。对于视觉错觉产生原因的解释尽管很多，但只有对大脑功能进一步认识后，才能得到满意的答案。

图 2-13 中是空间错觉的一些例子。从这些例子中可以看到，物体的整体面貌和结构强烈地影响着人们对它们的感知，以致发生错误判断。这些例子可以分为两大类：一类是基于形状和方向的，另一类是基于长度和面积的。图 2-13a~图 2-13c 是在形状和方向上产生错觉。如图 2-13a 中与两条竖直平行线分别相交的两个线段看似为相互平行，实际这两条线段是在同一条直线上；图 2-13b 是两条互相平行的竖直直线，但看起来像曲线；而图 2-13c 中各条竖直线是平行的，而看起来并不平行。图 2-13d~图 2-13f 则在图形大小上产生了错觉。例如在图 2-13d 中，左右套环当中的圆大小相同，但周围有大圆的看起来就小。图 2-13g~图 2-13i 则在线的长度上产生了错觉。

以上只是单独考虑空间因素，如果把时间因素也考虑进去，又会出现各种不同现象。例如长时间注视弯曲的线段后再看直线，就会感到直线发生了与上述曲线相反方向的弯曲。又如长时间观察向下运动的图案之后，再看静止图案，会感到静止图案在向上运动。

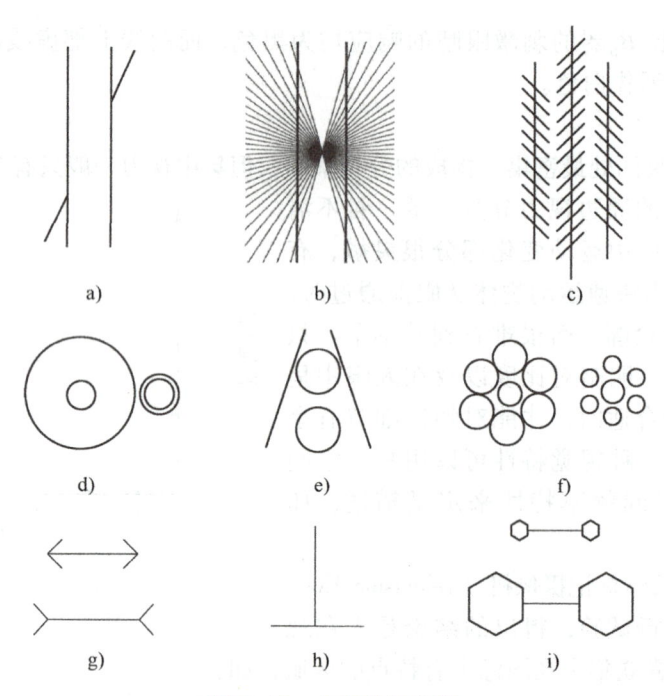

图 2-13　空间错觉实例

假轮廓即主观轮廓和空间错觉一样，一般认为是由多个神经细胞复杂的全局相互联系所引起的。图 2-14 是假轮廓的一些例子。从图 2-14a 可以看到圆盘形的边界，这是由主观上感知的轮廓，它并非真实存在。换句话说，这是从整个图形数据得到的概念，而不是从局部数据得到的边界，所以用模板边缘检测算子是检测不出这些边界的。从图 2-14b 中可以看出，主观轮廓与线段是互相垂直的，弯曲的边界是显而易见的。图 2-14d 在网格图中，

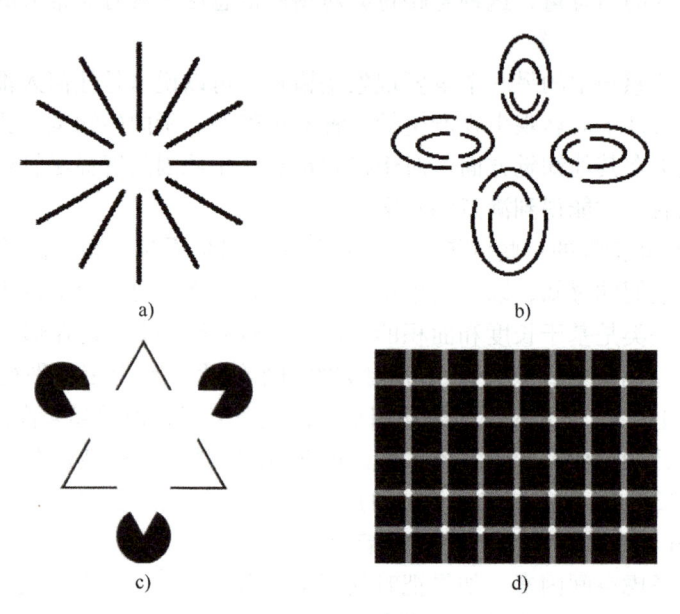

图 2-14　假轮廓

每一个格点都有一个小圆时，小圆会像爆出火花一样不断闪现黑色的斑点。当一个物体被另一个物体遮挡时，也会产生轮廓。利用这些遮挡信息常常可以获得三维景物的深度信息。

视觉错觉不但已被广泛运用于军事、艺术领域，而且也被众多企业、设计师运用在日常生活领域。通过视觉错觉原理，可以有效地改变人对空间信息的接收，以及人和空间的交互感受。比如可以通过视觉错觉原理改变"眼中"的方位、大小，甚至是呈现美好、精致的画面。总之，错觉产生的原因既有生理因素，也有心理因素。我们要防止因视觉错觉而造成认识上的错误，但也可利用视觉错觉为我们服务。

2.2 图像处理系统中的常用输入/输出设备

一个基本的图像（分析和处理）系统的组成往往包括图像的采集、存储、显示、通信、分析处理和输出等，如图2-15所示。图像处理设备主要是通过计算机运算，对图像进行分析和处理。图像采集和显示设备主要负责图像信息的获取、记录和输出显示等，对图像信息系统起着举足轻重的作用。图像系统与一般的计算机系统不同，其必须具有专用的输入/输出设备。

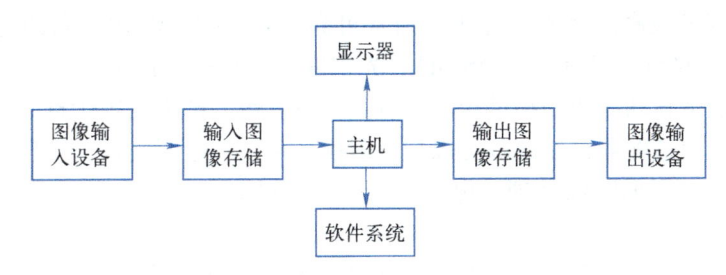

图 2-15 图像处理系统的构成

2.2.1 输入设备

图像输入设备主要是把图像转换成计算机可以处理的数字形式，通常用数字矩阵表示。随着计算机技术、集成芯片技术、电视技术等相关领域的发展，各种新的图像输入设备层出不穷，图像输入设备日益向高速度、高分辨率、多功能、智能化方向发展。目前，常用图像输入设备有扫描仪、数码照相机、数字摄像机和图像采集卡等。

1. 扫描仪

扫描仪诞生于20世纪80年代中期，是一种集光、机、电于一体的高科技产品。它可以将现实世界的页面、图片、幻灯片及其他媒体的内容输入计算机，并转换成计算机可以显示、编辑、存储和输出的一种具有高分辨率静态图形、图像的数字化输入设备。在图文通信、图形图像处理、模式识别、计算机桌面排版、计算机辅助设计、多媒体等领域均有广泛的应用，是计算机应用办公系统最重要的附属设备之一。

（1）扫描仪的工作原理

自然界的每一种物体都会吸收特定的光波，而未被吸收的光波就会反射出去，扫描仪就是利用此原理来完成稿件的读取。扫描仪工作时，内置光源发出的强光照射在稿件上，没有被吸收的光线被反射到光电传感器上。光电传感器接收到这些携带有文件信息的光信号后，将光信号转换为电信号进行放大,传送到模-数(A-D)转换器进行 A-D 转换,转换成计算机能读取的信号,然后通过驱动程序转换成显示器上能看到的正确图像。待扫描的稿件通常可分为反射稿和透射稿。前者泛指一般的不透明文件,如报纸、杂志等,后者包括幻灯片(正片)或底片(负片)。如果经常需要扫描透射稿,就必须选择具有光罩(光板)功能的扫描仪。

(2) 扫描仪的分类

自 1984 年扫描仪诞生以来,通过长期的发展,现在已形成众多种类的扫描仪。目前,应用较为广泛的扫描仪有手持式扫描仪、平板式扫描仪和以光电倍增管为核心的滚筒式扫描仪。

手持式扫描仪具有体积小、重量轻、携带方便等优点,但扫描精度和扫描效果差,扫描质量与平板式扫描仪相比具有较大的差距。另外,随着近几年平板式扫描仪价格下降,其拥有的价格优势也逐渐消失。目前,市场上的手持式扫描仪产品主要有逐字笔式扫描仪、逐行拖动扫描式扫描仪及可折叠的高拍式扫描仪等。

平板式扫描仪主要应用在 A4 和 A3 幅面,其中以 A4 幅面的扫描仪用途最广、功能最强、种类最多、销量最大,是扫描仪家族的代表性产品。经过多年的发展,目前平板式扫描仪的性能已经达到了很高的水平。分辨率通常可高达 600~1200DPI,高的可达 4800DPI 以上。色彩数一般为 24 bit(现可高达 48 bit),光密度值可高达 3 以上。扫描时将图稿放在扫描台上在软件控制下自动完成扫描过程,具有扫描速度快、精度高等优点。有些平板扫描仪还可以加上透明胶片适配器,使其既可以扫反射稿又可以扫透明胶片,实现一机两用。平板扫描仪已广泛应用于图形图像处理、电子出版、印前处理、广告制作、办公自动化等众多领域。

滚筒式扫描仪由电子分色机发展而来,其采用的光电探测器是光电倍增管(PMT),而不是光电子耦合器件(CCD)。由于扫描的图幅较大,为节省机器体积多半会采用滚筒式走纸机构。滚筒扫描仪在扫描过程中受光学光晕等不良因素的影响较小,在暗调的地方可以扫出更多细节,使不清楚的物体变得更清晰,并提高图像的对比度与清晰度。滚筒扫描仪扫出的图像细节清楚,网点细腻,网纹较小,最高光学密度可达 4.0 以上,一般用于印刷厂、分色制版公司、出版社、图片社以及需要对大幅面扫描的场所,专用性较强。由于 CCD 的价格较低,而且现阶段的性能也有了很大提高,完全可以满足现阶段的一般印前要求,目前,精度高但价格昂贵的滚筒扫描仪有逐渐没落、被淘汰的趋势。

(3) 分辨率

扫描分辨率是扫描仪最重要的技术指标之一,它决定了扫描仪对图像细节的表现能力,即决定了扫描仪所记录图像的细致度,其单位为 DPI(Dots Per Inch)。一个图像所包含的像素越多,表明它所容纳的信息也就越多。因此,通常一个图像填塞的像素越多,图像也就越清晰。然而,通常所用的大多数扫描仪的分辨率在 300~2400DPI 之间。扫描分辨率一般有两种:真实分辨率(又称光学分辨率)和插值分辨率。光学分辨率就是扫描仪的实际分辨率,它是决定图像清晰度和锐利度的关键性能指标。插值分辨率则是通过软件运算的方式来提高分辨率的数值,即用插值的方法将采样点周围遗失的信息填充进去,因此也被称作软件增强的分辨率。例如,扫描仪的光学分辨率为 300DPI,则可以通过软件插值运算法将图像提高到 600DPI,插值分辨率所获得的细部资料要少些。尽管插值分辨率不如真实分辨率,但它却能大大降低扫描仪的价格，且对一些特定的工作，如扫描黑白图像或放大较小的原稿时十分有用。DPI 数值越大，扫描的分辨率越高，扫描图像的品质越高，但这是有限度的。当分辨率大于某一特定值时，只会使图像文件增大而不易处理，并不能对图像质量产生显著的改善。例如，拿来一幅 300DPI 的图像，然后以 2 倍于原来分辨率大小的分辨率 600DPI 重新扫描，则所得到的新文件大约是初始文件的 4 倍大小。这样，在扫描时，如果使用的分辨率太高，则图像的文件太大，就可能会超过计算机的内存容量。因此，在开始扫描之前，必须知道最终图像的大小，并计算出正确的扫描分辨率。

灰度级表示图像的亮度层次范围，级数越多，扫描仪图像亮度范围越大、层次越丰富。目前多数扫描仪的灰度为 256 级。256 级灰阶真实呈现出比肉眼所能辨识出来的层次还多的灰阶层次。

色彩数表示彩色扫描仪所能产生颜色的范围。通常用表示每个像素点颜色的数据位（bit）表示。位（bit）是计算机最小的存储单位，以 0 或 1 来表示数据位的值，位数越多可以表现的图像信息就越复杂。例如，常说的真彩色图像指的是每个像素点由 3 个 8 bit 的彩色通道所组成，即以 24 bit 二进制数表示，红绿蓝通道结合可以产生 2^{24} 种颜色的组合，色彩数越多，扫描图像越鲜艳真实。

2. 数码照相机

数码照相机又称数字照相机，是 20 世纪末开发出的新型照相机。在拍摄和处理图像方面有着得天独厚的优势。随着计算机的普及，以及对计算机图像处理技术的认同，数码照相机已从专业摄影师的专用产品，逐渐成为广大消费者快速捕获图像的常用设备。数码照相机是用光电转换的方法来进行照片拍摄的，并在系统内部将拍摄的图像转换为数字格式存储，它是集摄影技术、数字图像处理技术和计算机技术于一体的照相机。

数码照相机由镜头、感光器件（CCD 或 CMOS）、微处理器（MPU）、存储器、液晶显示器（LCD）和计算机接口、电视机接口等部分组成的，机身前部都安装有光学镜头、取景框、快门等部件，操作方法与传统照相机差不多。拍摄影像时，将反射景物的光通过镜头聚焦到电荷耦合器件（CCD）上。CCD 把光信号转变成模拟的电信号，电信号经过 A-D 转换器输出数字信号，再经过 MPU 对其进行处理后存储在存储器中。只要按下快门，拍摄的效果就可以通过数码照相机附带的小型液晶显示器观看，也可以通过接口将数码照片传送到计算机上，供计算机打印、调用、传输。数码照相机用感光器件（CCD）代替了传统照相机的感光胶片，在拍摄过程、感光本质、拍摄延退、图像质量、存储介质、输出方式、照片的后续处理及保存等诸多方面都有很大不同，体现出传统照相机无法比拟的优越性。

数码照相机图像存储一般是由系统的微处理器来完成。压缩处理与存储图像所用的时间不可忽略，因此在使用数码照相机时可以明显感到较长的等待时间。图像格式的种类繁多，一般常用 JPEG 格式。数码照相机的存储器分为内置存储器和可移动存储器。内置存储器为半导体存储器，安装在照相机内部，用于临时存储图像，接口传送。可移动存储器有 Compact Flash（CF）卡和 Secure Digital Memory（SD）卡等。数码照相机输出接口包括计算机通信接口，例如串行接口、并行接口、USB 接口和 SCSI。若使用红外线接口，则要为计算机安装相应的红外接收器及其驱动程序连接电视机的视频接口和连接打印机的接口。

3. 数字摄像机

摄像机种类繁多，但其工作的基本原理都是一样的。数字摄像机目前主要采用的是

CCD 摄像技术，把光学图像信号转变为电信号，以便于存储或者传输。当我们拍摄一个物体时，此物体上反射的光被摄像机镜头收集，使其聚焦在摄像器件的受光面（例如 CCD 或 CMOS 探测器）上，再通过摄像器件把光信号转变为电能信号，同时拾音器得到的音频电信号进行 A-D 转换和压缩处理后，即得到了"视频信号"。光电信号很微弱，需通过预放电路进行放大，再经过各种电路进行处理和调整，最后得到的标准信号可以送到录像机等记录媒介上记录下来，或通过传播系统传播或送到监视器上显示出来。

随着计算机多媒体及信息网络的快速发展，近几年出现了网络数字摄像机（Network Camera），也叫数字 IP 摄像机（或简称 IP 摄像机）。它是一种结合传统摄像机与网络技术所产生的新一代摄像机，可以将影像通过网络传至地球另一端，且远端的浏览者不需用任何专业软件，只要标准的网络浏览器即可监视其影像。网络摄像机内置一个嵌入式芯片，采用嵌入式实时操作系统。摄像机传送来的视频信号数字化后由高效压缩芯片压缩，通过网络总线传送到 Web 服务器。网络上用户可以直接用浏览器观看 Web 服务器上的摄像机图像，授权用户还可以控制摄像机云台镜头的动作或对系统配置进行操作，使数字化摄像直接接入网络。

4. 图像采集卡

图像采集卡的功能是将图像信号采集到计算机中，以数据文件的形式保存在硬盘上。图像采集卡是图像采集部分和图像处理部分的接口。若将模拟图像信号接入计算机，必须经过解码、A-D 转换设备，这个完成数字化设备的就是图像采集卡，也称为图像捕获卡。图像经过采样、量化以后转换为数字图像并输入、存储到帧存储器的过程，叫作采集。由于图像信号的传输需要很高的传输速度，通用的传输接口不能满足要求，因此需要图像采集卡。图像采集卡还提供数字 I/O 的功能。由于通过高速 PCI 总线可实现直接采集图像到 VGA 显存或主机系统内存，这不仅可以使图像直接采集到 VGA，实现单屏工作方式，而且可以利用 PC 内存的可扩展性，实现所需数量的序列图像逐帧连续采集，进行序列图像处理分析。此外，由于图像可直接采集到主机内存，图像处理可直接在内存中进行，因此图像处理的速度随 CPU 速度的不断提高而得到提高，因而使得对主机内存的图像进行并行实时处理成为可能。

摄像头实时或准时采集数据，经 A-D 转换后将图像存放在图像存储单元的一个或三个通道中，D-A 转换电路自动将图像显示在监视器上。通过主机发出指令，将某一帧图像静止在存储通道中，即采集或捕获一帧图像，然后可对图像进行处理或存盘。高档图像采集卡还包括卷积滤波、快速傅里叶变换（FFT）等图像处理专用的快速部件。现在有的图像采集卡将图像和图形功能合为一体。这种卡基于 PCI 总线设计，它将图像和 VGA 的图形功能合为一体，可在计算机屏幕上实时显示彩色活动图像。

2.2.2 输出设备

数字图像的显示方式分为永久性系统和暂时显示设备。永久性系统改变了记录媒体的光吸收特性，留下图像的硬拷贝，如照片、胶片、打印纸等，将图像永久记录在纸张或胶片上的设备胶片记录器、激光打印机、喷墨打印机、热蜡转移打印机、颜料升华打印机等"图像记录设备"或"硬拷贝设备"，采用半调（Halftone）技术，通过改变排列成规则图案的小黑点大小来仿真多种灰度级，提高图片的质量。暂时显示设备在图像显示器上留下瞬间的影像，如图像监视器、显示器、投影仪等。电视监视器有黑白/彩色，主要指标有扫描制式、清晰度、扫描线性度、屏幕尺寸等。扫描制式一般是符合国际电视标准的单制式，PAL/NTSC/SECAM 等，分辨率较低，因而使用得越来越少。

图像显示系统最重要的显示特性有图像的大小、光度分辨率和空间分辨率、高低频响应特性和噪声特性。

2.3 拓展与思考

自主创新的重要性

在当今全球化的科技竞争格局中，自主研发图像输入/输出设备对于一个国家的科技自立和产业安全至关重要。长期以来，我国在高端图像处理设备领域面临一定的对外依赖，特别是在高精度传感器、专业图像处理芯片、算法等方面。这种依赖不仅限制了我们在技术更新和成本控制上的自主权，也使得我们在面对国际市场波动时显得较为被动。随着国家对科技创新的重视程度不断提升，具有自主知识产权的图像输入/输出设备开始崭露头角。这些设备的成功研发，不仅能够减少我们对外部技术的依赖，更重要的是，它们为保障国家安全提供了坚实的技术支撑。在军事领域，自主技术的图像处理设备可以用于边防监控、情报收集等，确保国防安全不受外部技术制约。在公共安全领域，它们可以用于城市监控、灾害预警等，提高对突发事件的响应速度和处理能力。

（1）东软医疗的国产光子计数 CT

东软医疗系统股份有限公司成功研发了国产光子计数 CT，这是一种尖端的医疗成像设备，如图 2-16 所示。该技术相比传统的 X 射线成像，具有更高的分辨率，能够捕捉到更精细的组织结构和微小病变，从而极大提升了诊断的准确性。此外，光子计数 CT 还能显著降低辐射剂量，减少对患者和操作人员的潜在危害。这项技术的成功研发，不仅打破了国际医疗设备巨头在该领域的技术垄断，而且为中国医疗设备行业在国际市场上赢得了更多的话语权。

图 2-16 国产光子计数 CT

(2) 中国科学院长春光学精密机械与物理研究所的 CMOS 图像传感器

中国科学院长春光学精密机械与物理研究所（长春光机所）通过引进 CMOS 研发团队，成立了长春长光辰芯光电技术有限公司，专注于研发高性能 CMOS 图像传感器器件。这些传感器在工业检测、生命科学、天文、广电等高端装备制造领域有重要应用。长光辰芯攻克了多项核心技术，实现了四大系列 CMOS 图像传感器的研发及产业化能力，这些产品已广泛应用于多个领域，并带动了 CMOS 相关上下游产业的快速发展。基于 CMOS 传感器的数字成像原理示意图如图 2-17 所示。

图 2-17　基于 CMOS 传感器的数字成像原理示意图

(3) 华为自研 CMOS 图像传感器

华为在全球化分工格局遭遇挑战的背景下，致力于实现 100% 全国产化，其中包括自研 CMOS 图像传感器。这一创新成为华为实现全国产化的关键一步。华为的自主研发 CMOS 图像传感器采用了先进的工艺，提高了传感器性能，降低了噪声，并改善了图像质量。这一成就标志着华为在高端技术领域的突破，也为中国科技产业的崛起注入了新的动力。

以上这些成果表明，中国在自主研发图像输入/输出设备方面已取得重大进展，这不仅有助于减少对外部技术的依赖，而且对于保障国家安全和推动科技进步具有重要作用。通过这些自主创新，中国在全球高科技领域的影响力不断增强。

2.4　习题

1. 简要阐述人类视觉系统的结构与原理。
2. 人的视觉主观感受与视觉机理有着密切关系，能否说物体辐射的光强越大，人眼所看到的亮度越亮？
3. 试分析人眼对可见光的敏感性。
4. 简要叙述人眼的色觉形成原理。
5. 试述韦伯定律的内容。
6. 试述马赫带效应的内容。
7. 列举生活中常用的输入/输出设备。

第 3 章 基本图像变换

在数字信号处理技术中，常常需要将原定义在时域空间的信号以某种形式转换到频域空间，并利用频域空间的特有性质方便地进行定量加工，最后再转换到时域空间以得到所需的效果。在数字图像处理中，这一方法仍然有效，图像函数经过频域变换后处理起来较变换前更加简单和方便，在图像去噪、图像压缩、特征提取和图像识别方面均发挥着重要的作用。由于这种变换是对图像函数而言的，所以称为图像变换。图像变换使图像在视觉上失去了原有图像的形态，尽管视觉感受上不同，但是常常可以提取出图像中隐藏的本质特征。

正交变换是数字图像处理技术的重要工具，现在研究的图像变换基本上都是正交变换。正交变换在数字图像处理中，可以减少图像数据的相关性，获取图像的整体特点，有利于用较少的数据量表示原始图像。在图像的增强、复原、编码、描述与特征提取等方面，都有着非常广泛的应用。正交变换可分为三大类型，即正弦/余弦型变换、方波型变换和基于特征向量的变换。

在图像处理和分析技术的发展中，傅里叶变换是正交变换的典型代表，曾经起到过并仍在起着重要的作用。本章首先介绍傅里叶变换基础知识及离散傅里叶变换、离散余弦变换，并对小波变换进行简要介绍。

3.1 图像变换的基础知识

图像信息可以看成二维数字信息，数字信号分析中的有关结论可以推广到图像处理技术中。在数字信号的处理技术当中，常将原定义在时域空间的信号以某种形式转换到频域空间，并利用频域空间的特有性质方便地进行一定的加工，最后再转换到时域空间以得到所需的效果。在数字图像处理中，这一方法仍然有效，即时域分析法和频域分析法仍是数字图像处理的主要方法。

图像的频率是图像灰度在平面空间上的梯度，是表征图像中图像灰度变化剧烈程度的指标。例如，大面积的海洋在图像中是一片图像变化缓慢的区域，对应的频率值很低；而地表属性变换剧烈的边缘区域在图像中则是一片图像变化剧烈的区域，对应的频率值较高。图像的变换是指把图像从空间域变换到频率域，其特点是在变换域中图像能量主要集中分布在低频率成分上，边缘信息或线信息反映在高频率成分上。经过频域变换，不但使图像处理起来较变换前更加简单和方便，在图像的去噪、图像压缩、特征提取和图像识别等方面可以发挥重要作用，而且更有助于从概念上加强对图像信息的理解，其在图像处理中占有重要的地位。

现在研究的图像变换基本上都是二维正交变换，正交变换可以减少图像数据的相关性，获取图像的整体特点，便于用较少的数据量来表征原始图像隐含的信息。傅里叶变换是正交变换的典型代表，把傅里叶变换的理论同其物理解释相结合，将有助于解决大多数图像处理问题。傅里叶变换作为线性系统分析的一个有力工具，它能够定量地分析诸如数字化系统、采样点、卷积滤波器、噪声和显示点等，是数字图像处理中应用最广的一种变换。离散余弦变换和小波变换是在傅里叶变换的基础上拓展出来的算法，相较傅里叶变换，具有运算量少，更利于解决实际问题的优点。

傅里叶变换主要分为连续傅里叶变换和离散傅里叶变换，在数字图像处理中经常用到的是二维离散傅里叶变换。本章重点讨论二维离散傅里叶变换，并在此基础上介绍离散余弦变换、小波变换两种图像变换。

3.2 傅里叶变换

3.2.1 一维傅里叶变换

1. 连续傅里叶变换

假设 $f(x)$ 为实变量 x 的一维连续函数，则当 $f(x)$ 满足狄利克雷条件，即 $f(x)$ 具有有限个间断点、具有有限个极值点、绝对可积时，则其傅里叶变换对（傅里叶变换和反变换）一定存在（实际应用中，这些条件基本上均可满足）。$f(x)$ 的傅里叶变换以 $F[f(x)]$ 来表示，则傅里叶变换的表达式为

$$F[f(x)] = F(u) = \int_{-\infty}^{+\infty} f(x) \exp(-j2\pi ux) dx \tag{3-1}$$

式中，$F(u)$ 为 $f(x)$ 的傅里叶变换，$j=\sqrt{-1}$ 为虚数单位，u 为频率变量。若已知 $F(u)$，则利用傅里叶反变换可以求得 $f(x)$ 为

$$f(x) = F^{-1}[F(u)] = \int_{-\infty}^{+\infty} F(u) \exp(j2\pi ux) du \tag{3-2}$$

式（3-1）和式（3-2）则被称为傅里叶变换对。

根据欧拉公式有

$$\exp(j\theta) = \cos(\theta) + j\sin(\theta) \tag{3-3}$$

将式（3-3）代入式（3-1），得

$$F(u) = \int_{-\infty}^{+\infty} f(x) [\cos(2\pi ux) - j\sin(2\pi ux)] dx \tag{3-4}$$

如果将式（3-4）中的积分解释为离散项和的极限，则 $F(u)$ 包含了正弦和余弦的无限项的和，u 称为频率变量，它的每一个值确定了所对应正弦-余弦对的频率。

$f(x)$ 是实函数，根据式（3-4）可知，其傅里叶变换 $F(u)$ 通常是复函数。所以，傅里叶变换 $F(u)$ 的系数可以写成如下的 u 复数和极坐标的形式：

$$F(u) = R(u) + jI(u) = |F(u)| e^{j\varphi(u)} \tag{3-5}$$

$F(u)$ 的振幅谱为

$$|F(u)| = \sqrt{R^2(u) + I^2(u)} \tag{3-6}$$

相位角为

$$\varphi(u) = \arctan \frac{I(u)}{R(u)} \tag{3-7}$$

振幅谱的平方称为 $f(x)$ 的功率谱：

$$P(u) = |F(u)|^2 = R^2(u) + I^2(u) \tag{3-8}$$

2. 离散傅里叶变换

由于计算机只能处理离散数值，所以连续傅里叶变换在计算机上无法直接使用。为了在计算机上实现连续傅里叶变换计算，必须把连续函数离散化，即将连续傅里叶变换转化为离散傅里叶变换（Discrete Fourier Transform，DFT）。对一个连续函数 $f(x)$ 等间隔采样，得到一个离散序列，设共采集了 N 个采样数据，则这个离散序列可表示为 $\{f(0), f(1), f(2), \cdots, f(N-1)\}$。基于这种描述方式，令 x 为离散实变量，u 为离散频率变量，可将离散傅里叶变换对定义为

$$F[f(x)] = F(u) = \sum_{x=0}^{N-1} f(x) \exp(-j2\pi ux/N) \tag{3-9}$$

$$F^{-1}[F(u)] = f(x) = \frac{1}{N} \sum_{u=0}^{N-1} F(u) \exp(j2\pi ux/N) \tag{3-10}$$

式中，$x, u = 0, 1, 2, \cdots, N-1$。将式（3-3）代入式（3-10），可得

$$F(u) = \sum_{x=0}^{N-1} f(x) \left(\cos \frac{2\pi ux}{N} - j\sin \frac{2\pi ux}{N} \right) \tag{3-11}$$

可见，离散序列的傅里叶变换仍是一个离散的序列，每一个 u 对应的傅里叶变换结果是所有输入序列 $f(x)$ 的加权和（每一个 $f(x)$ 都乘以不同频率的正弦和余弦值），u 决定了每个傅里叶变换结果的频率。

一维离散傅里叶变换的复数形式、指数形式、振幅、相角、能量谱的表示类似于一维连续函数相应的表达式。

3.2.2 二维傅里叶变换

1. 二维连续傅里叶变换

如果 $f(x,y)$ 在 $\pm\infty$ 是连续、可积的，且 $f(u,v)$ 是可积的，则存在如下的傅里叶变换对

$$F[f(x,y)] = F(u,v) = \int_{-\infty}^{+\infty} \int_{-\infty}^{+\infty} f(x,y) e^{-j2\pi(ux+vy)} dxdy \tag{3-12}$$

$$F^{-1}[F(u,v)] = f(x,y) = \int_{-\infty}^{+\infty} \int_{-\infty}^{+\infty} f(u,v) e^{j2\pi(ux+vy)} dudv \tag{3-13}$$

与在一维时的情况类似，参见式（3-6）~式（3-8），可定义二维傅里叶变换的频谱、相位角和功率谱如下：

$$|F(u,v)| = [R^2(u,v) + I^2(u,v)]^{1/2} \tag{3-14}$$

$$\varphi(u,v) = \arctan\left[\frac{I(u,v)}{R(u,v)}\right] \tag{3-15}$$

$$P(u,v) = |F(u,v)|^2 = R^2(u,v) + I^2(u,v) \tag{3-16}$$

2. 二维离散傅里叶变换

在数字图像处理领域，由于信号通常是以离散脉冲的形式存在，传统的二维连续傅里叶变换已经不能满足图像分析和处理的需要。二维离散傅里叶变换通过把空间域的图像转换到频域上进行研究，为数学方法和计算机技术之间建立联系，为傅里叶变换这一数学工具在图像分析中的实用开辟了道路。

类似于一维离散傅里叶变换，对于 $M\times N$ 的图像，其离散图像函数的 DFT 为

$$F(u,v) = \frac{1}{MN}\sum_{x=0}^{M-1}\sum_{y=0}^{N-1}f(x,y)\mathrm{e}^{-\mathrm{j}2\pi(ux/M+vy/N)} \tag{3-17}$$

其逆变换则为

$$f(x,y) = \sum_{u=0}^{M-1}\sum_{v=0}^{N-1}F(u,v)\mathrm{e}^{\mathrm{j}2\pi(ux/M+vy/N)} \tag{3-18}$$

$f(x,y)$ 为实函数，其傅里叶变换 $F(u,v)$ 通常为复函数，若 $F(u,v)$ 的实部为 $R(u,v)$，虚部为 $I(u,v)$，则其复数形式为

$$F(u,v) = R(u,v) + \mathrm{j}I(u,v) \tag{3-19}$$

$$\varphi(u,v) = \arctan\left[\frac{I(u,v)}{R(u,v)}\right] \tag{3-20}$$

图像经过傅里叶变换后，一般得到的是复函数，由图 3-1 可以看出，图像的幅度谱和相位谱，已经丢失了空域中的信息，完全无法看出原图的显示效果。

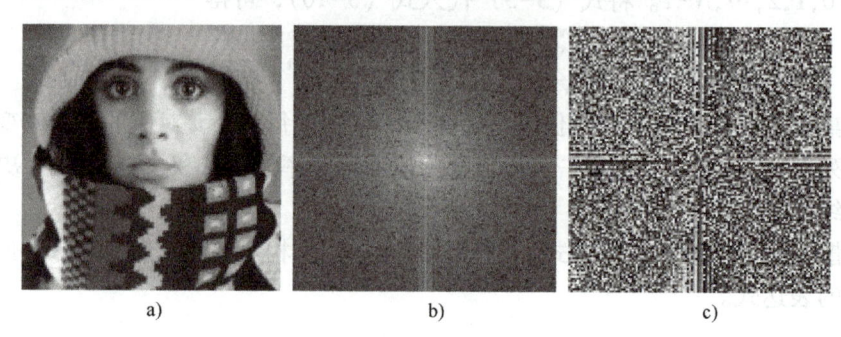

图 3-1　图像的幅度谱和相位谱
a）原始图像　b）图像的幅度谱　c）图像的相位谱

3. 二维离散傅里叶变换的性质

离散傅里叶变换之所以在图像处理中被广泛使用，成为图像处理的有力工具，就是因为它具有良好的性质。下面将给出二维离散傅里叶变换的基本性质，熟悉并掌握这些性质对于图像信号的频域变换及图像信号的分析处理具有非常重要的意义。

（1）线性

根据傅里叶变换对的定义，可直接得到

$$af_1(x,y) + bf_2(x,y) \Leftrightarrow aF_1(u,v) + bF_2(u,v) \tag{3-21}$$

并且一般来说

$$F[f_1(x,y)f_2(x,y)] \neq F[f_1(x,y)]F[f_2(x,y)] \tag{3-22}$$

（2）可分离性

二维傅里叶变换的变换核满足可分离性，即

$$F(u,v) = \int_{-\infty}^{+\infty}f_1(x)f_2(y)\mathrm{e}^{-\mathrm{j}2\pi(ux+vy)}\mathrm{d}x\mathrm{d}y = \int_{-\infty}^{+\infty}f_1(x)\mathrm{e}^{-\mathrm{j}2\pi ux}\mathrm{d}x\int_{-\infty}^{+\infty}f_2(y)\mathrm{e}^{-\mathrm{j}2\pi vy}\mathrm{d}y = F_1(u)F_2(v) \tag{3-23}$$

这个性质可使二维傅里叶变换依次进行两次一维傅里叶变换来实现。

因此，如果一个二维图像函数可被分为两个一维分量函数，则它的频谱可被分解为两个分量函数。对于图像处理来说，就是先对"行"进行变换，再对"列"进行变换（或者先

对"列"进行变换,再对"行"进行变换)。

(3) 平移性

傅里叶变换对的平移定理由式(3-24)和式(3-25)给出:

$$F(u-u_0,v-v_0) \Leftrightarrow f(x,y)\exp[j2\pi(u_0x+v_0y)/N] \quad (3-24)$$

$$f(x-x_0,y-y_0) \Leftrightarrow F(u,v)\exp[-j2\pi(ux_0+vy_0)/N] \quad (3-25)$$

上面的式子表明,在空域中用指数项 $\exp[j2\pi(u_0x+v_0y)/N]$ 乘以 $f(x,y)$,并对这个乘积进行傅里叶变换,可在频率域中将它的原点移至 (u_0,v_0) 处。在频域中用指数项 $\exp[-j2\pi(ux_0+vy_0)/N]$ 乘以 $F(u,v)$,可使空域中的原点移到 (x_0,y_0) 处。

通常,图像频谱中心在点 $(0,0)$,为了便于观察,尤其是在对频谱的显示或是滤波等处理时,常将频谱的中心移至频域图像的中间位置。为此,令 $u_0=v_0=N/2$,则可得到相对应的空域中指数项为

$$\exp[j2\pi(u_0x+v_0y)/N] = e^{j\pi(x+y)} = (-1)^{(x+y)}$$

那么式(3-24)可变为

$$F(u-N/2,v-N/2) \Leftrightarrow f(x,y)(-1)^{(x+y)} \quad (3-26)$$

即将图像阵元 $f(x,y)$ 乘以因子 $(-1)^{(x+y)}$ 后进行傅里叶变换,其频谱中心便移位到了频率方阵的中心 $(N/2,N/2)$。

由平移特性可以得出,信号在一个域的移动,只影响信号的相位谱,信号的幅度谱不会发生变化,可以通过图3-2看出该效果。

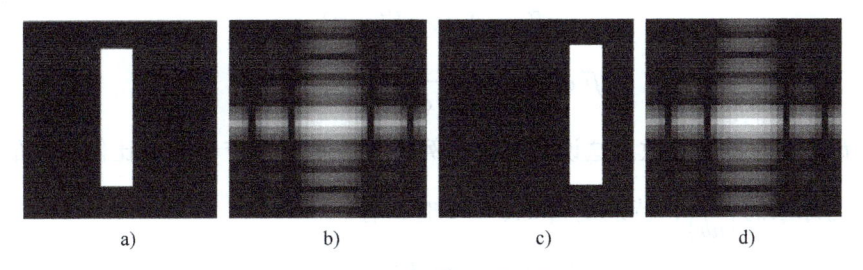

图3-2 图像平移及其频谱

a) 原始图像 b) 傅里叶变换后频谱 c) 图像平移 d) 平移图像的频谱

(4) 周期性

离散的傅里叶变换和它的反变换具有周期性,其周期如式(3-27)所示。

$$F(u,v) = F(u+N,v) = F(u,v+N) = F(u+N,v+N) \quad (3-27)$$

这一性质很容易得到证明,下面仅证明 $F(u,v) = F(u+N,v+N)$。
由定义可知

$$F(u+N,v+N) = \frac{1}{N}\sum_{x=0}^{N-1}\sum_{y=0}^{N-1}f(x,y)\exp\{-j2\pi[(u+N)x+(v+N)y]/N\}$$

$$= \frac{1}{N}\sum_{x=0}^{N-1}\sum_{y=0}^{N-1}f(x,y)\exp[-j2\pi(ux+vy)/N]\exp[-j2\pi(Nx+Ny)/N]$$

$$= \frac{1}{N}\sum_{x=0}^{N-1}\sum_{y=0}^{N-1}f(x,y)\exp[-j2\pi(ux+vy)/N]\cdot 1$$

$$= F(u,v)$$

对于其他几种情况，也可得到类似证明。

由此看来，对于 u 和 v 的值为无限数时，$F(u,v)$ 重复着其本身，但是为了由 $F(u,v)$ 得到 $f(x,y)$，只需变换一个周期即可。

在空域中，对 $f(x,y)$ 也有相似的性质，即离散傅里叶反变换给空域离散函数 $f(x,y)$ 赋予了周期属性。

(5) 对称性和共轭对称性

若

$$f(x,y)=f(-x,-y)$$

则有

$$F(u,v)=F(-u,-v) \tag{3-28}$$

对称性表明，变换后的值是以原点为中心对称的。傅里叶变换也存在着共轭对称性，因为

$$F(u,v)=F^*(-u,-v) \tag{3-29}$$

或者

$$|F(u,v)|=|F(-u,-v)| \tag{3-30}$$

这说明其幅度关于原点对称。

(6) 比例性

二维离散傅里叶变换的比例可由式 (3-31) 和式 (3-32) 表示：

$$af(x,y) \Leftrightarrow aF(u,v) \tag{3-31}$$

$$f(ax,by) \Leftrightarrow \frac{1}{|ab|}F\left(\frac{u}{a},\frac{v}{b}\right) \tag{3-32}$$

式中，a 和 b 是不为零的常数。这说明空域比例尺度的展宽相应于频域比例尺度的压缩，其幅值也减少为原来的 $\frac{1}{|ab|}$，特别是当 $a,b=-1$ 时，有

$$f(-x,-y) \Leftrightarrow F(-u,-v) \tag{3-33}$$

这说明，离散傅里叶变换具有符号改变对应性。

(7) 旋转特性

在极坐标形式下的图像，将图像旋转是件十分容易的事。在极坐标下把图像进行傅里叶变换，可以得到傅里叶变换的旋转特性，如图 3-3 所示。

令

$$\begin{cases} x=r\cos\theta \\ y=r\sin\theta \end{cases}$$

$$\begin{cases} u=\omega\cos\varphi \\ v=\omega\sin\varphi \end{cases}$$

则 $f(x,y)$ 和 $F(u,v)$ 分别可以表示成 $f(r,\theta)$ 和 $F(\omega,\varphi)$。这样，不论是连续的还是离散的傅里叶变换在极坐标中均可得到

$$f(r,\theta+\theta_0) \Leftrightarrow F(\omega,\varphi+\theta_0) \tag{3-34}$$

这就是说，如果 $f(x,y)$ 被旋转 θ_0 角度，则 $F(u,v)$ 被旋转同样的角度。

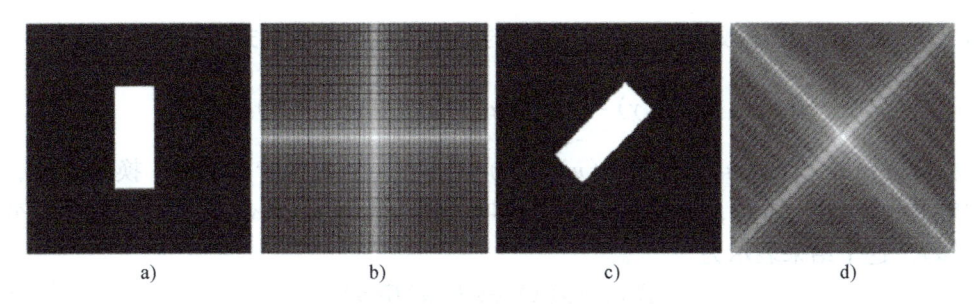

图 3-3 傅里叶变换旋转特性示例

a) 原始图像　b) 傅里叶变换后频谱　c) 原始图像顺时针旋转 45°　d) 旋转后的频谱

(8) 差分与和

令

$$\Delta_x f(x,y) = f(x,y) - f(x-1,y)$$
$$\Delta_y f(x,y) = f(x,y) - f(x,y-1)$$

则有

$$\Delta_x f(x,y) \Leftrightarrow F(u,v)(1-e^{-j2\pi u/N})$$
$$\Delta_y f(x,y) \Leftrightarrow F(u,v)(1-e^{-j2\pi v/N}) \tag{3-35}$$

上述性质表明,在空域中对图像像素进行差分运算,相当于在频域中对图像信号进行高通滤波。同理可得

$$f(x,y) + f(x-1,y) \Leftrightarrow F(u,v)(1+e^{-j2\pi u/N})$$
$$f(x,y) + f(x,y-1) \Leftrightarrow F(u,v)(1+e^{-j2\pi v/N}) \tag{3-36}$$

上述性质表明,在空域中对图像像素进行和运算,相当于在频域中对图像信号进行低通滤波。

(9) 平均值

二维离散函数 $f(x,y)$ 的平均值定义为

$$\bar{f}(x,y) = \frac{1}{N^2} \sum_{x=0}^{N-1} \sum_{y=0}^{N-1} f(x,y) \tag{3-37}$$

在二维傅里叶变换定义式中,令 $u=v=0$,则可得

$$F(0,0) = \frac{1}{N} \sum_{x=0}^{N-1} \sum_{y=0}^{N-1} f(x,y) e^{-j\frac{2\pi}{N}(x\cdot 0 + y\cdot 0)} = N\left[\frac{1}{N^2} \sum_{x=0}^{N-1} \sum_{y=0}^{N-1} f(x,y)\right] = N\bar{f}(x,y) \tag{3-38}$$

根据该性质可知,在原始情况下,直流分量位于谱矩阵的左上角。

在实际图像处理过程中,为了使频率项的排列形式便于分析、更直观,应对谱矩阵进行重新排列,使零频率直流分量位于矩阵的中心,这样,从中心向矩阵的边缘,空间频率便逐渐增加。

(10) 卷积定理

两个函数 $f(x)$ 和 $g(x)$ 的卷积记为 $f(x) * g(x)$,由式(3-39)定义:

$$f(x) * g(x) = \int_{-\infty}^{\infty} f(\alpha) g(x-\alpha) d\alpha \tag{3-39}$$

式中,α 是积分伪变量。

对于两个二维连续函数 $f(x,y)$ 和 $g(x,y)$ 的卷积，在形式上和式（3-39）类似：

$$f(x,y) * g(x,y) = \int_{-\infty}^{\infty}\int_{-\infty}^{\infty} f(\alpha,\beta)g(x-\alpha, y-\beta)\mathrm{d}\alpha\mathrm{d}\beta \tag{3-40}$$

在频域分析中，$f(x)*g(x)$ 和 $F(u)G(u)$ 构成了一个傅里叶变换对。换句话说，如果 $f(x)$ 的傅里叶变换是 $F(u)$，并且 $g(x)$ 的傅里叶变换为 $G(u)$，$f(x)*g(x)$ 的傅里叶变换是 $F(u)G(u)$。这个结果表示为

$$f(x) * g(x) \Leftrightarrow F(u)G(u) \tag{3-41}$$

这表明，在空域中的卷积 $f(x)*g(x)$ 可以用求乘积 $F(u)G(u)$ 的傅里叶反变换得到。一个类似的结果是，在频域中的卷积与空域中的两函数的乘积相对应，即

$$F(u) * G(u) \Leftrightarrow f(x)g(x) \tag{3-42}$$

同样，对于二维中的卷积，与式（3-41）和式（3-42）同理，则有

$$f(x,y) * g(x,y) \Leftrightarrow F(u,v)G(u,v) \tag{3-43}$$

$$F(u,v) * G(u,v) \Leftrightarrow f(x,y)g(x,y) \tag{3-44}$$

这两个结论普遍称为卷积定理。

离散卷积的原理基本上与连续卷积相同，其差别仅仅在于与抽样间隔对应的离散增量处发生位移，以及用求和代替积分。由于离散傅里叶变换和它的逆变换是周期函数，为使离散卷积定理与这个周期性质一致，即在计算离散卷积时，让卷积与两个离散函数具有同样的周期 M，并使之满足式（3-45）：

$$M \geqslant A+B \tag{3-45}$$

式中，A 和 B 分别为离散函数 $f(x)$ 与 $g(x)$ 的周期。

以卷积定理为基础，可以进一步讨论空间滤波和频域滤波的关系。

令 $f(x,y) = \delta(x,y)$，则有

$$f(x,y) * h(x,y) = \frac{1}{N^2}\sum_{\alpha=0}^{N-1}\sum_{\beta=0}^{N-1}\delta(\alpha,\beta)h(x-\alpha,y-\beta) = h(x,y)$$

$$f(x,y) * h(x,y) \Leftrightarrow F(u,v)H(u,v)$$

$$\delta(x,y) * h(x,y) \Leftrightarrow F[\delta(x,y)]H(u,v)$$

又因为 $F\delta(x,y) = 1$，所以 $h(x,y) \Leftrightarrow H(u,v)$。

空间滤波可视为卷积过程，而频率滤波则是乘积过程。上述结果进一步说明，空间域和频率域滤波器组成了傅里叶变换对，这将对设计滤波器和分析滤波器的性能提供有力工具。

傅里叶变换的实际意义就是对一个信号，可以使用傅里叶变换的方法对其进行分解重组，其目的就是将复杂问题简单化处理，再将处理后的结果综合起来考虑。通过傅里叶变换分解，可以将复杂的信号分解为多个不同频率的正弦曲线。这些不同大小的频率成分将原始信号的隐含的特性显式表达出来。例如，一段叠加噪声的语音信号，在时域中直接去除噪声比较困难，但是若通过傅里叶变换，将噪声信号的频谱单独剥离出来，去噪就变得非常容易。

信号经过傅里叶变换转到频域后，通常幅度谱衰减速度较快，信息量主要集中在低频处，高频处包含信息较少，可以通过去掉高频信息实现图像的压缩编码。由于图像的频率是表征图像变化剧烈程度的指标，所以高频信息通常对应的是图像的边缘、轮廓以及比较明显

的噪声信息。当图像的高频信息压缩较多时,容易破坏图像的清晰度。

3.3 离散余弦变换

3.3.1 基本概念

如果函数 $f(x)$ 为一个连续的实偶函数,即 $f(x)=f(-x)$,则此函数的傅里叶变换如下

$$F(u) = \int_{-\infty}^{+\infty} f(x) e^{-j2\pi ux} dx$$

$$= \int_{-\infty}^{+\infty} f(x) \cos(2\pi ux) dx - j \cdot \int_{-\infty}^{+\infty} f(x) \sin(2\pi ux) dx$$

$$= \int_{-\infty}^{+\infty} f(x) \cos(2\pi ux) dx$$

因为虚部的被积项为奇函数,故傅里叶变换的虚数项为零,由于变换后的结果仅含有余弦项,故称为余弦变换。因此,余弦变换是傅里叶变换的特例。

离散余弦变换(Discrete Cosine Transform,DCT)是一种与傅里叶变换紧密相关的数学运算。在傅里叶级数展开式中,如果被展开的函数是实偶函数,那么其傅里叶级数中只包含余弦项,再将其离散化可导出余弦变换,因此称之为离散余弦变换。

离散余弦变换的变换核为余弦函数,计算速度较快,有利于图像压缩和其他处理。在大多数情况下,离散余弦变换(DCT)用于图像的压缩操作中。JPEG 图像格式的压缩算法采用的就是 DCT。

3.3.2 二维离散余弦变换

在二维离散余弦变换中,正变换的核由式(3-46a)和式(3-46b)给出:

$$g(x,y,0,0) = \frac{1}{N} \tag{3-46a}$$

和

$$g(x,y,u,v) = \frac{2}{N} [\cos(2x+1)u\pi][\cos(2y+1)v\pi] \tag{3-46b}$$

$$x,y = 0,1,2,\cdots,N-1 \text{ 和 } u,v = 1,2,\cdots,N-1$$

于是可得二维 DCT 如下:

$$F(0,0) = \frac{1}{N} \sum_{x=0}^{N-1} \sum_{y=0}^{N-1} f(x,y) \tag{3-47}$$

$$F(u,v) = \frac{2}{N} \sum_{x=0}^{N-1} \sum_{y=0}^{N-1} f(x,y) [\cos(2x+1)u\pi][\cos(2y+1)v\pi] \tag{3-48}$$

$$u,v = 1,2,\cdots,N-1$$

$$f(x,y) = \frac{1}{N} F(0,0) + \frac{2}{N} \sum_{u=1}^{N-1} \sum_{v=1}^{N-1} F(u,v) [\cos(2x+1)u\pi][\cos(2y+1)v\pi] \tag{3-49}$$

$$x,y = 0,1,2,\cdots,N-1$$

需要注意的是：

1）由式（3-48）和式（3-49）比较可知二维 DCT 的变换核 $g(x,y,u,v)$ 是可以分离的，所以二维正向或反向 DCT 均可逐次通过一维 DCT 完成，这一点与离散傅里叶变换是一样的。

2）二维 DCT 的正反变换核是相同的。与变换核为复指数的 DFT 相比，由于 DCT 的变换核是实数的余弦函数，因此 DCT 的计算速度要快。

离散傅里叶变换具有非常好的理论指导意义，但在实际图像通信系统中很少使用。它的一个较大缺点是需要进行复数运算，尽管有快速傅里叶变换（Fast Fourier Transform，FFT）可以提高运算速度，但在图像编码、特别是在实时处理中仍然非常不便。根据离散傅里叶变换的性质，实偶函数的傅里叶变换只含实的余弦项，因此构造离散余弦变换正好能够解决上述问题。通过研究发现，DCT 不仅具有傅里叶变换"能量集中"特性，即将图像、语音信号能量集中到低频段，而且能够大大减少运算量和运算复杂度。

由于离散余弦变换仍传承了离散傅里叶变换的特性，所以它的应用与傅里叶变换的应用一样，已被广泛用于数字信号处理领域，如数字图像压缩编码、语音信号处理等方面。在压缩编码方面，DCT 变换被认为是一种准最佳变换。在颁布的一系列视频压缩编码的国际标准建议中，都把 DCT 作为其中的一个基本处理模块。特别是 20 世纪 90 年代迅速发展起来的计算机多媒体技术中，JPEG、MPEG、H.261 等压缩标准都用到离散余弦变换编码进行数据压缩。

3.3.3 Gabor 变换

Gabor 提出的时-频局部化的分析方法，就是用于解决傅里叶变换无法同时进行局部时-频对应信息分析的缺点，简称 Gabor 变换。该变换是在傅里叶变换的基础上进行加窗处理，为时域信号局部信息提取对应的频域特征。因为现实中非平稳信号可以看作是多个短时平稳信号的叠加，而 Gabor 变换通过加窗约束，可以有效地处理非平稳信号。

Gabor 变换的实质是用一个可移动窗函数 $g(t-\tau)$ 与信号 $f(t)$ 相乘，截取部分信号，然后再进行傅里叶变换，所以也称加窗傅里叶变换或短时傅里叶变换。具体定义如下：

$$G_f(\omega,\tau) = \int_{-\infty}^{+\infty} f(t)g(t-\tau) \cdot e^{-j\omega t} dt \qquad (3-50)$$

式中，$g(t-\tau) \cdot e^{-j\omega t}$ 是积分核。该变换在 τ 点附近局部测量了信号的频谱特性。相应的重构公式为：

$$f(t) = \frac{1}{2\pi} \int_{-\infty}^{+\infty} \int_{-\infty}^{+\infty} G_f(\omega,\tau) g(t-\tau) \cdot e^{j\omega t} d\omega d\tau \qquad (3-51)$$

显然信号 $f(t)$ 的 Gabor 变换按窗口宽度分解了 $f(t)$ 的频谱，能够提取它的局部信息，当平移量 τ 在整个时间轴上移动时，就可以计算出全局的傅里叶变换。

Gabor 变换在傅里叶变换的基础上，增加了窗函数，在一定程度上实现了时间-频率分析。但是，短时傅里叶变换使用一个固定的窗函数，窗函数一旦确定，其形状就不再发生改变，短时傅里叶变换的分辨率也就确定了。而被分析信号通常是会发生变化的，波形变化剧烈时，要求窗函数有较高的时间分辨率；波形变化比较平缓时，则相反。短时傅里叶变换不能兼顾，如果要改变分辨率，则需要重新选择窗函数。窗口无法根据信号波动进行自适应变换，不适于分析多尺度信号和突变信号，从而限制了 Gabor 变换的应用。

3.4 小波变换

3.4.1 概述

通常，傅里叶分析被认为是最完美的数学理论和最实用的频谱分析方法之一。通过把一个信号分解成各种不同频率的正弦波来完成频谱分析，正弦波是其变换的基函数。但是用傅里叶分析只能获得信号的整个频谱，而难以获得信号的局部特性，特别是对于突变信号和非平稳信号，难以获得希望的结果。例如，在传统的傅里叶变换中，其正交基函数是正弦信号，又叫正弦波，即这是一种波（Wave）。对于傅里叶变换中的正弦波，一方面是一种波动，即等幅振荡；另一方面它在两个方向上都是无限延伸的，就像海洋中的波浪一样；瞬态信号只在很短的间隔上是非零的，而图像中的许多重要特征，如边缘等，在空间位置上都是高度局部性的。这些瞬态或局部信号分量和傅里叶变换的任何基函数都毫无相似之处，因而不能由其变换系数紧密地表示，这就使傅里叶变换和其他传统的基于波的变换在分析和压缩含有信号分量时性能不佳。

此外，在图像分析时，有时需要将信号在时域和频域中的特性或信号在空域和频域中的特性结合起来进行分析。例如，要了解图像的哪一部分含有较多的高频分量，或者某一段频率分量的分布情况等，这都是传统变换方法所无法解决的。

虽然傅里叶变换能够将任何解析函数甚至很窄的瞬态信号表示为正弦波之和，然而这要靠若干正弦波的复杂组合才能形成一个在大部分区间上为零的函数，这虽然是使变换成为可逆的有效方法，但却使函数的频谱与函数本身看起来截然不同。在注意到傅里叶变换的弱点后，Gabor 于 1946 年提出了信号的时-频局部化的分析方法，就是人们通常说的 Gabor 变换，也称为加窗傅里叶变换。该方法能够在一定程度上克服时频不对应的缺陷，但没有从根本上解决傅里叶分析的固有问题。如，为了提高局部的可观察性，则需要加大窗口，这样导致计算量大增，以致无法具体实现。

为了克服上述缺点，数学家们探索采用有限区间上的基函数进行变换。这些基函数不仅频率是可变的，而且位置也是可变的，这就是小波-有限区间上的波。小波之所以小，是因为它有衰减性；有限区间上的波，即局部非零而称为波，因为它有波动性，即其取值呈正负相间的振荡形式。由于小波在频率和时间或空间位置内都是可变的，所以有很好的时-频或空-频局部特性。

小波变换（Wavelet Transform，WT）以局部化函数所形成的小波基作为基底而展开，与傅里叶变换、加窗傅里叶变换相比，它是一个时间和频率的局域变换，因而能有效地从信号中提取信息。通过伸缩和平移等运算功能对信号进行多尺度的细化分析，从而解决了傅里叶变换不能解决的许多困难问题，被誉为"数学显微镜"。小波变换的诞生，克服了经典傅里叶分析本身的不足，是当前应用数学中一个迅速发展的领域，已成为分析和处理非平稳信号的一种有力工具。

小波分析是一种更合理的时频表示和子带多分辨率分析，对它的研究开始于 20 世纪 80 年代初，理论基础奠基于 20 世纪 80 年代末。经过几十年的发展，它已在信号处理与分析、地震信号处理、信号奇异性监测和谱估计、计算机视觉、语音信号处理、图像处理与分析，尤其是图像编码等领域取得了突破性进展，成为一个研究开发的前沿热点。实验证明，图像的小波变换编码，在压缩比和编码质量方面优于传统的 DCT 变换编码。

3.4.2 连续小波变换（CWT）

小波变换解决了 Gabor 变换窗口不具有自适应改变的缺点。

（1）一维连续小波变换

设 $f(t) \in L^2(R)$（表示函数具有有限能量），其连续小波变换为

$$W_f(a,b) = \int_{-\infty}^{+\infty} f(t) \frac{1}{\sqrt{a}} \varphi\left(\frac{t-b}{a}\right) dt \tag{3-52}$$

式中，$\varphi = \frac{1}{\sqrt{a}} \varphi\left(\frac{t-b}{a}\right)$ 为积分核，是一个函数族，称其为一个小波序列。a 为伸缩因子，b 为平移因子。$a>1$，小波函数具有扩展功能；$a<1$，小波函数具有压缩功能。

小波函数 $\varphi(t)$ 的选择既不是唯一的，也不是任意的。它是一个归一化的具有单位能量的解析函数，具有振荡性和快速衰减的特性。常见的小波函数有 Haar 小波、Dsubechies（dbN）小波、Hat(mexh) 小波、Morlet 小波、Meyer 小波等，如图 3-4 所示。

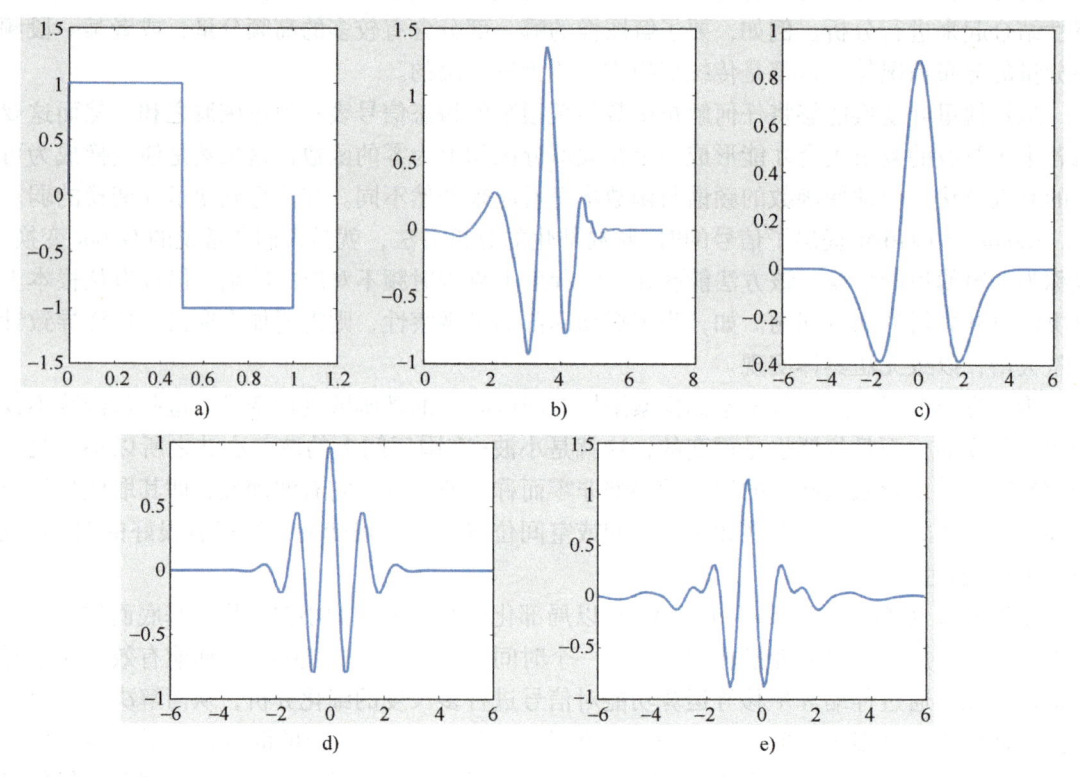

图 3-4 常见小波函数
a) Haar 小波 b) Dsubechies(dbN) 小波 c) Hat(mexh) 小波
d) Morlet 小波 e) Meyer 小波

连续小波变换的逆变换由式（3-53）给出：

$$f(t) = \frac{1}{C_\varphi} \int_{-\infty}^{+\infty} \int_{-\infty}^{+\infty} a^{-2} W_f(a,b) \varphi_{a,b}(t) \mathrm{d}a \mathrm{d}b \tag{3-53}$$

式中，C_φ 是有限值，被称为小波的容许条件，即

$$C_\varphi = \int_{-\infty}^{+\infty} \frac{|\psi(\omega)|^2}{\omega} \mathrm{d}\omega < \infty \tag{3-54}$$

式中，$\psi(\omega) = \int_{-\infty}^{+\infty} \varphi(t) \cdot \mathrm{e}^{-\mathrm{j}\omega t} \mathrm{d}t$。

（2）二维连续小波变换

对于 $f(t) \in L^2(R^2)$，二维连续小波变换的定义为

$$\begin{aligned} W_f(a, b_1, b_2) &= \int_{-\infty}^{+\infty} \int_{-\infty}^{+\infty} f(t_1, t_2) \varphi_{a,b}(t_1, t_2) \mathrm{d}t_1 \mathrm{d}t_2 \\ &= \int_{-\infty}^{+\infty} \int_{-\infty}^{+\infty} f(t_1, t_2) \frac{1}{a} \varphi_{a,b} \left[\frac{(t_1, t_2) - (b_1, b_2)}{a} \right] \mathrm{d}t_1 \mathrm{d}t_2 \end{aligned} \tag{3-55}$$

其逆变换公式为

$$f(t_1, t_2) = \frac{1}{C_\varphi} \int_{-\infty}^{+\infty} \int_{-\infty}^{+\infty} \int_{a=0}^{+\infty} a^{-3} W_f(a, b_1, b_2) \varphi_{a,b}(t_1, t_2) \mathrm{d}a \mathrm{d}b_1 \mathrm{d}b_2 \tag{3-56}$$

（3）连续小波变换的性质

1）线性：一个多分量信号的小波变换等于各个分量的小波变换的总和。

2）平移不变性：若 $W_f(a,b)$ 是 $f(t)$ 的小波变换，则 $f(t-\tau)$ 经过小波变换为 $W_f(a, b-\tau)$。

3）伸缩共变性：若 $W_f(a,b)$ 是 $f(t)$ 的小波变换，则 $f(ct)$ 经过小波变换为 $\frac{1}{\sqrt{c}} W_f(ca, cb)$，$c>0$。

4）自相似性：不同尺度参数 a 和不同平移参数 b 的连续小波变换之间是自相似的。

5）冗余性：连续小波变换中存在信息表述的冗余性。它主要表现在重构分式不唯一和 $\varphi_{a,b}(t)$ 存在许多可能的选择两个方面。

3.4.3 离散小波变换（DWT）

在连续小波中，考虑函数

$$\varphi_{a,b}(t) = |a|^{-1/2} \varphi\left(\frac{t-b}{a}\right) \tag{3-57}$$

这里 $b \in \mathbf{R}$，$a \in \mathbf{R}_+$ 且 $a \neq 0$，φ 是容许的，在离散化中，这样相容性条件就变为

$$C_\varphi = \int_0^{+\infty} \frac{|\psi(\overline{\omega})|}{|\overline{\omega}|} \mathrm{d}\overline{\omega} < +\infty \tag{3-58}$$

把连续小波变换中尺度参数 a 和平移参数 b 的离散公式分别取作 $a = a_0^j$，$b = k a_0^j b_0$，这里 $j \in \mathbf{Z}$，假定扩展步长 $a_0 > 1$，所以对应的离散小波函数 $\varphi_{j,k}(t)$ 即可写作

$$\varphi_{j,k}(t) = a_0^{-j/2} \varphi\left(\frac{t - k a_0^j b_0}{a_0^j}\right) = a_0^{-j/2} \varphi(a_0^{-j} t - k b_0) \tag{3-59}$$

而离散化小波变换系数则可表示为

$$C_{j,k} = \int_{-\infty}^{+\infty} f(t) \varphi_{j,k}^*(t) \, \mathrm{d}t = <f, \varphi_{j,k}> \tag{3-60}$$

其重构公式为

$$f(t) = C \sum_{-\infty}^{+\infty} \sum_{-\infty}^{+\infty} C_{j,k} \varphi_{j,k}(t) \tag{3-61}$$

式中，C 是一个常数。

对一维函数 $f(t)$ 进行小波分解，通常会生成由尺度函数和小波函数共同组成的两部分，其中尺度函数对应一维函数 $f(t)$ 的一个逼近，为低频子带，小波函数则能够表达 $f(t)$ 的细节，对应高频子带。与二维傅里叶变换离散化过程类似，二维离散信号进行小波分解，通常也在一维信号分解的基础上进行。对于图像来说，首先将图像在宽度维度上进行一维小波分解，得到低频子带 L 和高频子带 H。然后，分别将得到的两个子带在高度维度上再次进行小波分解，每个子带均分解为高频和低频子带，经过一次二维分解之后，总共可以得到 LL（低频子图像）、LH（水平低频，垂直高频子图像）、HL（垂直低频，水平高频子图像）和 HH（水平高频，垂直高频子图像）四个子带，如图 3-5b 所示。

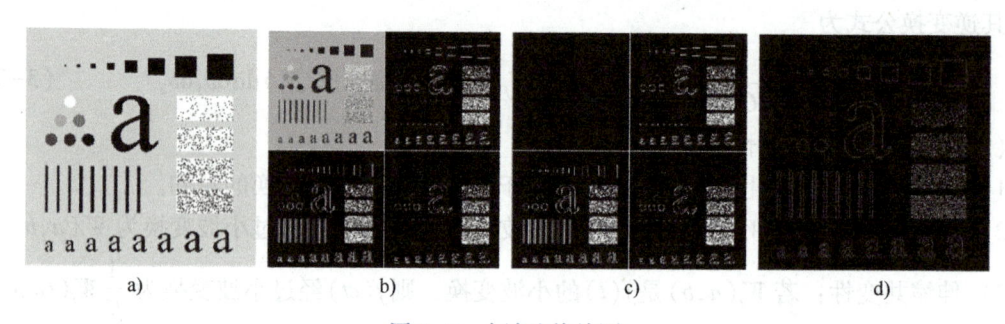

图 3-5　小波边缘检测
a）测试图像　b）小波变换　c）将低频子带设置为 0 后的变换　d）反变换后图像

图像小波分解后，和傅里叶变换后情况类似，低频部分集中了大部分信息，边缘、轮廓信息分布在了三个高频子带。以图 3-5c 为例，我们将低频子带设置为 0，然后将图像进行反变换得到图 3-5d，可以看出图像的灰度信息丢失非常严重，但是图像的边缘信息得到保留。

小波分解的结果是将图像划分成了子图像的集合，小波分解后的低频子带同样可以继续进行分解。在第一级小波分解时，原始图像被划分成了一个低频子图像和三个高频子图像的集合，如图 3-6b 所示。在第二级小波分解时，低频子图像继续被划分成一个低频子图像和三个高频子图像的集合，而原来第一级分解得到的三个高频子图像不变，如图 3-6c 所示，上述分解过程可以这样继续下去，得到越来越多的子图像，获得塔式分布的小波子带。

图 3-6d 给出了对图像进行三级小波分解的结果。最左上角是一个低频子图像，它是原图像在低分辨率上的一个近似，其余各个不同分辨率的子图像均含有高频成分，它们在不同分辨率和不同方向上反映了原图像的高频细节信息。小波变换的这些特性非常有助于进行图像压缩、边缘检测、纹理分析、图像去噪等任务。

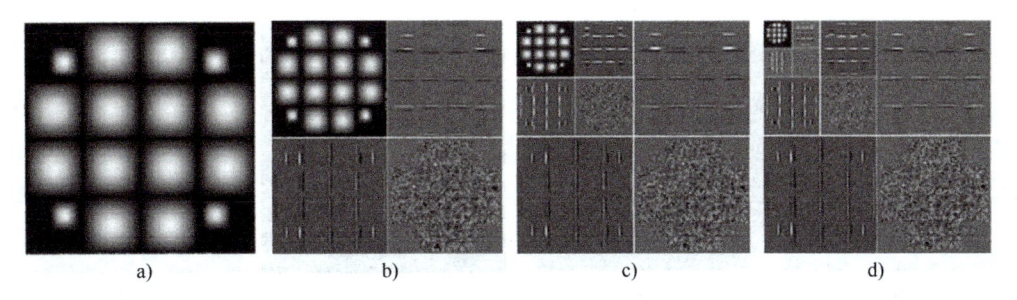

图 3-6 多级小波分解示意图

a）测试图像　b）一级小波分解　c）二级小波分解　d）三级小波分解

3.5 基本图像变换 MATLAB 仿真实例

3.5.1 傅里叶变换仿真实例

MATLAB 提供了 fft2( ) 和 ifft2( ) 函数，分别计算二维傅里叶变换和反变换。同时也提供了 fftshift( ) 函数，将傅里叶频谱图中的零频点移动到频谱图的中心位置。fft2( ) 函数输出的频谱分析数据，是按照原始计算所得到的顺序来排列频谱的，并没有以零频为中心排列，fftshift( ) 函数，利用频谱的周期性特点，将输出图像的一半平移到另一端，从而使零频被移动到图像的中间。

abs( ) 函数可得到幅度谱，angle( ) 函数可得到相位谱。

下面，举例来说明傅里叶变换的实现语句 B = fft2(A)，该语句执行对图像矩阵 A 的二维傅里叶变换。选择一幅图像，显示傅里叶变换频谱。再对得到的傅里叶图像做傅里叶逆变换，显示图像，观察是否与原图像相同，变换过程及结果如图 3-7 所示。变换程序如下：

```
close all;              %关闭当前所有图形窗口
clear all;              %清空工作空间变量
clc;                    %清屏
I=imread('E:\chapter6\rice.png');
I=rgb2gray(I);
K1=fft2(I);             %傅里叶变换
K2=fftshift(K1);        %平移
K3=ifft2(K1);
L1=abs(K1/256);
L2=abs(K2/256);
figure;
subplot(221),imshow(I);
subplot(222),imshow(uint8(L1)),title('平移前频谱图');
subplot(223),imshow(uint8(L2)),title('平移后频谱图');
subplot(224),imshow(uint8(K3)),title('傅里叶反变换');
```

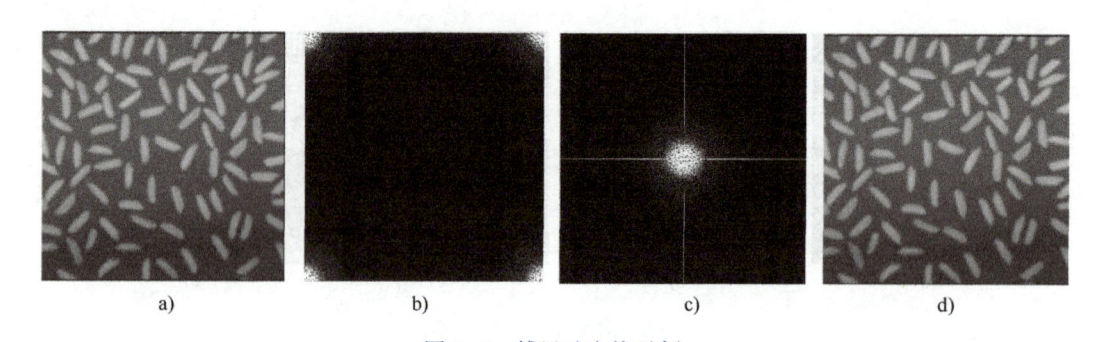

图 3-7 傅里叶变换示例

a）原始图像　b）平移前频谱图　c）平移后频谱图　d）傅里叶反变换

对于傅里叶变换的结果，通常还采用另一种方法进行显示，即将变换结果的函数值取对数，即 $\log|F(\omega_1,\omega_2)|$。MATLAB 中，$\log|F(\omega_1,\omega_2)|$ 即为 $\ln|F(\omega_1,\omega_2)|$，可以将接近于 0 值部分的细节凸显出来，如图 3-8 所示。变换程序如下：

```
clc;
clear all
f=zeros(50,50);
f(10:40,20:30)=1;
figure,subplot(131);imshow(f);
F=fft2(f);
F1=abs(F);
subplot(132);imshow(F1);
F2=log(abs(F));
subplot(133);
imshow(F2)
```

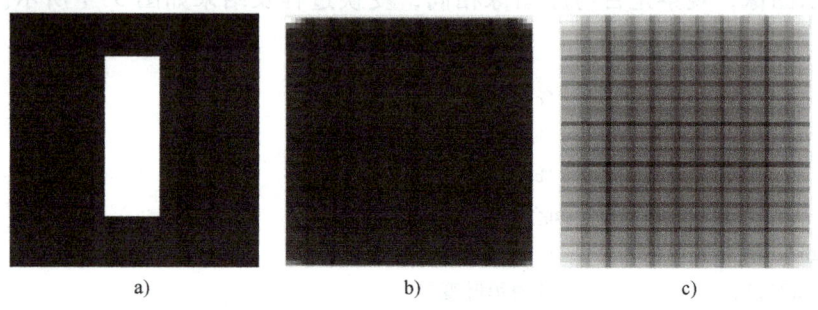

图 3-8 矩形函数及其傅里叶变换取对数

a）矩形函数图像　b）傅里叶变换幅度谱　c）傅里叶变换幅值取对数

如图 3-9 所示矩形函数旋转一个角度，可得到如图 3-9a 所示的图像，然后对其进行傅里叶变换，得到如图 3-9b 所示的对数图。变换程序如下：

```
clear
clear all
f=zeros(50,50);
f(10:40,20:30)=1;
```

```
figure,subplot(141);imshow(f);
F1=fft2(f);
F1=log(abs(F1))
subplot(142);imshow(F1,[ ]);
J=imrotate(f,45);
subplot(143);imshow(J);
F2=fft2(J);
F2=log(abs(F2));
subplot(144);imshow(F2,[ ]);
```

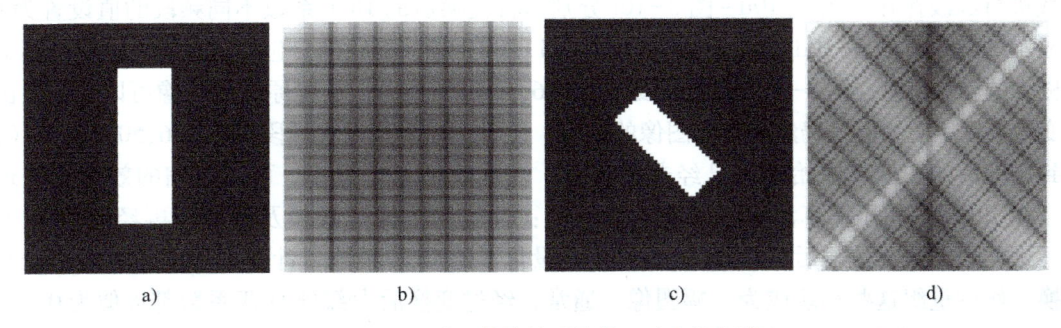

图 3-9　矩形函数旋转及其傅里叶变换频谱

a）矩形函数图像　b）傅里叶变换幅度谱　c）旋转矩形函数　d）旋转后傅里叶变换频谱

3.5.2　离散余弦仿真实例

MATLAB 提供的 DCT 变换函数包括正变换 dct2( )函数和反变换 idct2( )函数。

其中，dct2( )函数：该函数用于实现图像的二维离散余弦变换，其语法格式为：

B=dct2(**A**)；其功能是返回图像 **A** 的二维离散余弦变换值，它的大小与 **A** 相同，且各元素为离散余弦变换的系数。

B=dct2(**A**,m,n) 或者 **B**=dct2(**A**,[mn])；其功能是对图像 **A** 进行二维离散余弦变换之前，先将图像 **A** 补零至 $m\times n$。如果 m 和 n 比图像 **A** 小，则进行变换之前，将图像 **A** 剪切。

idct2( )函数：该函数可以实现图像的二维离散余弦反变换，其语法格式为：

B=idct2(**A**)；其功能是计算矩阵 **A** 的二维离散余弦反变换，返回图像 **B** 的大小与 **A** 相同。

B=idct2(**A**,m,n) 或者 **B**=idct2(**A**,[mn])；其功能是对矩阵 **A** 进行二维离散余弦反变换之前，先将图像 **A** 补零至 $m\times n$。如果 m 和 n 比图像 **A** 小，则进行变换之前，将矩阵 **A** 进行剪切操作，返回图像大小为 $m\times n$。

下面举例来说明该二维余弦正反变换在 MATLAB 中的实现。程序代码如下：

```
I=imread('cameraman.tif');
I=im2double(I);
imshow(I);title('原始图像');
B = dct2(I);
I0 = idct2(B);
figure;
```

```
imshow(I0,[]);title('反变换后图像');
B(10:256,10:256)=0;
I1 = idct2(B);
figure;
imshow(I1,[]);title('压缩后的图像');
```

以上程序段对原始图像进行离散余弦变换,如图 3-10 所示;变换后的频谱如图 3-10b 所示。由结果可知,变换后 DCT 系数能量主要集中在左上角,其余大部分系数接近于零,这说明 DCT 具有适用于图像压缩的特性。为了验证变换后上述说法,分别将变换后的 DCT 系数进行滤波操作。图 3-10d~图 3-10f 分别为将变换后的 DCT 系数不同频段的值设置为 0 后显示的效果。图 3-10d 设置低频段(1:100,1:100)= 0,低频部分包含信息量大,复原后只剩极少的轮廓信息;图 3-10e 设置频段(10:256,10:256)= 0,从复原后的图像可以看出,图像变得模糊不清,但是仍然能看出图像的轮廓;最后一幅图像设置频段(50:256,50:256)= 0,得到压缩后的图像与原始图像已经非常接近,视觉效果相差很小。可见压缩的效果比较理想。在 JPEG 图像压缩算法中,其基本原理是:首先颜色模式转换及采样,再经过 DCT 变换、量化、编码。传输后,JPEG 接收端解码量化了的 DCT 系数,计算每一块的逆离散余弦变换,然后重组这些小块成为一幅图像。通常,经过变换后大部分 DCT 系数都近似为 0,对于一幅典型的图像而言,大多数的 DCT 系数的值非常接近于 0,如果舍弃这些接近于 0 的 DCT 系数值,在重构图像时并不会因此而带来画面质量的显著下降。故利用 DCT 进行图像压缩可以节约大量的存储空间。

图 3-10 图像离散余弦变换及其压缩
a) 原始图像   b) 余弦变换后频谱图   c) 余弦反变换后复原图像
d) 频域压缩后复原图像 1   e) 频域压缩后复原图像 2   f) 频域压缩后复原图像 3

3.5.3 小波变换仿真实例

在 MATLAB 中,对于图像的二维离散小波变换及反变换是通过 dwt2()、wavedec2()、idwt2()、upcoef2()等函数实现的,其详细函数解释如下。

dwt2()函数:该函数用于二维离散小波变换,其语法格式为:

$$[cA,cH,cV,cD]=dwt2(X,'wname')$$

其功能是:表示使用指定的小波基函数'wname'对二维信号 X 进行二维离散小波变换;cA,cH、cV、cD 分别为近似分量、水平细节分量、垂直细节分量和对角细节分量。

wavedec2()函数:该函数用于二维信号的多层小波分解,其语法格式为:

$$[C,S]=wavedec2(X,N,'wname')$$

其功能是:表示使用小波基函数'wname'对二维信号 X 进行 N 层分解。

idwt2()函数:该函数用于二维离散小波反变换,其语法格式为:

$$X=idwt2(cA,cH,cV,cD,'wname')$$

其功能是:表示由信号小波分解的近似信号 cA 和细节信号 cH、cV、cD 经小波反变换重构原信号 X。

upcoef2()函数:该函数用于多层小波分解重构近似分量或细节分量,其语法格式为:

$$X=upcoef2(O,X,'wname',N,S)$$

其功能是:表示 O 对应分解信号的类型,即 'a' 'h' 'v' 'd',X 为原图像的矩阵信号;'wname' 为小波基函数;N 为一整数,一般取 1。

下面用示例演示利用上述离散小波变换对图像进行处理。

例 3-1 单层小波分解。

```
clear all;
close all;
clc;
I = imread('baseball.png');
I = rgb2gray(I);
[cal,chd1,cvd1,cdd1] = dwt2(I,'bior3.7');
cal = uint8(cal);
figure;
subplot(221),imshow(cal),title('近似分量');
subplot(222),imshow(chd1),title('细节水平分量');
subplot(223),imshow(cvd1),title('细节垂直分量');
subplot(224),imshow(cdd1),title('细节对角分量');
```

运行结果如图 3-11 所示。

图 3-11 单层小波分解
a) 原始图像 b) 小波变换分解后低频和高频信息

例 3-2 单层小波重构。程序如下：

```
clear all;
close all;
clc;
load woman;
nbcol = size(map,1);
[cA,cH,cV,cD] = dwt2(X,'db1');        %利用 db1 小波，进行单层图像分解
sX = size(X);
A0 = idwt2(cA,cH,cV,cD,'db4',sX);     %利用小波分解的第一层系数进行重构
figure;
subplot(131),imshow(uint8(X)),title('原图');
subplot(132),imshow(uint8(A0)),title('重构图');
subplot(133),imshow(uint8(X-A0)),title('差异图像');
```

运行结果如图 3-12 所示。

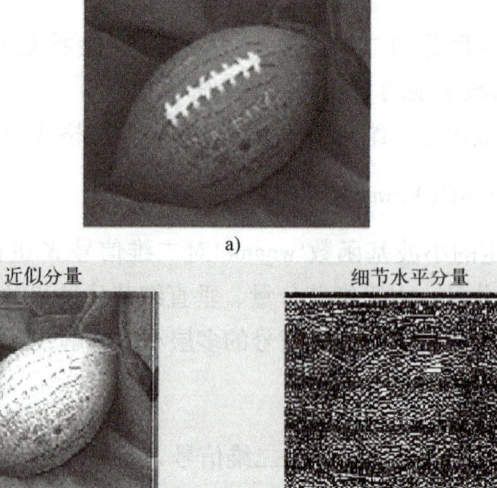

图 3-12 单层小波重构

a) woman 图像 b) wbarb 图像 c) 两幅图像融合

例 3-3 多层小波分解及重构。

```
clear all;
close all;
clc;
X = imread('lena.bmp');
X = rgb2gray(X);
[c,s] = wavedec2(X,2,'db2');        %利用 db2 小波进行 2 层图像分解
siz = s(size(s,1),:);
ca2 = appcoef2(c,s,'db2',2);         %提取多层小波分解结构 C 和 S 的第 2 层小波交换的近似系数
chd2 = detcoef2('h',c,s,2);          %利用多层小波分解结构 C 和 S 来提取图像第 2 层的水平分量
cvd2 = detcoef2('v',c,s,2);          %利用多层小波分解结构 C 和 S 来提取图像第 2 层的垂直分量
cdd2 = detcoef2('d',c,s,2);          %利用多层小波分解结构 C 和 S 来提取图像第 2 层的对角分量
a2 = upcoef2('a',ca2,'db4',2,siz);   %利用 upcoef2 进行重构
hd2 = upcoef2('h',chd2,'db4',2,siz);
vd2 = upcoef2('v',cvd2,'db4',2,siz);
dd2 = upcoef2('d',cdd2,'db4',2,siz);
A1 = a2+hd2+vd2+dd2;
[cal,ch1,cv1,cd1] = dwt2(X,'db4');
a1 = upcoef2('a',cal,'db4',2,siz);   %利用 upcoef2 进行重构
hd1 = upcoef2('h',ch1,'db4',2,siz);
vd1 = upcoef2('v',cv1,'db4',2,siz);
dd1 = upcoef2('d',cd1,'db4',2,siz);
A0 = a1+hd1+vd1+dd1;
figure;
subplot(141),imshow(uint8(a2)),title('2 层分解重构后的近似分量');
subplot(142),imshow(hd2),title('细节水平分量');
subplot(143),imshow(vd2),title('细节垂直分量');
subplot(144),imshow(dd2),title('细节对角分量');
figure;
subplot(141),imshow(uint8(a1)),title('单层分解重构后的近似分量');
subplot(142),imshow(hd1),title('细节水平分量');
```

```
subplot(143),imshow(vd1),title('细节垂直分量');
subplot(144),imshow(dd1),title('细节对角分量');
figure;
subplot(131),imshow(X),title('原图');
subplot(132),imshow(uint8(A1)),title('2层分解重构的近似图形');
subplot(133),imshow(uint8(A0)),title('单层分解重构的近似图形');
```

运行结果如图 3-13 所示。

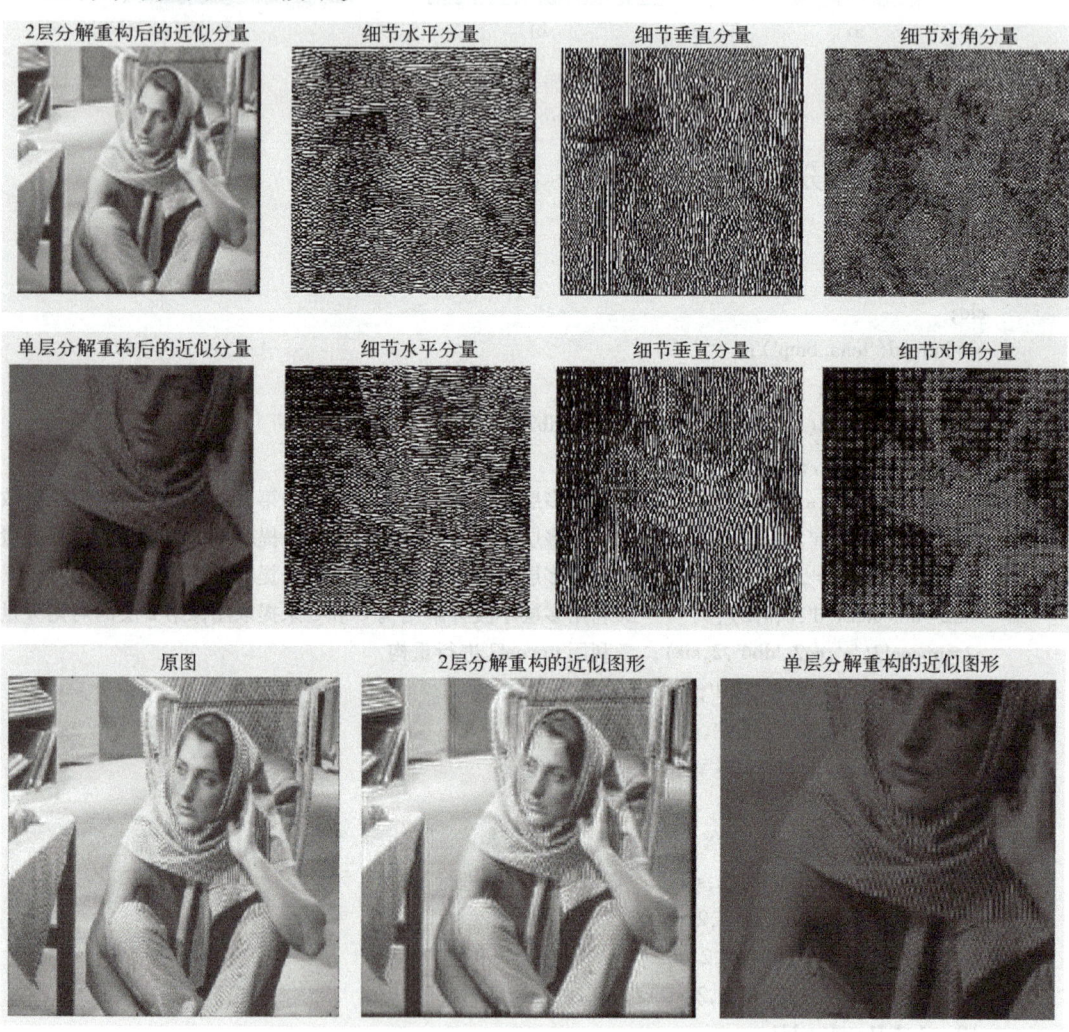

图 3-13　多层小波分解及重构示意图

3.6　拓展与思考

技术发展与应用

图像变换技术是数字图像处理领域的基石，它们不仅在理论上丰富了我们对图像信息的理解，而且在实践中极大地推动了技术进步和社会发展。从早期的傅里叶变换到现代的小波变换，图像变换技术的发展史就是一部科技进步史。在20世纪初，傅里叶变换的引入为图像的频域分析提供了强有力的工具。它的原理最早应用于声学和光学，但很快在图像处理领域展现出其独特的价值。随着电子计算机的诞生和数字技术的发展，离散傅里叶变换（DFT）和快速傅里叶变换（FFT）算法的出现，极大地提高了傅里叶变换在图像处理中的实用性。进入20世纪80年代，随着小波理论的兴起，图像变换技术迎来了又一次革命。小波变换能够提供时间和频率（空间和尺度）上的局部化信息，这使得它在图像分析和处理中具有独特的优势。

图像变换技术在多个领域发挥着重要作用，其应用遍及医疗、公共安全、航空航天等多个行业。

（1）医疗领域

云南省第一人民医院开发的智慧医疗辅助远程决策及手术导航系统，利用数字医学技术将病灶数据化，形成立体可视化模型，精确标识手术方案。这个系统通过5G+MR的多中心超远程手术协同，已经在多家医院推广应用，并拥有多个自主知识产权。中国科学院深圳先进技术研究院的李烨团队针对医学影像病变自动识别与分割问题提出了一种基于边界信息响应的上下文感知深度神经网络。这项研究通过人工智能算法，从不同医学图像中自动检测和识别病灶部位，为病人的诊断、治疗以及预后监测提供了一种快速且有效的计算机辅助诊断方法。

（2）公共安全领域

由中国图象图形学学会授予的2021年度CSIG科技进步奖二等奖项目"面向公共安全的步态识别技术与应用"由黄永祯、谭铁牛、王亮等专家组成的团队完成，涉及银河水滴（北京）科技有限公司、中国科学院自动化研究所、深圳职业技术学院、公安部物证鉴定中心等多个机构。这个项目专注于全天候视频的实时高精度步态识别系统的研发，能够从海量公共安全视频中快速检索行人的步态。该技术在步态识别算法、平台、数据和标准方面取得了重大突破，已广泛应用于多个城市的公安系统，并有效保障了重大活动的公共安全。

（3）航空航天领域

北京航空航天大学牵头的项目"面向公共安全的大规模监控视频智能处理技术及应用"获得了2019年国家科技进步二等奖。该项目由李波教授、胡海苗副教授、郑锦副教授等专家共同完成，联合了杭州海康威视数字技术股份有限公司、中国科学院自动化研究所、中国人民公安大学等机构。该项目在智能感知和内容分析的理论、关键技术和装备研发方面取得了创新性成果，解决了高分辨率全色与多光谱/高光谱遥感图像融合失真问题，研发了边海防视频侦察监视、无人机视频传输分析、遥感图像高保真融合等装备与系统。这些技术已广泛应用于边海防视频处理传输系统、无人机传输与视频分析系统，以及遥感图像融合与分析系统中。

图像变换技术作为数字图像处理的重要组成部分，其发展历程和广泛应用展示了科技进步如何服务于社会、造福于人类。展望未来，随着技术的不断进步，图像变换技术将继续在更多领域发挥其潜力，为社会发展做出更大的贡献。

3.7 习题

1. 二维傅里叶变换有哪些性质？其可分离性质有何意义？
2. 编写一个程序，将一幅图像进行二维傅里叶变换，并将 0 频率分量移到矩阵的中心。
3. 如何由一维傅里叶变换实现二维傅里叶变换？
4. 余弦变换和傅里叶变换间有什么关系？余弦变换有什么自身优点？
5. 小波变换克服了傅里叶变换中的哪些问题？
6. 应用 MATLAB 工具箱演示傅里叶变换、离散余弦变换和小波变换。

第 4 章　图 像 增 强

图像增强技术是数字图像处理的基本内容之一。图像增强是指采用一系列技术，对原图像进行处理、加工，使其更适合具体的应用要求，改善图像的视觉效果，或将图像转换成一种更适合于人或机器进行分析处理的形式。

图像增强是一种基本的图像预处理手段，并不以图像保真为准则，而是根据需要有选择地突出一幅图像中的某些信息，同时去除或削弱某些不需要的信息，是一种可以改善图像的视觉效果和质量的处理办法。其目的是为了使处理的结果更适合于人类视觉观察判断并进行识别分析，从而从图像中提取出有使用价值的信息。

目前常用的增强技术根据其处理所进行的空间不同，可分为基于空域的方法和基于变换域的方法。第一类是直接在图像所在的空间进行增强处理，也就是在像素组成的空间里直接对像素进行操作；第二类是在图像的变换域对图像进行间接处理，最常用的变换域空间是频域空间，也就是傅里叶变换空间。本章在 4.1 节介绍空间域的图像增强技术，主要包括直方图修正方法、图像灰度映射方法、图像间运算增强方法、图像平滑处理和图像锐化处理等；然后在 4.2 节介绍频域图像增强技术，其主要内容是通过不同频带的滤波器来实现图像的增强技术，如低通滤波法去除噪声信息、高通滤波法提取图像的边缘信息、带通和带阻滤波法则可以保留指定频带的图像信息；4.3 节将频域增强技术与空域增强技术进行对比，分析两类不同方法之间内在联系。

图 4-1 所示为两个图像效果不好的示例，画面效果不好的原因是：亮暗差别不是很大。

图 4-1　图像效果不好示例

如果分别提高两幅图像的对比度，则会使清晰度增加，则图像变为图 4-2 的效果，从而可以看到从图像 4-1 中看不到的细节。

图 4-2 增强后图像效果

4.1 空域图像增强技术

在图像处理中，空间域是指由像素组成的空间，简称空域。空域增强技术就是直接对图像中的像素进行操作的过程，空域处理可以定义为

$$g(x,y) = E[f(x,y)] \tag{4-1}$$

式中，$f(x,y)$ 和 $g(x,y)$ 分别为增强前后的图像；E 代表增强操作。

空域图像增强操作分为两类，如果增强操作仅定义在图像的单个像素 (x,y)，则这类操作被称为点操作；如果增强操作 E 还定义在像素 (x,y) 的邻域，则这类操作被称为模板操作。在图像处理中，点操作是简单却很重要的一类技术，它们能让用户改变图像数据占据的灰度范围。对于一幅输入图像，经过点运算将产生一幅输出图像，输出图像中每个像素的灰度值仅由相应输入像素的值决定。最常用的点操作增强方法就是图像的灰度映射方法，通过某种增强算法，将图像每个像素的灰度进行改变，从而实现图像的增强处理；模板操作是实现空间滤波的基础，是应用更多的一种图像增强操作方法。通常是使用一个模板滑过整幅图像产生新的像素，在模板操作中，每个输出像素的灰度值由对应输入像素一个邻域内的几个像素的灰度值共同决定。下文所介绍的图像平滑处理和图像锐化处理都属于模板操作。

4.1.1 直方图修正技术

灰度直方图是灰度级的函数，它表示图像中具有某种灰度级的像素的个数，反映了图像中某种灰度出现的频率。在数字图像处理中，灰度直方图是最简单且最有用的工具。我们可以用一个二维图形来表示灰度直方图，横坐标表示图像中像素点的灰度级，纵坐标为每个灰度级上图像像素点出现的次数或频率，如图 4-3 所示。

为了有利于数字图像处理，必须引入离散形式，即进行归一化处理。在离散形式下，用 s_k 代表离散灰度级，用 $p_s(s_k)$ 表示图像的灰度分布，并且有下式成立：

$$p_s(s_k) = \frac{n_k}{n} \quad 0 \leqslant s_k \leqslant 1, \ k=0,1,2,\cdots,L-1 \tag{4-2}$$

式中，n_k 为图像中出现 s_k 这种灰度的像素；n 为图像的总像素个数，而 n_k/n 就是概率论中所说的频数；L 为灰度级总数。如果在直角坐标系中做出 s_k 与 $p_s(s_k)$ 的关系图形，这个关系

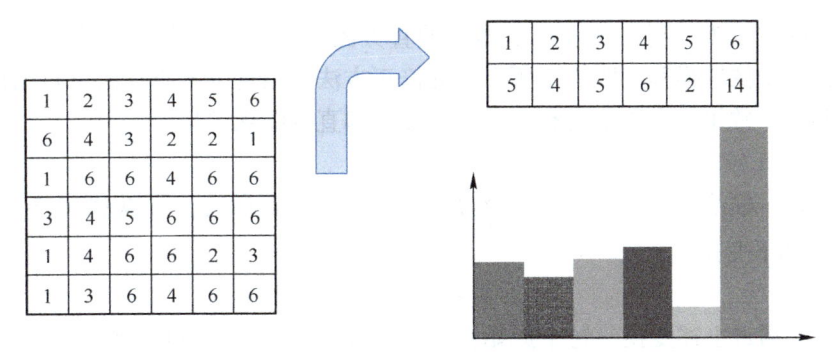

图 4-3 灰度直方图

图形称为灰度级直方图。

当图像对比度较小时,它的灰度直方图只在灰度轴上较小的一段区间上非零,如图 4-4 所示,较暗的图像由于较多的像素灰度值低,因此它的直方图的主体出现在低值灰度区间上,其在高值灰度区间上的幅度较小或为零,而较亮的图像情况正好相反。

a)

b)

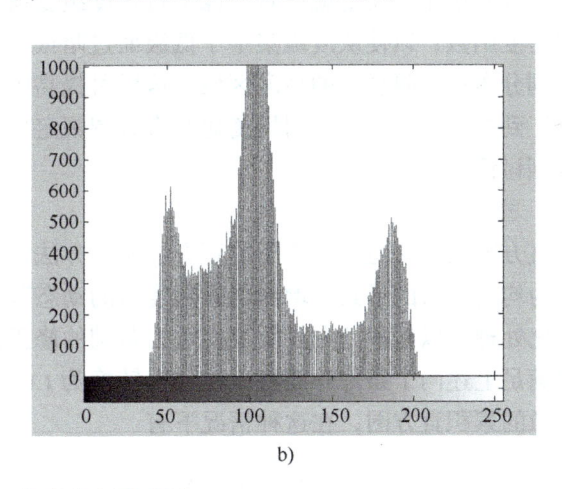

图 4-4 灰度直方图示例
a) 原始图像 b) 灰度直方图

通过归纳,直方图主要有以下几个性质:

1) 直方图中不包含位置信息。直方图之所以能反映图像灰度分布的特性,和灰度所在的位置没有关系,不同的图像可能具有相近或者完全相同的直方图。举一个最简单的例子,当我们将同一幅图像中的像素位置改变时,图像的视觉效果会改变,但是直方图不会改变。

2) 直方图反映了图像的整体灰度分布情况。对于较暗的图像,直方图的组成集中在灰度级低的一边;相反,明亮图像的直方图则倾向于灰度级高的一侧。若一幅图像的像素占有全部可能的灰度级并且分布均匀,则这样的图像有高对比度和多边的灰度色调。

3) 直方图具有叠加性。一幅图像的直方图等于它各部分直方图的和。

4) 直方图具有统计特性。从直方图的定义可知,连续图像的直方图是一个连续函数,它具有统计特性,例如矩、绝对矩、中心矩、熵等。

直方图增强技术正是利用修改给定图像的直方图的方法来增强图像的，统称直方图修正，最后得到的图像增强程度取决于所采用的修正方法。用直方图修正法进行图像增强是以概率论为基础的，常用的方法主要有直方图均衡化和直方图规定化。

1. 直方图修正技术的基础

如前所述，一幅给定的图像的灰度级分布在 $0 \leq s_k \leq 1$ 范围内，可以对 $[0,1]$ 区间内的任一个 s_k 值进行如下变换：

$$t_k = E_H(s_k) \tag{4-3}$$

也就是说，通过上述变换，每个原始图像的像素灰度值 s_k 都对应产生一个 t_k 值。变换函数 $E_H(s)$ 应满足如下条件：

1) $E_H(s)$ 在 $0 \leq s \leq 1$ 范围内是一个单值单增函数。该条件可以保证原始图像各灰度级在变换后仍然保持从黑到白（或从白到黑）的排列次序。

2) 对 $0 \leq s \leq 1$，有 $0 \leq E_H(s) \leq 1$。这个条件保证了映射变换后的像素灰度值在允许的范围内。这两个条件同时也可以保证变换函数可逆。

直方图修正实质上就是对图像进行灰度级变换，选用合适的变换函数来修正图像灰度级概率密度函数，以使灰度级集中于低级而过暗或灰度级集中于高级而过亮的图像的灰度级，修正到分布在人眼合适的亮度区域。这样可提高图像的视觉效果和信息量，或者使图像灰度级修正到指定水平。直方图均衡化和直方图规定化是直方图修正的两个重要方法，下面将对其分别讨论。

2. 直方图均衡化

直方图均衡化是一种常用的直方图修正方法，这种方法的思想就是把原始图像的直方图变换为均匀分布的形式，增加像素灰度值的动态范围，增加图像整体的对比度效果。直方图均衡化处理是以累积分布函数变换法为基础的修正方法，从信息学理论可以证明，累积分布函数满足上述两个条件并能将 s 的分布转换为 t 的分布。事实上，s 的累积分布函数就是原始图像的累积直方图，在这种情况下有

$$t_k = E_H(s_k) = \sum_{i=0}^{k} \frac{n_i}{n} = \sum_{i=0}^{k} p_s(s_i) \quad 0 \leq s_k \leq 1, \quad k = 0,1,2,\cdots,L-1 \tag{4-4}$$

从上述增强函数可以看出，t_k 是 k 的单值单增函数，灰度取值范围一致，$0 \leq t_k \leq 1$，可以将 s 的分布转换为 t 的均匀分布。根据式（4-4）可以看出，只需要知道原始图像的直方图，就可以直接算出直方图均衡化后的各像素的灰度值。当然，实际算出来的灰度值还要进行取整等，以满足数字图像的要求。直方图均衡化过程可以归纳如下：

1) 统计给定图像中各灰度级像素个数 n_k。

2) 计算图像中每个灰度级的像素的出现概率 $p_k = n_k/(M \times N)$。

3) 计算累积直方图 $t_k = E_H(s_k) = \sum_{i=0}^{k} \frac{n_i}{n} = \sum_{i=0}^{k} p_s(s_i)$。

4) 取整 $t_k = \text{int}\{(L-1)t_k\}$。

5) 确定映射对应关系：$k \to t_k$。

6) 对图像进行增强变换（$k \to t_k$）。

下面我们结合一个直方图均衡化的示例来介绍具体计算方法。

例 4-1 设一幅图像 64×64＝4096 个像素（即 N＝4096），8 个灰度级（0~7），灰度分布情况见表 4-1。

表 4-1　图像的灰度分布情况

灰度级 r_i	$r_0=0$	$r_1=1/7$	$r_2=2/7$	$r_3=3/7$	$r_4=4/7$	$r_5=5/7$	$r_6=6/7$	$r_7=1$
像素数 n_i	790	1023	850	656	329	245	122	81
概率 $P(r_i)$	0.19	0.25	0.21	0.16	0.08	0.06	0.03	0.02

按上述给定步骤进行均衡化处理，用表格的形式列出直方图均衡化的计算步骤和结果。具体详细步骤见表 4-2 和表 4-3。

表 4-2　直方图均衡化过程 1

s_k	n_k	$p(s_k)=n_k/n$	$t_k=\sum_{i=0}^{k}p(s_i)$
$s_0=0$	790	0.19	$t_0=\sum_{i=0}^{0}p(s_0)=0.19$
$s_0=1$	1023	0.25	$t_1=\sum_{i=0}^{1}p(s_i)=0.19+0.25=0.44$
$s_0=2$	850	0.21	0.65
$s_0=3$	656	0.16	0.81
$s_0=4$	329	0.08	0.89
$s_0=5$	245	0.06	0.95
$s_0=6$	122	0.03	0.98
$s_0=7$	81	0.02	1.00

表 4-3　直方图均衡化过程 2

$t_0=\text{int}[(8-1)\times 0.19+0.5]=\text{int}(1.83)=1$	0→1		
$t_1=\text{int}[(8-1)\times 0.44+0.5]=\text{int}(3.58)=3$	1→3	790	0.19
⋮	2→5		
	3→6	1023	0.25
	4→6		
	5→7	850	0.21
	6→7	985	0.24
$t_7=\text{int}[(8-1)\times 1.0+0.5]=\text{int}(7.5)=7$	7→7	448	0.11

图 4-5a 表示示例图像中的灰度直方图。采用累积直方图方法进行均衡化处理，累积直方图和均衡化后的直方图分别如图 4-5b、c 所示。由于不能将同一个灰度级的像素变换到不同的灰度级，所以直方图均衡化的结果一般只是近似均衡的直方图。图 4-5d 中的折线是均衡化后直方图取值的连线，直线是理想均衡化后的连线。

例 4-2 直方图均衡化增强效果实例。

图 4-6 给出了直方图均衡化的一个实例。

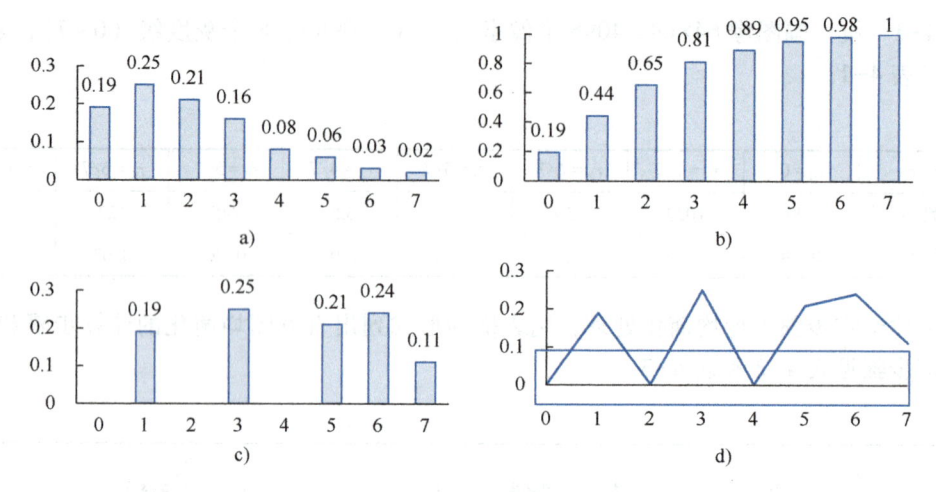

图 4-5 直方图均衡化

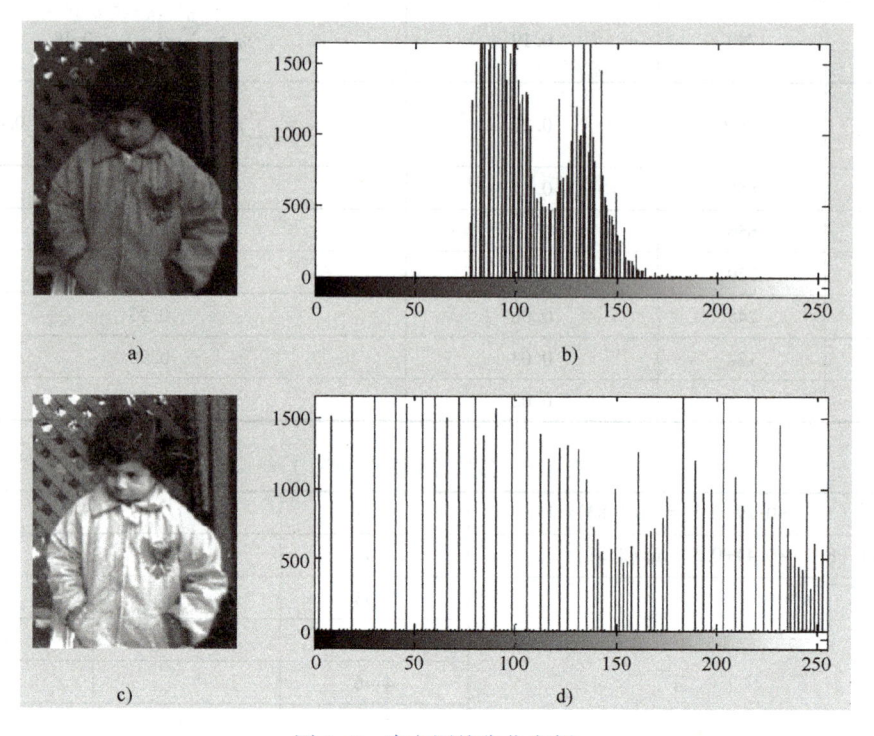

图 4-6 直方图均衡化实例
a) 原图　b) 原图的灰度直方图　c) 原图直方图均衡化　d) 均衡化后的直方图

图 4-6a、b 分别为一幅 256 个灰度级的原始图像和它的直方图。从原始图像可以看出图像偏灰，细节不清晰，动态范围较窄。从直方图中也可以看出，图像的灰度值范围集中在中间部位，灰度范围为 110~250，灰度分布的范围比较狭窄，所以整体上看对比度比较差。图 4-6c、d 分别为对原始图进行均衡化后的效果图和相应的直方图。由于直方图均衡化增加了图像灰度动态范围，均衡化后的直方图的灰度几乎是均匀地分布在 0~255 的范围内，图像明暗分明，对比度很大，图像比较清晰明亮，很好地改善了原始图的视觉效果。

直方图均衡化的优点是能够使处理后图像的概率密度函数近似服从均匀分布，得到的新灰度的直方图虽然不很平坦，但毕竟比原始图像的直方图平坦得多，而且其动态范围也大大扩展，这种方法对于对比度较弱的图像进行处理很有效，是一种常用的图像增强算法。

3. 直方图规定化

直方图均衡化由于它的变换函数采用的是累积分布函数，因此只能产生近似均匀的直方图，这样就限制了它的效能，也就是说，在不同的情况下，并不总是需要具有均匀直方图的图像，有时需要变换具有特定的直方图的图像，以便能对图像中某种灰度级加以增强，即有选择性地增强某个灰度值范围内的对比度或使图像灰度值的分布满足特定的要求。这时可以采用比较灵活的直方图规定化方法。直方图规定化是针对上述思想提出来的一种直方图修正增强方法。所谓直方图规定化，就是通过一个灰度映射函数，将原灰度直方图改造成所希望的给定直方图。直方图规定化方法主要有三个步骤（这里设 M 和 N 分别为原始图和规定图中的灰度级数，且只考虑 $N \leqslant M$ 的情况）：

1）对原始直方图进行灰度均衡化：

$$t_k = EH_s(s_i) = \sum_{i=0}^{k} p_s(s_i) \qquad k = 0,1,2,\cdots,M-1 \tag{4-5}$$

2）规定需要的直方图，计算能使规定直方图均衡化的变换：

$$v_l = EH_u(u_j) = \sum_{j=0}^{l} p_u(u_j) \qquad l = 0,1,2,\cdots,N-1 \tag{4-6}$$

3）将原始直方图对应映射到规定直方图。

第三个步骤采用什么样的映射规则在离散空间很重要，因为有取整误差的影响。常用的方法有两种，一种为单映射方法，该方法是从原始累积直方图向规定直方图映射，这种方法简单直观，但有时会有较大的取整误差；另一种是组映射方法，该方法是从规定直方图向原始累积直方图映射，该方法的优势是映射误差小。

仍利用例 4-2 的原始图像，下面对该图像采用直方图规定化的方法进行增强。具体算法还是用表格的方式描述。设规定的直方图如图 4-7 所示。

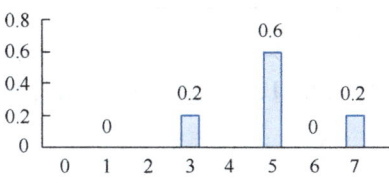

图 4-7 规定的直方图

如前文所述，直方图规定化有三个步骤，前两个步骤和直方图均衡化的计算完全一样，第三个步骤需要由计算出的结果向规定直方图的累计直方图映射。有两种方法可以实现映射，单映射和组映射，下面分别介绍。

不论是采取哪种映射方法，都需要先计算原始累计直方图和规定累计直方图，见表 4-4。

表 4-4 直方图规定化过程

s_k	n_k	$p(s_k) = n_k/n$	原始累计直方图	$p(u_k) = n_k/n$	规定累计直方图
$s_0 = 0$	790	0.19	0.19	0	0
$s_0 = 1$	1023	0.25	0.44	0	0

(续)

s_k	n_k	$p(s_k)=n_k/n$	原始累计直方图	$p(u_k)=n_k/n$	规定累计直方图
$s_0=2$	850	0.21	0.65	0	0
$s_0=3$	656	0.16	0.81	0.2	0.2
$s_0=4$	329	0.08	0.89	0	0.2
$s_0=5$	245	0.06	0.95	0.6	0.8
$s_0=6$	122	0.03	0.98	0	0.8
$s_0=7$	81	0.02	1.00	0.2	1.00

单映射方法是常用的一种方法，是先从小到大依次找到能使下式最小的 k 和 l：

$$\left| \sum_{i=0}^{k} p_s(s_i) - \sum_{j=0}^{l} p_u(u_j) \right|$$

式中，$k=0,1,\cdots,M-1$；$l=0,1,\cdots,N-1$。

然后将 $p_s(s_i)$ 对应到 $p_u(u_j)$ 去，即从原始累积直方图以就近原则向规定直方图映射，见表 4-5。

表 4-5 单映射直方图规定化过程

原始累计直方图	$p(u_k)=n_k/n$	规定累计直方图	确定映射对应关系	规定直方图值	误差 0.48
0.19	0	0	0, 1→3	0	0
0.44	0	0		0	0
0.65	0	0		0	0
0.81	0.2	0.2	2, 3, 4→5	0.44	0.24
0.89	0	0.2		0	0
0.95	0.6	0.8		0.45	0.15
0.98	0	0.8	5, 6, 7→7	0	0
1.00	0.2	1.00		0.11	0.09

较好的一种方法是采用组映射的规则，设有一个整数函数 $I(l)$，$l=0,1,\cdots,N-1$，满足 $0 \leqslant I(0) \leqslant \cdots \leqslant I(l) \leqslant \cdots \leqslant I(N-1) \leqslant M-1$，现在要确定能使下式达到最小的 $I(l)$：

$$\left| \sum_{i=0}^{I(l)} p_s(s_i) - \sum_{j=0}^{l} p_u(u_j) \right|$$

式中，$l=0,1,\cdots,N-1$。

如果 $l=0$，则将其 i 从 0 到 $I(0)$ 的 $p_s(s_i)$ 对应到 $p_u(u_0)$ 去，如果 $l \geqslant 1$，则将其 i 从 $I(l-1)+1$ 到 $I(l)$ 的 $p_s(s_i)$ 对应到 $p_u(u_j)$ 去，见表 4-6。

表 4-6 组映射直方图规定化过程

原始累计直方图	$p(u_k)=n_k/n$	规定累计直方图	确定映射对应关系	规定直方图值	误差 0.04
0.19	0	0	0→3	0	0
0.44	0	0		0	0
0.65	0	0	1, 2, 3→5	0	0
0.81	0.2	0.2		0.19	0.01
0.89	0	0.2		0	0

（续）

原始累计直方图	$p(u_k)=n_k/n$	规定累计直方图	确定映射对应关系	规定直方图值	误差0.04
0.95	0.6	0.8		0.62	0.02
0.98	0	0.8	4，5，6，7→7	0	0
1.00	0.2	1.00		0.19	0.01

图 4-8a 为原始图像的直方图，图 4-8b 为希望得到的规定的直方图，图 4-8c 为采用单映射进行直方图规定化得到实验结果，图 4-8d 为采用组映射进行直方图规定化得到的实验结果。从实验结果可以看出，单映射规则得到的结果与规定直方图的差距较大，而采用组映射规则得到的结果基本与规定直方图一致。量化比较可借助映射产生的误差来进行，这个误差可用对应映射间数值的差值（取绝对值）的和来表示，和的数值越小，映射效果越好，在理想情况下，这个和为 0。由表 4-5 和表 4-6 可以看出，单映射误差为 0.48，大于组映射所产生的误差 0.04。两相比较，映射规则的优劣是很明显的。

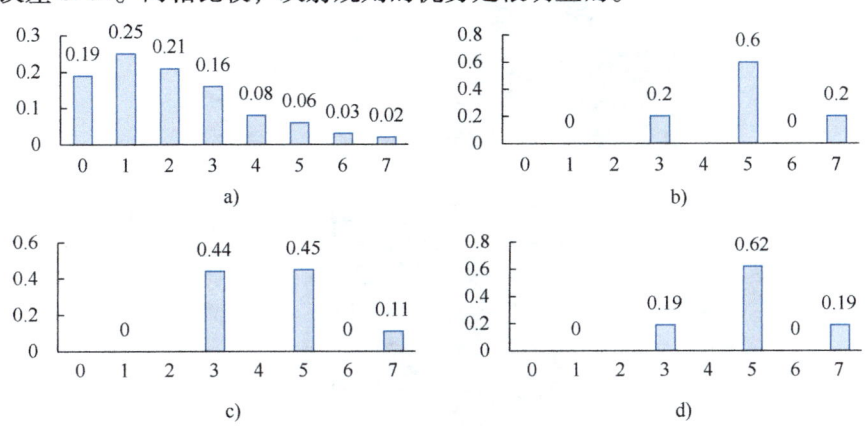

图 4-8 直方图规定化实例

两种映射规则的映射误差对比，对应映射间数值的差值（取绝对值）的和。单映射规则的最大误差为 $p_u(u_j)/2$；组映射规则的最大误差为 $p_s(s_i)/2$。因为 $N \leqslant M$，所以有 $p_s(s_i)/2 \leqslant p_u(u_j)/2$。单映射规则为有偏的映射规则；组映射规则为统计无偏的映射规则。

4.1.2 图像灰度映射

图像是由像素组成的，其视觉效果与每个像素的灰度相关。如果能改变所有或部分像素的灰度，就可以改变图像视觉效果。图像的灰度映射就是通过改变每个像素的灰度来实现增强效果的一种方法，灰度映射是一种点操作，即原始图像中每个像素的灰度值，按照某种映射规则，将其转换成另一种灰度值。这样通过为原始图像中每个像素赋一个新的灰度值来达到增强图像的目的。

图像灰度映射可以分为三种：线性灰度映射、分段线性灰度映射和非线性灰度映射。灰度映射可以使图像动态范围增大、图像对比度扩展、图像清晰、细节明细，是图像增强的重要手段之一。

1. 线性灰度映射

设 D_A 是 A 图像的灰度值，D_B 是 B 图像的灰度值，若 $D_B=f(D_A)=aD_A+b$ 是一个线性单

值函数，则由它确定的灰度变换称为线性灰度映射。显然图像的灰度变换与 a、b 的取值有非常大的关系。设图像的灰度值范围为 $[D_{\min}, D_{\max}]$。

对于映射函数 $D_B = f(D_A) = aD_A + b$，显然有：
1) 若 $a=1$，$b=0$，图像像素不发生变化。
2) 若 $a=1$，$b \neq 0$，图像所有灰度值上移或下移。
3) 若 $a>1$，输出图像对比度增强。
4) 若 $0<a<1$，输出图像对比度减小。
5) 若 $a<0$，暗区域变亮，亮区域变暗，图像求补。

例 4-3 对 lena 这幅图像进行线性灰度映射，设 D_A 表示原始图像。实例如图 4-9 所示。

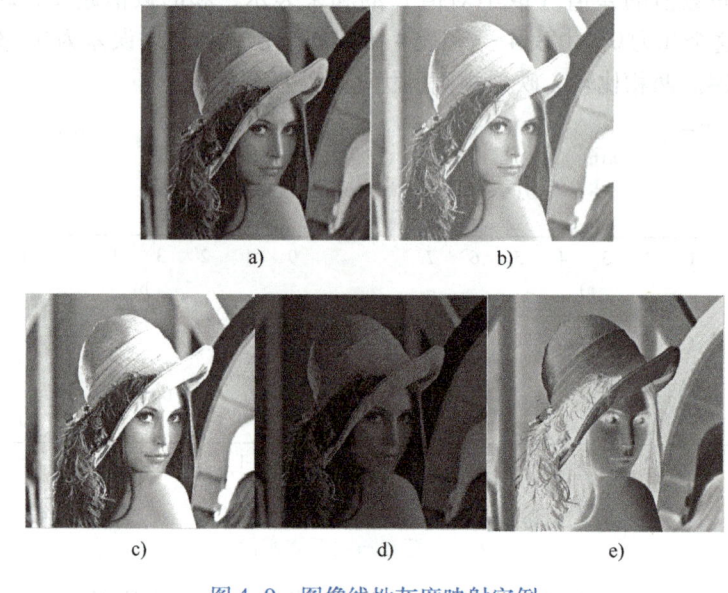

图 4-9 图像线性灰度映射实例
a) lena.bmp (D_A) b) $D_B = D_A + 80$
c) $D_B = 1.5D_A$ d) $D_B = 0.5D_A$ e) $D_B = -D_A + 255$

对应映射函数 $D_B = f(D_A) = aD_A + b$，当 $a = -1$，$b = D_{\max}$ 时，是对图像取反，就是将原灰度值翻转，简单说来就是使黑变白，使白变黑，如图 4-9e 所示。此时的映射函数图形曲线如图 4-10 所示。普通黑白底片和照片的关系就是这样的。

2. 分段线性灰度映射

增强对比度实际是增强原图像的各部分的反差。实际中往往是通过原图中某两个灰度值之间的动态范围来实现的。分段线性变换是将图像的值域分成多个值域并进行不同的线性变换，采用分段线性变换（见图 4-11），可根据要求，压缩一部分灰度区间，扩展为另一部分灰度区间。

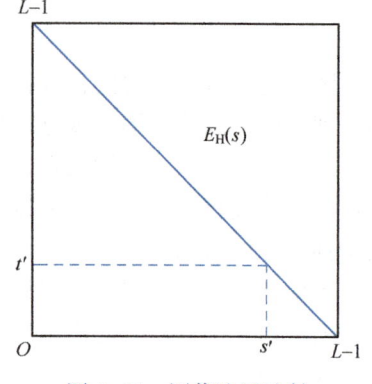

图 4-10 图像取反映射函数图形曲线

在图 4-11 中可以看出，通过变换可以使原图较高和较低的灰度值的动态范围减小，而原图在二者之间的动态范围增加了，从而其范围的对比度增加了。

在分段线性变换中，当横坐标的两个拐点取值相等时的增强操作被称为灰度切分。它的目的是将某个灰度值范围变得比较突出。典型的映射图形曲线如图 4-12 所示。它可以将 $s1$ 到 $s2$ 之间的灰度级突出，而将其灰度值变为某个低灰度值。

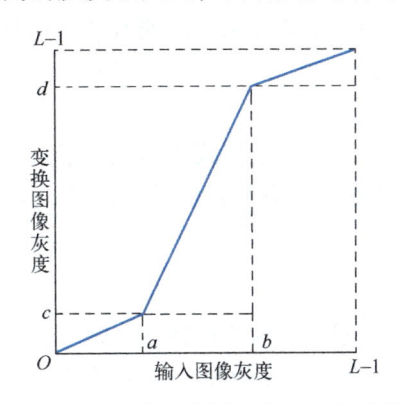

图 4-11 图像分段线性变换函数图形

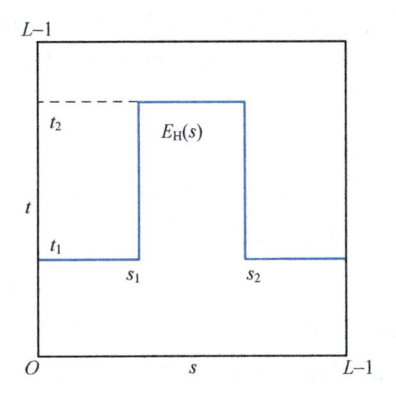

图 4-12 图像切分变换函数图形

3. 非线性灰度映射

非线性灰度映射是指其灰度映射函数为非线性函数，如对数变换、指数变换。

对数变换的目的与增强对比度或扩大图像动态范围相反，因为有时候原图像的动态范围太大，超过某些显示器设备的允许动态范围，这时直接使用原图，则一部分细节可能丢失。解决的办法是对原图进行灰度压缩，对数变换就是一种常用压缩方法。动态范围是指图像中所记录的场景中从暗到亮的变化范围。动态范围对人视觉的影响如下：由于人眼所可以分辨的灰度的变化范围是有限的，所以当动态范围太大时，很高的亮度值把暗区的信号都掩盖了。

对数变换的表达式为

$$t = C\log_2(1+|s|) \tag{4-7}$$

式中，C 为尺度比例系数，用于调节动态范围；s 为原始图像灰度值；t 为对数变换后图像的灰度值。具体图像对数变换函数图形如图 4-13 所示。

如果原有图像的动态范围太大，无法用现有设备显示，我们根据人眼对亮度敏感特性具有对数性质，采用对数映射函数改变图像的动态范围。

例 4-4 一幅 16 bit 的医学 MR 图像，其动态范围为 0~65535，现在的显示设备只能显示 0~255，则可以通过式（4-7）计算，取 $c=52$ 时，图像的动态范围就变为 0~255（65535 的对数值为 5.82）。

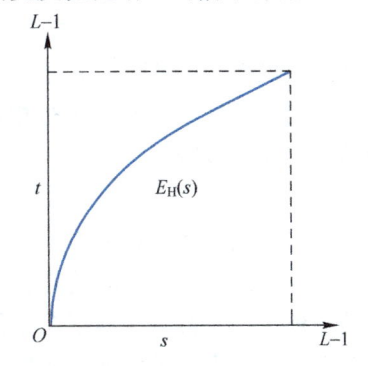

图 4-13 图像对数变换函数图形

指数变换也是一种非线性映射变换，可以扩展低值灰度，压缩高值灰度，也可以扩展高值灰度，压缩低值灰度，但是由于人与人的视觉特性不太相同，因此不常采用。

4.1.3 图像间运算

图像代数运算是指对两幅或两幅以上输入图像对应的像素逐个进行和差积商运算以产生

增强效果的图像。图像运算是一种比较简单有效的增强处理手段，是图像处理中常用的方法。该运算是以图像为单位进行的，运算的结果是一幅新图像。图像的代数运算是图像的标准算术操作的实现方法，是两幅图像之间进行的点对点的加、减、乘、除运算后得到输出图像的过程。

1. 图像间加法运算

图像加法运算有两大类应用，一是可用于多幅图像求平均效果，以便有效降低具有叠加性的随机噪声；二是一幅图像叠加到另一幅图像上去，达到二次曝光（Double-exposure）的效果。

在采集实际图像的时候，由于各种不同的原因，常有一些干扰或噪声混入最后采集的图像中。从这个意义上说，实际采集到的图像 $g(x,y)$ 可看作是由原始场景图像 $f(x,y)$ 和噪声图像 $e(x,y)$ 叠加而成的，即

$$g(x,y) = f(x,y) + e(x,y) \tag{4-8}$$

假设在图像各点的噪声是互不相干的，且噪声具有零均值的统计特性，则可以通过将一系列采集的图像 $g(x,y)$ 相加来消除噪声。将多幅包含噪声的图像相加，然后计算图像的均值，即

$$\bar{g}(x,y) = \frac{1}{M}\sum_{i=1}^{M} g_i(x,y) \tag{4-9}$$

我们可以得到一幅新图像。可以证明，新图像的期望值为

$$E\{\bar{g}(x,y)\} = f(x,y) \tag{4-10}$$

通过计算新图像和噪声图像各自均方差之间的关系发现，随着平均图数量 M 的增加，噪声在每个像素位置 (x,y) 的影响逐步减少。

例 4-5 用图像求和消除随机噪声。

图 4-14 给出一组用图像求和来消除随机噪声的例子。其中图 4-14a 为一幅叠加了零均值高斯随机噪声的 8bit 灰度级图像。图 4-14b 分别为用 4、8、16 幅同类图像（噪声均值和方差不变，但样本不同）进行相加平均的结果。由图可见，随着平均图像数量的增加，噪声的影响在逐步减轻。

2. 图像间减法运算

图像间减法运算也称为差分运算，两幅图像之间的减法可以显示出两图之间的差异。可以用于医学图像处理中的消除背景，是医学成像中的基本工具之一。另外，图像之间的减法也是一种常用于检测序列图像变化及运动物体的图像处理方法。例如，在序列图像中，通过逐像素比较可直接求取前后两帧图像之间的差别。假设照明条件在多帧图像间基本不变化，那么差图像中的不为零处表明该处的像素发生了移动。所以，可以使用图像减法来检测一系列相同场景图像的差异。图像减法处理图像时，往往需要考虑背景的更新机制，尽量补偿因为天气、光照等因素对图像显示效果造成的影响。图 4-15 给出一组用图像求差消除目标背景的例子。

例 4-6 用图像求差的方法检测图像中目标运动信息。

图 4-16 给出一组用图像求差进行运动目标检测的例子。图 4-16a 为某序列图像的第 100 帧，图 4-16b 为该序列图像的第 300 帧，两幅图像相减显示的结果为图 4-16c。

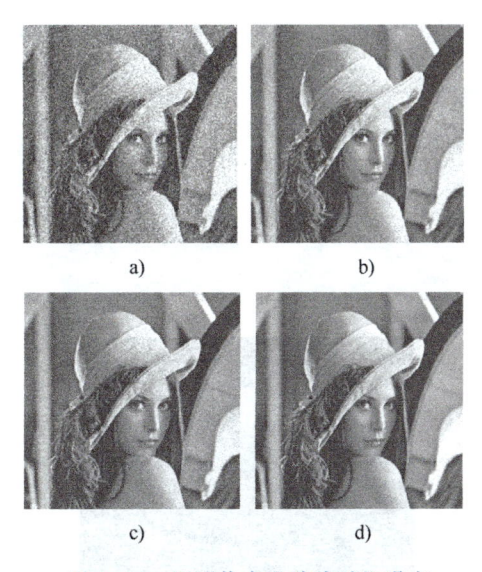

图 4-14 用图像求和消除随机噪声
a）含噪声初始原图 b）4 幅图像叠加 c）8 幅图像叠加 d）16 幅图像叠加

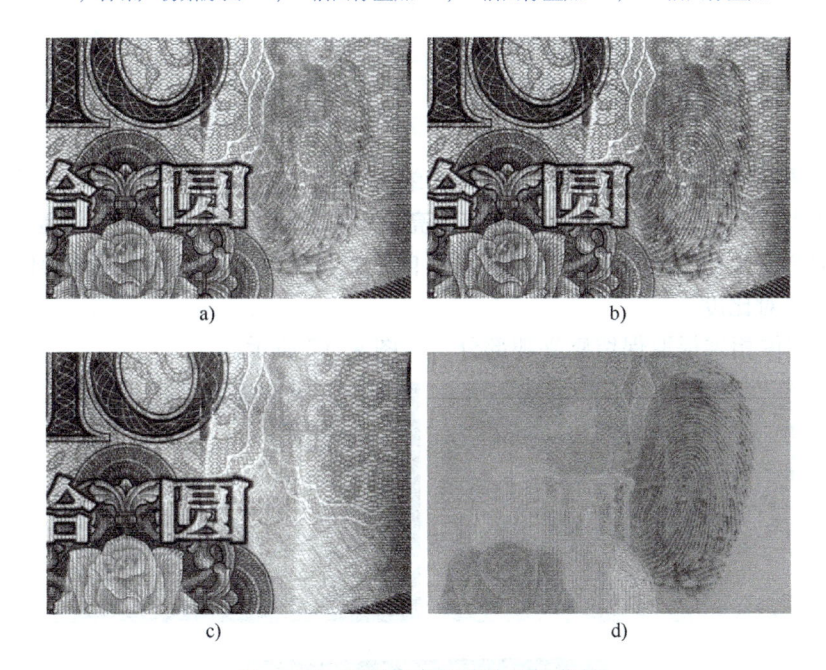

图 4-15 用图像求差消除目标背景
a）包含指纹的图像 b）彩色图像转换成灰度图像
c）提取图像背景 d）图像求差得到指纹信息

3. 图像间乘法运算

两幅图像进行乘法运算可以实现掩模操作，即屏蔽掉图像的某些部分。具体操作方法为：制作一幅称为掩模（Mask）的图像，该图像与原图同样大小，其中对应原图像中感兴趣的区域的像素灰度值设置为 1，而对应原图像中需要删除区域的像素灰度值设置为 0，然后用此掩模图像与原图像相乘，即可提取出感兴趣的部分。

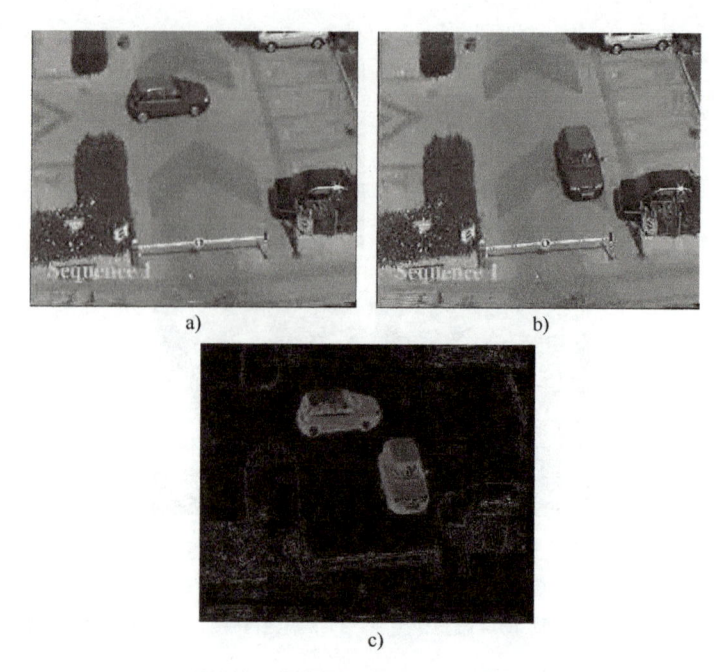

图 4-16 用图像求差进行运动目标检测
a）某序列图像的第 100 帧　b）该序列图像的第 300 帧
c）图 a、b 两幅图像相减显示的结果

另外，一幅图像乘以一个常数通常被称为缩放，这是一种常见的图像处理操作。如果使用的缩放因数大于 1，那么将增强图像的整体亮度；如果缩放因子小于 1，则会使图像变暗。缩放操作通常会产生比简单添加像素偏移量更自然的明暗效果。这是因为该操作能够更好地维持图像的相关对比度。

例 4-7　图像相乘提取保留感兴趣部分，如图 4-17 所示。

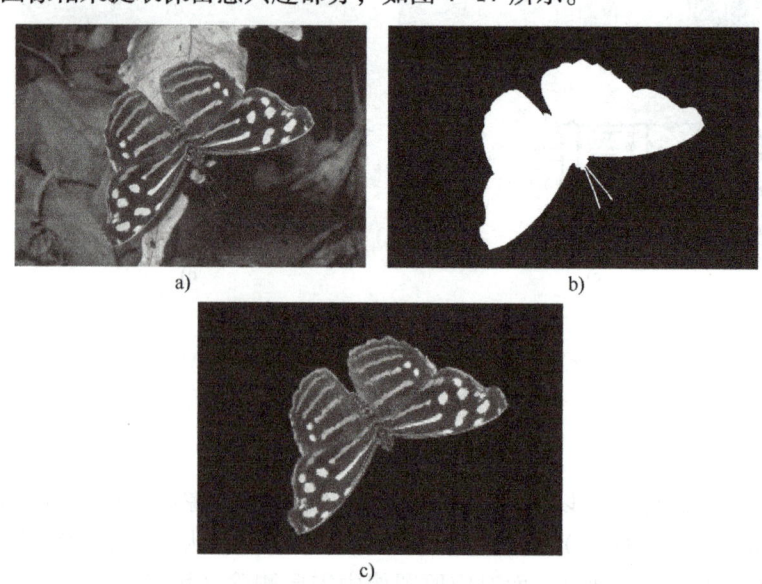

图 4-17　用图像相乘提取保留感兴趣区域
a）原始图像　b）掩模图像　c）图像相乘保留感兴趣区域

例 4-8 用图像乘以系数改变图像明亮程度。

图 4-18a 是关于月亮的一幅图像，图 4-18b、c 为分别给第一幅图像乘以系数 1.2 和 0.6 的效果。可以看出，图 4-18b 因为乘以的系数大于 1，图像整体变亮，尤其是月亮部分；而图 4-18c 则因乘以的系数小于 1，图像整体变暗。

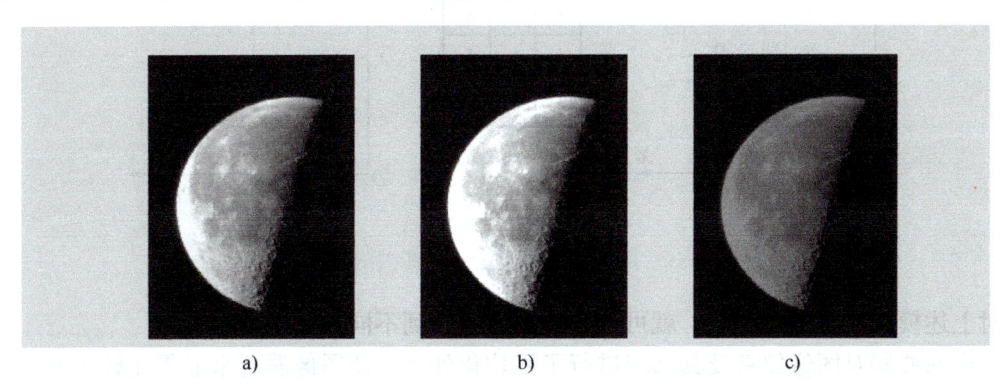

图 4-18 用图像乘以系数改变图像明亮程度

4. 图像间除法运算

图像间除法运算可以校正成像设备的非线性影响。在特殊形态图像（如医学图像）的处理中常用除法运算。图像除法运算也可以检测两幅图像之间的差别，但是除法操作得到的是相应像素值之间的变换比例，而不是每个像素的绝对差异。

4.1.4 图像平滑处理

图像平滑处理是空域滤波中常见的一种方法，所谓空域滤波是指利用像素及像素邻域组成的空间进行图像增强的方法。空域滤波增强的目的主要是平滑图像或锐化图像，因此空域滤波器分为平滑滤波器和锐化滤波器两大类。平滑滤波器能减弱或消除图像中的高频分量，同时又不影响低频分量。图像中的高频分量对应于区域边缘等灰度值具有较大较快变换的部分，平滑滤波器可将这些分量滤去以减少灰度值的起伏。锐化滤波器则能减弱或消除图像中点的低频分量而不影响高频分量。低频分量是图像中灰度值缓慢变换的部分，与图像的整体特性相关，锐化滤波器可将这些分量滤去使图像增加反差，边缘明显。空域滤波的原理是对图像进行模板运算。模板运算的基本思路是将赋予某个像素的值作为它本身灰度值和其相邻像素灰度值的函数。模板运算中最常用的是模板卷积，该方法在空域实现的主要步骤如下：

1）将模板在图中漫游，并将模板中心与图中某个像素位置重合。
2）将模板上的各个系数与模板下各对应像素点的灰度值相乘。
3）将所有乘积相加（为保持灰度范围，常将结果再除以模板的系数个数）。
4）将上述模板的输出赋给图中对应模板中心位置的像素。

图 4-19a 给出一幅图像的一部分，并标出了这些像素的灰度值。设现有一个 3×3 的模板，如图 4-19b 所示，模板内所标数字为模板系数。如使得 k_0 所在位置与图像灰度值为 s_0 的像素重合（即将模板中心放在图中 (x,y) 位置），则模板的输出响应 R 为

$$R = k_0 s_0 + k_1 s_1 + \cdots + k_8 s_8 \tag{4-11}$$

将 R 赋给增强图在 (x,y) 位置的像素为新的灰度值，如图 4-19c 所示。若对原图中每个

像素都进行上述操作，那么可得到增强图像上所有位置的新灰度值，且操作结果只改变与模板中心对应的那个像素。

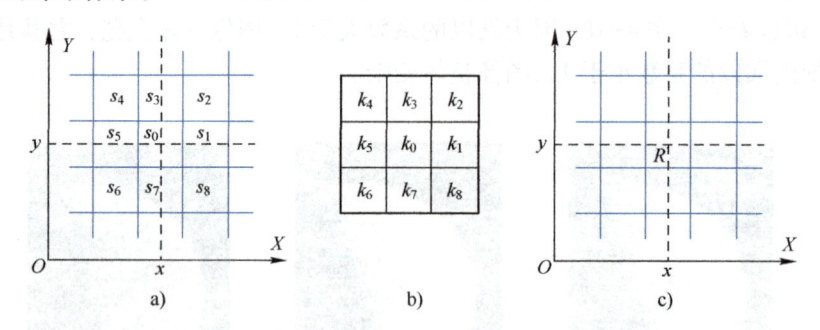

图 4-19　用 3×3 模板进行空间滤波的示意图

对上述模板赋予不同的值，就可以对原始图像得到不同的增强效果。

平滑滤波器对图像像素及其邻域进行了平均化处理，使图像看起来显得比较平滑。它主要用于模糊处理和减小噪声。数字图像的噪声主要来自图像的采集和传输过程。若图像传感器在获取图像中受到环境和原件质量的影响，就会产生噪声，例如，在使用 CCD 摄像机获取图像时，光照强度和传感器的温度是产生噪声的主要原因。另外，图像在传输过程中，由于传输信道会受到噪声干扰，也会产生噪声。

图像噪声按照噪声和信号之间的关系可以分为加性噪声和乘性噪声两种。假设图像的像素值为 $F(x,y)$，噪声信号为 $N(x,y)$。如果混合叠加信号为 $F(x,y)+N(x,y)$ 的形式，则这种噪声为加性噪声；如果叠加后信号为 $F(x,y)\times[1+N(x,y)]$ 的形式，则这种噪声为乘性噪声。噪声是不可预测的，只能通过概率统计的方法来认识随机误差，下面介绍两种常见的噪声及其概率密度函数。

1. 高斯噪声

高斯噪声是一种源于电子电路噪声和由低照明度或高温带来的传感器噪声。高斯噪声也常称为正态噪声，符合高斯分布。是自然界中最常见的噪声。高斯噪声可以通过空域滤波的平滑滤波方法来消除。高斯噪声的分布曲线如图 4-20 所示，它的概率密度函数为

$$p(x)=\frac{1}{\sqrt{2\pi}\sigma}e^{-(x-u)^2/2\sigma^2} \quad (4-12)$$

图 4-20　高斯噪声分布曲线

式中，随机变量 x 为灰度值；u 为噪声的期望；σ 为噪声的标准差，即 σ^2 为噪声的方差。高斯噪声会出现在数字图像每一个像素点上，但噪声的幅值是随机的。

2. 椒盐噪声

椒盐噪声又称双极脉冲噪声，其概率密度函数为

$$p(z)=\begin{cases}P_a, & z=a\\ P_b, & z=b\\ 0, & 其他\end{cases} \quad (4-13)$$

椒盐噪声是指图像中出现的噪声只有两种灰度值，分别为 a 和 b，这两种噪声出现的概率分别为 P_a 和 P_b。通常情况下，脉冲噪声总是数字化为允许的最大或最小值，所以负脉冲以黑点（类似于胡椒）出现在图像中，正脉冲以白点（类似于盐）出现在图像中。因此该噪声称为椒盐噪声。去除椒盐噪声较好的方法是中值滤波法。椒盐噪声的特点是出现的位置随机，但噪声的幅值是基本相同的。

为了减弱或消除上述噪声，我们常需要平滑滤波器对图像进行平滑处理。平滑滤波器根据其特点又可分为线性和非线性两类，下面进行详细介绍。

（1）线性平滑滤波器

1）邻域平均法。邻域平均法是最简单的平滑滤波处理方法。此滤波模板的所有系数都为 1，这就是邻域平均法。其基本思想是用几个像素灰度的平均值来代替每个像素的灰度。具体操作在前文已有描述。例如，若是一个 3×3 的模板对图像进行滤波，则模板系数都为 1，将模板覆盖的所有灰度值相加，再除以系数 9，如图 4-21 所示。

图 4-21 为一种最常用的线性滤波器，也称为均值滤波器。在平滑滤波时，若邻域取得过大，会使得图像灰度突变的边缘变得模糊。所以，在处理图像时，应该选择合适的邻域大小。但是必须要注意的是，选取模板对的原则是必须保证全部权系数之和为单位 1，即无论如何构成模板，整个模板的平均数为 1，且模板系数全为正数。常用的平滑模板如图 4-22 所示。

图 4-21 3×3 均值滤波器

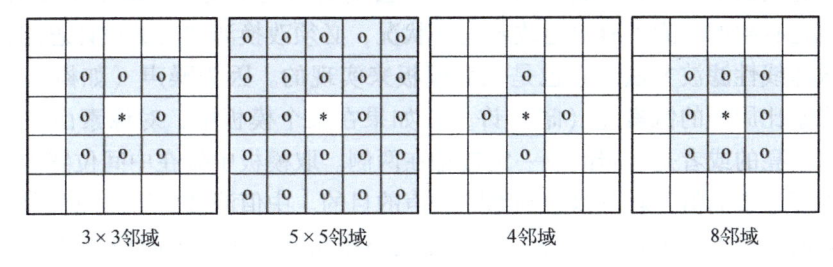

图 4-22 均值滤波可选用的模板

线性平滑滤波处理减小了图像灰度的尖锐变化，可以减噪，也会带来灰度边缘模糊的负面效应。为了减轻图像均值滤波带来的模糊可以采用阈值邻域平均法进行图像增强处理。邻域平均滤波可表示为

$$g(i,j)=\frac{1}{N\times N}\sum_{(x,y)\in A}f(x,y) \tag{4-14}$$

式中，A 表示图像；$N\times N$ 表示图像的大小。

如果某个像素的灰度值大于其邻域像素的平均值，且达到了一定水平，则判断该像素为噪声，继而用邻域像素的均值取代这一像素，否则，图像的像素不改变。这样可以大大减少模糊的程度。阈值邻域平均滤波可表示为

$$g(i,j)=\begin{cases}\frac{1}{N\times N}\sum_{(x,y)\in A}f(x,y), & \left|f(i,j)-\frac{1}{N\times N}\sum_{(x,y)\in A}f(x,y)\right|>T \\ f(i,j) & \text{其他}\end{cases} \tag{4-15}$$

式中，T 为一域值。

2）加权平均法。均值滤波器的缺点是会使图像变得模糊，原因是它对所有的点都是同等对待，在将噪声点分摊的同时，将图像中景物的边界点也分摊了。为了改善效果，就可采用加权平均的方式来构造滤波器。通常离中心近的像素对滤波的贡献大，所以选择中心系数大，周围系数小，相当于对邻域的平均进行了加权。实际应用中，为保证模板系数均为整数以减少计算，常取模板周边最小系数为 1，内部系数成比例增加，中间系数最大。对同一尺寸的模板，根据图像中心点成邻域的重要程度不同，可对不同的位置赋予不同的数值，即加权平均。图 4-23 为常用的几种加权平均滤波可选用的模板。

$$H_1 = \frac{1}{10}\begin{bmatrix} 1 & 1 & 1 \\ 1 & 2 & 1 \\ 1 & 1 & 1 \end{bmatrix} \quad H_2 = \frac{1}{16}\begin{bmatrix} 1 & 2 & 1 \\ 2 & 4 & 2 \\ 1 & 2 & 1 \end{bmatrix} \quad H_3 = \frac{1}{8}\begin{bmatrix} 1 & 1 & 1 \\ 1 & 0 & 1 \\ 1 & 1 & 1 \end{bmatrix} \quad H_4 = \frac{1}{2}\begin{bmatrix} 0 & \frac{1}{4} & 0 \\ \frac{1}{4} & 1 & \frac{1}{4} \\ 0 & \frac{1}{4} & 0 \end{bmatrix}$$

图 4-23 加权平均滤波可选用的模板

模板不同，中心点或邻域的重要程度也不相同，因此，应根据问题的需要选取合适的掩模。但不管什么样的掩模，必须保证全部权系数之和为单位值，这样可保证输出图像灰度值在许可范围内，不会产生"溢出"现象。

（2）非线性平滑滤波器

虽然均值滤波器对噪声有抑制作用，但同时会使图像变得模糊。即使是加权均值滤波，改善的效果也是有限的。为了有效地改善这一状况，必须改换滤波器的设计思路，中值滤波就是一种有效非线性滤波方法，它也是依靠模板来实现的。因为噪声（如椒盐噪声）的出现，使该点像素比周围的像素亮（暗）许多。如果在某个模板中，对像素由小到大进行重新排列，那么最亮的或者是最暗的点一定被排在两侧。取模板中排在中间位置上的像素的灰度值替代待处理像素的值，就可以达到滤除噪声的目的。中值滤波的算法原理是，首先确定一个奇数像素的窗口 W，窗口内各像素按灰度大小排队后，用其中间位置的灰度值代替原 $f(x,y)$ 灰度值成为窗口中心的灰度值 $g(x,y)$，窗口 W 可以为一维模板、二维模板。

中值滤波的主要工作步骤如下：

1）将模板中心与像素位置重合。
2）读取模板下各对应像素的灰度值。
3）将这些灰度值从小到大排成 1 列。
4）找出这些值里排在中间的 1 个。
5）将这个中间值赋给模板中心位置像素。

例 4-9 用一个 1×5 大小的一维模板对图像进行滤波。

原图像为：2 2 6 2 1 2 4 4 4 2 4

将一维模板叠加在图像上，对图像从左往右进行中值滤波，处理后为：2 2 2 2 2 2 4 4 4 2 4

中值滤波器的消噪声效果与两个不同的，但又有联系的因素有关。首先是模板的尺寸，其次是参与运算的像素数。除了一维滤波以外，更常见的是二维图像滤波，二维模板如图 4-24 所示。

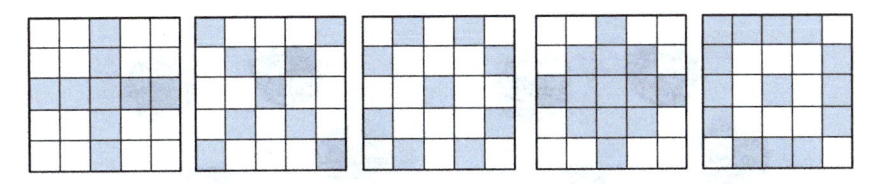

图 4-24 二维中值滤波可选用的模板

由上述讲解可知，中值滤波与均值滤波的不同之处在于：中值滤波器的输出像素由邻域像素的中间值而非平均值决定，而且，中值滤波器产生的模数较少，更适合于消除图像的孤立噪声点，同时又能保持图像的细节。下面是对一些常见函数进行均值滤波和中值滤波的比较，如图 4-25 所示。对含有椒盐噪声和高斯噪声两种常见噪声的图像进行中值滤波的处理比较如图 4-26 所示。

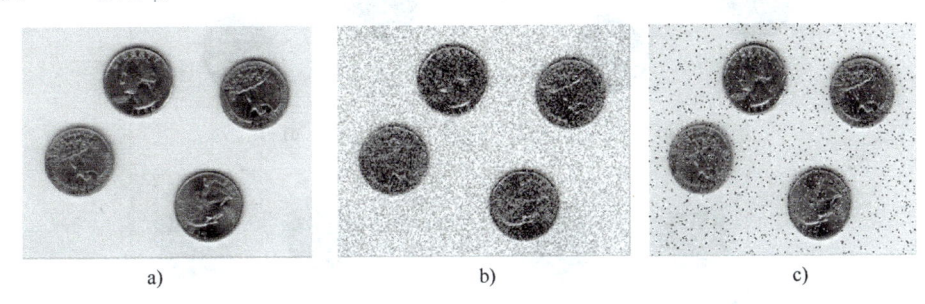

图 4-25 原始图像及包含噪声图像
a）原图像 b）包含高斯噪声 c）包含椒盐噪声

图 4-26 为一系列滤波实验效果对比图，通过对加入不同噪声的图像采用不同方法、不同大小模板进行滤波的效果可以得出如下结论：

1) 对于高斯噪声，均值滤波效果比中值滤波效果略好一些，高斯噪声是幅值近似正态分布，但分布在每点像素上，因为正态分布的均值为 0，所以均值滤波可以较好地消除噪声。因为图像中的每点都是污染点，所以中值滤波选不到干净点。

2) 对于椒盐噪声，中值滤波效果比均值滤波效果好，这是因为椒盐噪声的幅值近似相等，随机分布在不同位置上，含有椒盐噪声的图像中有干净点也有污染点，中值滤波可以较好地选择适当的点来替代污染点，所以处理效果好。因为噪声的均值不为 0，所以均值滤波不能很好地去除噪声点。

3) 均值滤波令检测点的灰度为 $N×N$ 模板块中灰度的平均值，这种方法是用相邻点灰度平均值代替突变点的灰度来达到平滑效果，操作起来也简单，但这样平滑往往造成图像的模糊，模板选取得越大，模糊越严重。中值滤波平滑也在图像 $N×N$ 子块中操作，和均值平滑选择临近点的平均灰度值来作为检测点的灰度值不同，中值平滑使用临近点的中间灰度来作为检测点的灰度，可以有效地消除某些灰度值突变较大的点，中值滤波也存在模板选取越大，图像越模糊的情形。

中值滤波实际上是一类更广泛的滤波器——百分比滤波器的一个特例。百分比滤波器在工作时均基于对模板所覆盖像素的灰度值的排序，所以是一种统计滤波器。百分比滤波器的输出都是根据某一个确定的百分比选取排序后序列中相应的像素值而得到，例如中值滤波器选取的就是序列中位于 50% 位置的像素。

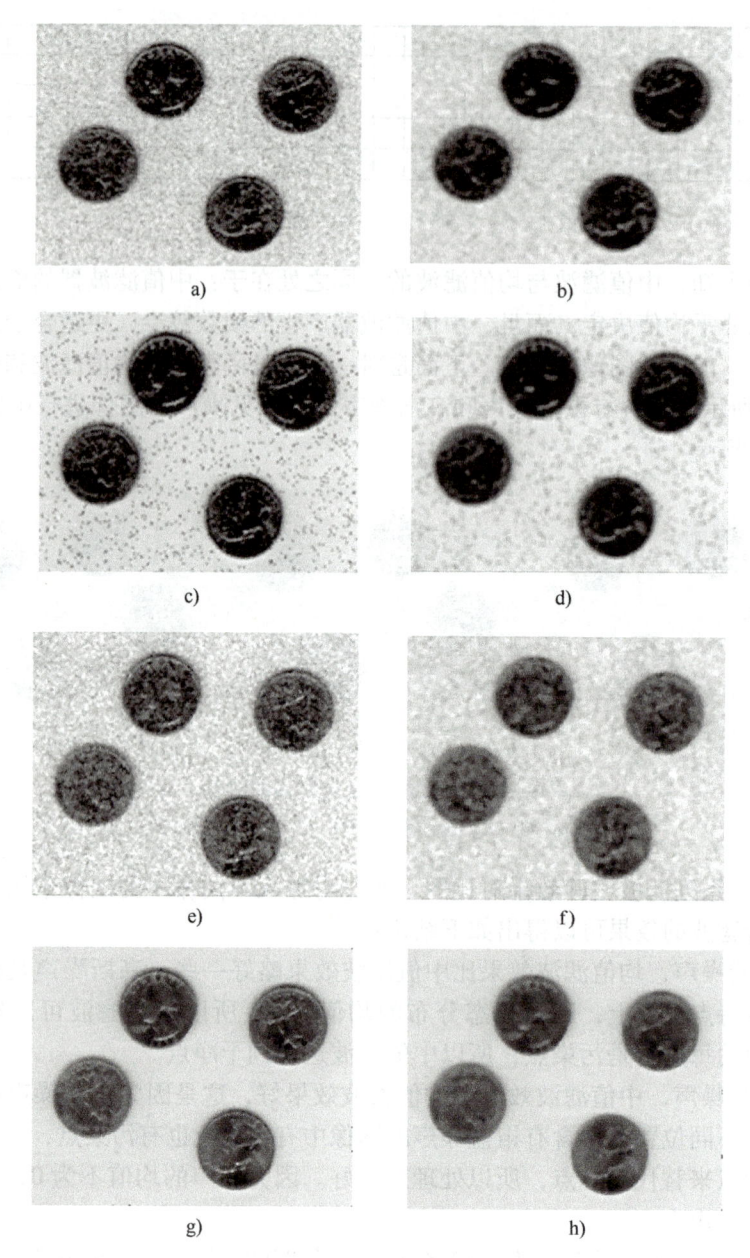

图 4-26　滤波后效果对比

a）采用 3×3 模板对高斯噪声均值滤波结果　b）采用 5×5 模板对高斯噪声均值滤波结果
c）采用 3×3 模板对椒盐噪声均值滤波结果　d）采用 5×5 模板对椒盐噪声均值滤波结果
e）采用 3×3 模板对高斯噪声中值滤波结果　f）采用 5×5 模板对高斯噪声中值滤波结果
g）采用 3×3 模板对椒盐噪声中值滤波结果　h）采用 5×5 模板对椒盐噪声中值滤波结果

除了中值滤波器，最常用的百分比滤波器是最大值滤波器和最小值滤波器，它们的输出可分别表示为

$$g_{\max}(x,y) = \max_{(s,t) \in N(x,y)} [f(s,t)] \quad (4-16)$$

$$g_{\min}(x,y) = \min_{(s,t) \in N(x,y)} [f(s,t)] \quad (4-17)$$

中值滤波器、最大值滤波器和最小值滤波器都可以用于消除椒盐噪声。它们的区别仅在于所取值在排序中的百分比不同。最大值滤波器下选取了排序为 100%的那个值，最小值滤波器下选取了排序为 0%的那个值。最大值滤波器可用来检测图像中最亮的点并可减弱低取值的椒盐噪声，而最小值滤波器可用来检测图像中最暗的点，并可减弱高取值的椒盐噪声。

根据需要，可将最大值滤波器和最小值滤波器结合使用。例如，中点滤波器就是取最大值和最小值中点的那个值作为滤波器的输出，即

$$\begin{aligned} g_{mid}(x,y) &= \frac{1}{2}\{\min_{(s,t)\in N(x,y)}[f(s,t)] + \max_{(s,t)\in N(x,y)}[f(s,t)]\} \\ &= \frac{1}{2}\{g_{max}(x,y) + g_{min}(x,y)\} \end{aligned} \quad (4-18)$$

这个滤波器结合了排序滤波器和平均滤波器。它对多种随机分布的噪声，如高斯噪声和均匀噪声都比较有效。

4.1.5 图像锐化处理

在图像识别中，有时候需要得到边缘鲜明的图像或者是需要得到图像的边缘轮廓，即图像锐化。图像锐化的目的是为了突出图像的边缘信息，加强图像的轮廓特征，以便于人眼的观察或者是机器的识别。图像中边缘和轮廓常常位于图像中灰度突变的地方。而边缘模糊、线条不明显均是由于减少了边缘亮度差异的缘故。从数学观点来看，检查图像某些区域中的突变可以用微分来实现，因此图像锐化主要是通过微分方法进行的。

1. 线性锐化滤波处理

上节我们学习的是图像平滑处理，平滑会使噪声、图像的边缘轮廓变得平滑、不清晰，利用邻域平均或加权平均（对应积分）可以平滑图像，反过来利用对应微分的方法便可以对图像进行锐化滤波，锐化是与图像平滑相反的一类处理。最简单的锐化滤波器是线性锐化滤波器，典型的线性锐化滤波方法为拉普拉斯算子法。线性锐化滤波器也可用模板卷积来实现，只是所用模板与线性平滑滤波器的模板不同，线性锐化滤波器的模板仅中心系数为正而周围系数均为负。典型的线性锐化滤波器模板如图 4-27 所示。这两个锐化滤波器模板也就是拉普拉斯算子模板。拉普拉斯算子法适用于改善因为光线的漫反射造成的图像模糊，是常用的边缘增强处理算子。

$$H_5 = \begin{bmatrix} 0 & -1 & 0 \\ -1 & 4 & -1 \\ 0 & -1 & 0 \end{bmatrix} \quad H_6 = \begin{bmatrix} -1 & -1 & -1 \\ -1 & 8 & -1 \\ -1 & -1 & -1 \end{bmatrix}$$

图 4-27 线性锐化滤波器模板

在实际应用中，对模板的基本要求是，模板中心的系数为正，其余相邻系数为负，且所有的系数之和为零。

2. 非线性锐化滤波处理

对一幅图像施加梯度模算子，可以增强灰度变化的幅度，因此可以采用梯度模算子作为图像锐化算子。此方法也是最常用的非线性锐化滤波方法，而且由数学知识可知，梯度模算子具有方向同性和位移不变性，这正是所希望的。

对于离散函数 $f(i,j)$，利用差分来代替微分运算。一阶差分的定义为

$$\nabla_x f(i,j) = f(i,j) - f(i-1,j) \quad (4-19)$$

$$\nabla_y f(i,j) = f(i,j) - f(i,j-1) \quad (4-20)$$

因此，梯度的定义为

$$\nabla f(x,y) = [\nabla_x f(i,j)^2 + \nabla_y f(i,j)^2]^{\frac{1}{2}} \qquad (4-21)$$

为了运算简便，实际中采用梯度模的近似形式，如 $|\nabla_x f(i,j)| + |\nabla_y f(i,j)|$、$\max(|\nabla_x f(i,j)|,|\nabla_y f(i,j)|)$、$\max|f(i,j)-f(m,n)|$ 等。另外还有一些常用的算子，如 Roberts 算子和 Sobel 算子，如图 4-28 和图 4-29 所示。

$$G_x = \begin{bmatrix} 1 & 0 \\ 0 & -1 \end{bmatrix} \quad G_y = \begin{bmatrix} 0 & 1 \\ -1 & 0 \end{bmatrix} \qquad d_x = \begin{bmatrix} 1 & 0 & -1 \\ 2 & 0 & -2 \\ 1 & -0 & -1 \end{bmatrix} \quad d_y = \begin{bmatrix} -1 & -2 & -1 \\ 0 & 0 & 0 \\ 1 & 2 & 1 \end{bmatrix}$$

图 4-28　Roberts 算子　　　　　　图 4-29　Sobel 算子

需要注意的是，对于一幅图像来说，处在最后一行或最后一列的像素是无法直接求得梯度的，所以对于这片区域的处理方法是：用前一行或前一列的各点梯度值代替。分析梯度公式可知，其值是与相邻像素的灰度差值成正比的。在图像轮廓上，像素的灰度往往陡然变化，梯度值会很大；在图像灰度变化相对平缓的区域梯度值较小；而在等灰度区域，梯度值为零。这就是为什么会使得图像细节清晰从而使图像达到锐化目的的本质。

图像是一个二维函数，由水平、垂直两个方向组成，所以在进行图像微分锐化时，一般包括水平方向锐化和垂直方向锐化。通过水平方向的锐化模板可以检测出水平方向上的像素变化情况，水平方向锐化中，当前像素的灰度值等于原图中当前像素的灰度值与其左方的像素的灰度值之差的绝对值。相应地，垂直方向锐化可以检测出垂直方向上的像素变化情况，其当前像素的灰度值等于原图中当前像素的灰度值与其上方的像素的灰度值之差的绝对值，如图 4-30 所示。

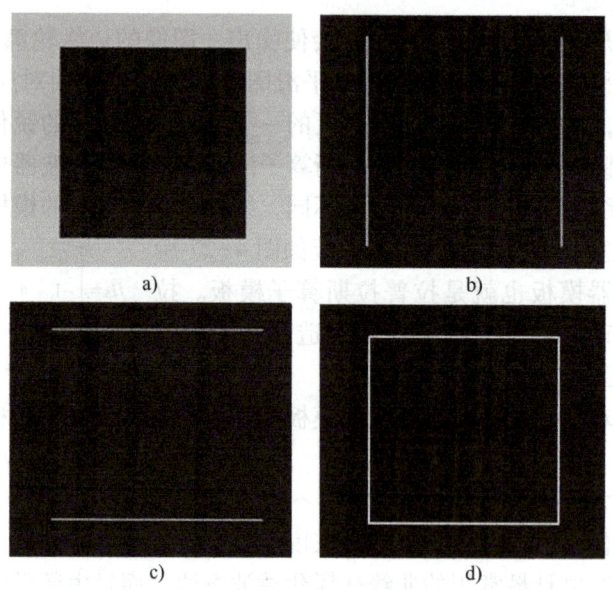

图 4-30　图像锐化实例
a) 原图　b) 水平方向锐化　c) 垂直方向锐化　d) 双向锐化

当用模板与图像进行卷积时，在图像的灰度值是常数或变化很小的区域处，其输出为零或很小（表现为黑色）；在图像灰度值变化很大的区域处，其输出会比较大（视觉上比较亮，如白色），即将原图像的灰度变化突出，达到锐化效果。或者说，通过锐化使图像的边缘清晰起来。但是由于模板系数有正有负，而且总平均值为零，所以输出值也会有正有负而且总平均值也为零。因为在图像处理中一般限制图像的灰度值为正，所以卷积锐化后还需将输出图灰度值范围通过变换回到原图像的灰度范围。后处理的方法不同，则所得到的效果也就不同。下面列举两种处理方法：

方法1：整体加一个正整数，以保证所有的像素值均为正。这样做的结果可以获得类似浮雕的效果。例如将图 4-31a 灰度值整体加 20（见图 4-31b），则会出现图 4-32 和图 4-33 所示浮雕效果。

0	0	0	0	0
0	−3	−13	−20	0
0	−6	−13	−13	0
0	1	12	5	0
0	0	0	0	0

a)

20	20	20	20	20
20	17	7	0	20
20	14	7	7	20
20	21	32	25	20
20	20	20	20	20

b)

图 4-31　图像整体加一个正整数防溢出

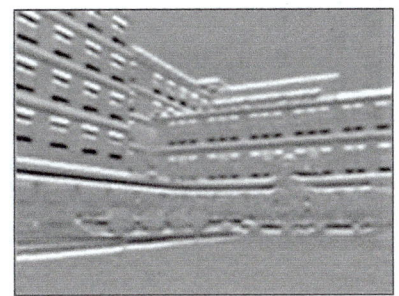

图 4-32　水平浮雕效果

图 4-33　垂直浮雕效果

方法2：将所有的像素值取绝对值，如图 4-34 所示。这样做的结果是，可以获得对边缘的有方向提取，如图 4-35 和图 4-36 所示。

0	0	0	0	0		0	0	0	0	0
0	−3	−13	−20	0		0	3	13	20	0
0	−6	−13	−13	0		0	6	13	13	0
0	1	12	5	0		0	1	12	5	0
0	0	0	0	0		0	0	0	0	0

图 4-34　图像像素取绝对值防溢出

图 4-35　水平边缘的提取效果

图 4-36　垂直边缘的提取效果

由于图像平滑往往使图像中的边界、轮廓变得模糊，为了减少这类不利效果的影响，此时需要利用图像锐化技术，使图像的边缘变得清晰。上述介绍了线性锐化滤波和非线性锐化滤波这两种锐化类型。图像锐化技术是补偿和增加图像的高频成分，使图像中的景物边界、区域边缘、线条、纹理特征和精细结构特征等更加清晰、鲜明。所以，掌握了图像锐化技术，就可以根据需求来改变图像效果，从而满足图像处理的要求。

4.2　频域图像增强技术

目前常用的图像增强技术可分为基于空域的方法和基于变换域的方法两类。第一类如本书在 4.1 节的介绍，直接在图像所在空间进行处理，而第二类方法则是通过在图像的变换域进行处理的，为了有效、快速地对图像进行处理和分析，需要将原定义在图像空间的图像以某种形式转换到其他空间，并利用在这些空间的特有性质方便地进行一定的加工，最后再转换回图像空间以得到所需的效果。最常用的变换空间是频域空间，频域空间的增强方法有两个关键：将图像从图像空间转换到频域空间所需的变换 T 以及再将图像从频域空间转换回图像空间所需的逆变换 T'，即变换函数必须满足可逆、唯一。

在频域空间的增强是通过改变图像中的不同频率分量来实现的。图像频谱给出图像全局的性质，所以频域增强不是对像素逐个进行的，频域增强不像空域方法那么直接，而且增强的效果也不能直接在频域中看出，还需要将图像从频域转换回空域，才能观察到结果。但是，频域增强有直接的物理意义，例如，图像中常存在有规律重复出现的周期噪声，此噪声是在采集图像过程中受到电干扰而产生的，且随空间位置而变化。因为周期噪声有特定的频率，所以采用频率滤波的方法可有效地消除噪声。

4.2.1 频域增强的理论基础

频域增强技术是以卷积定理为基础的。设函数 $f(x,y)$ 为原始图像，$h(x,y)$ 为滤波器冲激响应函数，则空域的滤波是基于卷积运算的，如下所示：

$$g(x,y) = f(x,y) * h(x,y) \tag{4-22}$$

式中，$g(x,y)$ 为空域滤波的输出响应；$h(x,y)$ 为滤波器冲激响应函数，可以根据不同的要求选择不同的函数。根据卷积定理，时域两个函数求卷积，则转换到频域为相应频谱的乘积，即

$$G(u,v) = F(u,v)H(u,v) \tag{4-23}$$

式中，$G(u,v)$、$F(u,v)$ 和 $H(u,v)$ 分别为 $g(x,y)$、$f(x,y)$ 和 $h(x,y)$ 的傅里叶变换。$H(u,v)$ 为滤波器的传递函数，可根据具体的要求进行设计。

在频率域对图像进行增强效果是相当直观的，实际应用时，主要步骤如下。

1）计算需增强图像的傅里叶变换。
2）将其与一个根据实际需要的转移函数相乘。
3）将输出结果进行傅里叶逆变换以得到增强的图像。

在分析一幅图像信号的频率特性时，其中，直流分量表示了图像的平均灰度，大面积的背景区域和缓慢变化部分则代表图像的低频分量，而它的边缘、细节、跳跃部分以及颗粒噪声都代表图像的高频分量。所以，针对不同频率分量的增强，将产生各种不同的频率滤波器，有低通滤波器、高通滤波器、带阻带通滤波器和同态滤波器。

4.2.2 低通滤波法

图像中的边缘和噪声对应于傅里叶变换中的高频部分。所以，要想在频域中削弱其影响，就要设法减弱高频部分的分量。我们根据需要选择一个合适的 $H(u,v)$，可以得到削弱了 $F(u,v)$ 高频分量后的 $G(u,v)$。在以下讨论中，考虑对 $F(u,v)$ 的实部和虚部的影响完全相同的滤波传递函数。具有这种特性的滤波器称为零相移滤波器。

1. 理想低通滤波器

所谓理想的低通滤波器，是指小于截止频率 D_0 的信号可以完全不受影响地通过滤波器，而大于 D_0 的信号则可以完全滤除，小于 D_0 的频段被视为低频段，因为低频段信号完全通过，所以被称为理想低通滤波器，图形如图 4-37 所示，其传递函数为

$$H(u,v) = \begin{cases} 1 & D(u,v) \leq D_0 \\ 0 & D(u,v) > D_0 \end{cases} \tag{4-24}$$

式中，D_0 为截止频率，是一个非负整数；$D(u,v)$ 为从点 (u,v) 到频率平面原点的距离，$D(u,v)=(u^2+v^2)^{1/2}$。尽管理想低通滤波器在数学上定义得很清楚，在计算机模拟上也可以实现，但理想低通滤波器这种陡峭的截止频率用实际的电子器件是无法实现的。

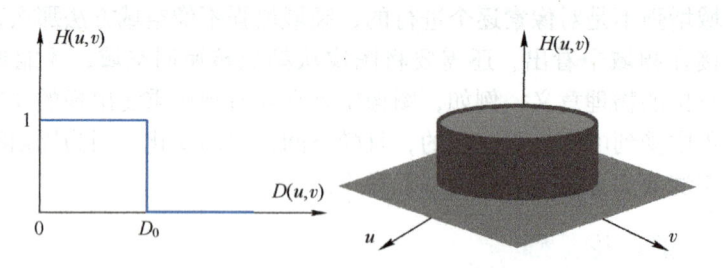

图 4-37　理想低通滤波器传递函数的剖面图

经频域低通滤波后，图像中的大部分能量是集中在低频分量里的。图 4-38 所示为低通滤波器截止频率半径分别为 5 像素、15 像素、30 像素、80 像素和 230 像素时，对一幅图像的滤波效果。

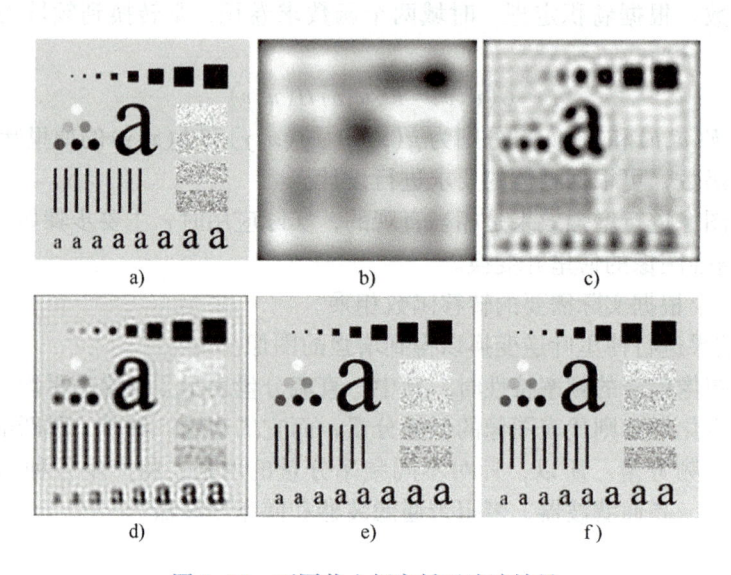

图 4-38　不同截止频率低通滤波效果
a）原图像　b）截止频率半径为 5 像素　c）截止频率半径为 15 像素
d）截止频率半径为 30 像素　e）截止频率半径为 80 像素　f）截止频率半径为 230 像素

由图 4-38 可以看出，随着低通滤波器的截止频率逐渐减小，图像的滤波效果在逐渐增强，图像的边界变得不清晰，图像整体也变得越来越模糊。

由于傅里叶变换的实部 $R(u,v)$ 及虚部 $I(u,v)$ 随着频率 u,v 的升高而迅速下降，所以能量随着频率的升高而迅速减小，因此在频域平面上，能量集中于频率很小的圆域内。高频部分携带能量虽少，但包含有丰富的边界、细节信息，所以截止频率 D_0 变小时，虽然亮度足够（因能量损失不大），但图像变模糊了，D_0 越小，图像越模糊。被平滑化的图像会产生一种非常严重的振铃效应——振铃效应是影响复原图像质量的众多因素之一，其典型表现是在图像灰度剧烈变化的邻域出现类吉布斯（Gibbs）分布（满足给定约束条件且熵最大的分布）

的振荡。振铃效应是一个不可忽视的问题，它严重降低了图像的质量。振铃效应产生的直接原因是图像退化过程中信息量的丢失，尤其是高频信息的丢失。这种现象是由傅里叶变换的性质决定的。由于理想低通滤波器是一个矩形函数，时域中图像函数与理想低通滤波器的冲激响应函数求卷积时，必然会出现这种振铃效应特性。

2. 巴特沃斯低通滤波器

物理上可实现的一种低通滤波器是巴特沃斯（Butterworth）低通滤波器。截止频率为 D_0，n 级巴特沃斯低通滤波器（BLPT）的传递函数为

$$H(u,v) = \frac{1}{1+[D(u,v)/D_0]^{2n}} \tag{4-25}$$

不同于理想低通滤波器，它的传递函数图形没有明显的截断。从函数可以看出，当 $D(u,v)$ 远小于 D_0 时，$H(u,v)$ 将接近于 1；当 $D(u,v)$ 远大于 D_0 时，$H(u,v)$ 将接近于 0。阶数 n 越高，巴特沃斯低通滤波器越接近于理想低通滤波器，图 4-39 所示为不同截止频率的低通滤波效果。

一般情况下，常取使 H 最大值降到某个百分比的频率为截止频率。在式（4-25）中，当 $D(u,v) = D_0$ 时，$H(u,v) = 0.5$（即降到 50%）。另一种常用的截止频率值是使 H 降到最大值的 $1/\sqrt{2}$ 时的频率。

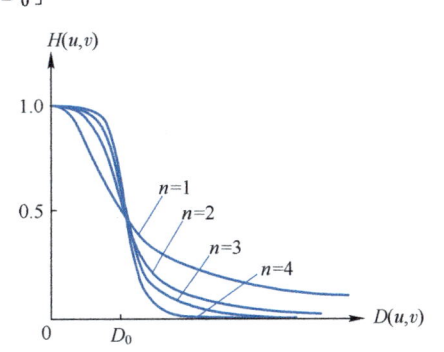

图 4-39 巴特沃斯低通滤波器曲线

在经 BLPF 处理过的图像中都没有明显的振铃效果，这是滤波器在低频和高频之间的平滑过渡的结果。图像由于量化不足产生虚假轮廓时，常可用低通滤波进行平滑以改进图像质量。低通滤波器存在一个共同的缺点，即它是一类以牺牲图像清晰度为代价来减少噪声干扰效果的修饰过程。

3. 指数型低通滤波器

在图像处理中，常用的另一种可实现平滑滤波的是指数型低通滤波器，如图 4-40 所示，它的传递函数为

$$H(u,v) = \exp\{-[D(u,v)/D_0]^n\} \tag{4-26}$$

式中，D_0 为截止频率；n 为阶数；$D(u,v) = \sqrt{u^2+v^2}$。由于指数型低通滤波器有更快的衰减率，所以，经过指数低通滤波器的图像比巴特沃斯低通滤波器处理的图像稍模糊一些。由于指数低通滤波器的传递函数也有比较平滑的过渡带，所以图像也没有振铃现象。

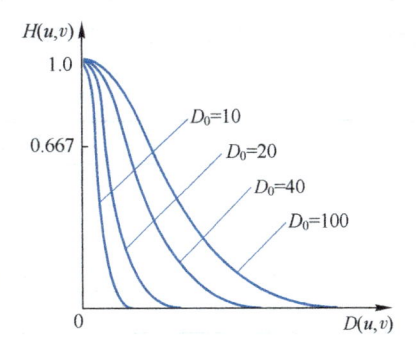

图 4-40 指数型低通滤波器

4. 梯形低通滤波器

梯形低通滤波器的传递函数为

$$H(u,v) = \begin{cases} 1 & D(u,v) < D_0 \\ \dfrac{1}{D_0-D_1}[D(u,v)-D_1] & D_0 \leq D(u,v) \leq D_1 \\ 0 & D(u,v) > D_1 \end{cases} \tag{4-27}$$

式中，$D(u,v)=\sqrt{u^2+v^2}$，在规定 D_0 和 D_1 时要满足 $D_0<D_1$ 的条件。为了方便，一般把传递函数的第一个转折点 D_0 定义为截止频率，第二个变量 D_1 可以任意选取，只要满足 $D_0<D_1$ 就可以。

由于梯形滤波器的传递函数特性介于理想低通滤波器和具有平滑过渡带滤波器之间，所以其处理效果也介于两者中间。梯形滤波法的结果有一定的振铃现象。

常见频域低通滤波器的传递函数图形如图 4-41 所示。

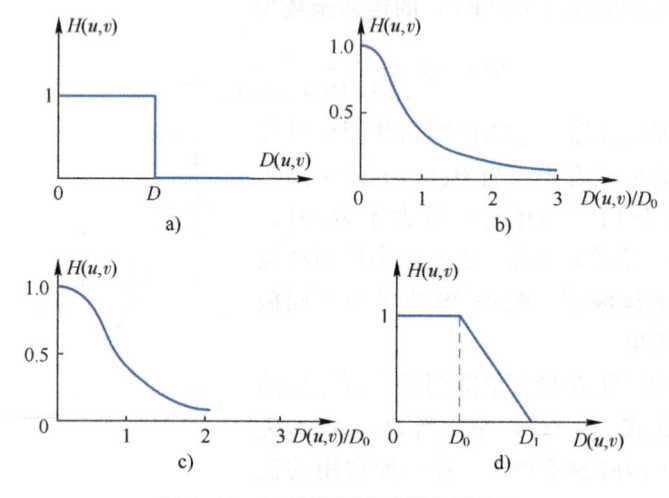

图 4-41　四种低通滤波器特性曲线

a）理想低通滤波器　b）巴特沃斯低通滤波器　c）指数型低通滤波器　d）梯形低通滤波器

表 4-7 对上述 4 种不同的低通滤波器对图像滤波时所产生的振铃程度、图像模糊程度以及对图像的噪声平滑效果进行对比，在实际进行平滑滤波时，可以根据具体要求选择不同的滤波器。表中，ILPF 表示理想低通滤波器，TLPF 表示梯形低通滤波器，ELPF 表示指数型低通滤波器，BLPF 表示巴特沃斯低通滤波器。

表 4-7　4 种不同低通滤波器滤波效果对比

类　别	振铃程度	图像模糊程度	噪声平滑效果
ILPF	严重	严重	最好
TLPF	较轻	轻	好
ELPF	无	较轻	一般
BLPF	无	较轻	一般

4.2.3　高通滤波法

高通滤波器类可以让图像的高频分量顺利通过而使低频信息受到抑制，这样可以使图像的边缘或线条变得清晰，使图像得到锐化。经理想高通滤波器滤波后的图像，把图像的信息中的低频去掉了，丢失了许多信息。通常，为了既加强图像的细节又能保留图像其他灰度信息，可以选用高频加强滤波，这种滤波器实际上是由一个高通滤波器和一个全通滤波器构成的，下文会介绍。

1. 理想高通滤波器

一个二维理想高通滤波器的形状与低通滤波器的形状正好相反，其传递函数为

$$H(u,v) = \begin{cases} 0 & D(u,v) \leq D_0 \\ 1 & D(u,v) > D_0 \end{cases} \quad (4-28)$$

式中，D_0 为滤波器的截止频率，与理想低通滤波器一样，无法用实际的电子器件硬件来实现。理想高通滤波器转移函数的剖面示意图如图 4-42 所示。

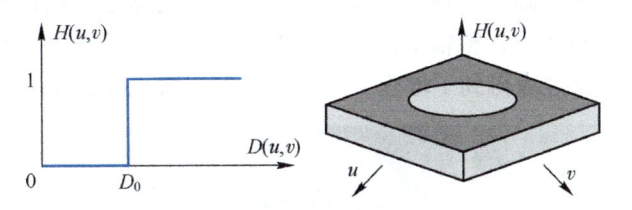

图 4-42 理想高通滤波器转移函数的剖面示意图

2. 巴特沃斯高通滤波器

巴特沃斯高通滤波器的形状与巴特沃斯低通滤波器的形状正好相反，其转移函数为

$$H(u,v) = \frac{1}{1 + [D_0/D(u,v)]^{2n}} \quad (4-29)$$

式中，D_0 为截止频率；n 为巴特沃斯高通滤波器阶数，用来控制滤波器的陡峭程度。

由图 4-43 可见，巴特沃斯高通滤波器在通带和阻带范围内没有不连续点，而是光滑的过渡过程，所以巴特沃斯高通滤波器得到的滤波效果图像基本不存在振铃现象。一般情况，常取使转移函数最大幅值下降到某个百分比的频率为巴特沃斯高通滤波器的截止频率。

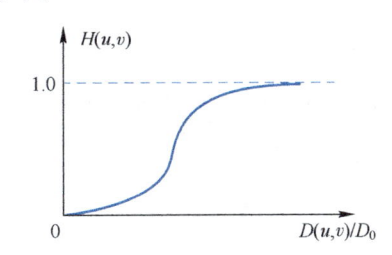

图 4-43 巴特沃斯高通滤波器特性曲线

3. 高频增强滤波器

一般图像中的大部分能量集中在低频分量里，高通滤波会使很多低频分量（特别是直流分量）滤除，导致增强图中边缘得到加强，但光滑区域灰度减弱、变暗甚至接近黑色。为解决这样的问题，可对频域里的高通滤波器的转移函数加一个常数以将一些低频分量保留，从而既能使图像的边缘、轮廓变得清晰，又可以保留图像灰度变化缓慢的光滑区域。我们把这样的滤波器称为高频增强滤波器。

设高频增强转移函数为

$$H_e(u,v) = kH(u,v) + c \quad (4-30)$$

式中，$H(u,v)$ 为高通滤波器转移函数；c 为 $[0,1]$ 之间的常数。为了更容易理解该滤波器的功能，做下面的变换：

$$\begin{aligned} G_e(u,v) &= [kH(u,v) + c]F(u,v) \\ &= kH(u,v)F(u,v) + cF(u,v) \\ &= kG(u,v) + cF(u,v) \end{aligned} \quad (4-31)$$

式中，$G_e(u,v)$ 为高频增强滤波器滤波后的图像频谱；$G(u,v) = H(u,v)F(u,v)$ 是高通滤波器滤波后的图像频谱。对式（4-31）进行傅里叶逆变换得到

$$g_e(u,v) = kg(u,v) + cf(u,v) \tag{4-32}$$

可见，增强图中既包括了高通滤波的结果，也包括了一部分原始图像的内容。

例 4-10 图 4-44a 为一幅较模糊的图像，分别对该图像进行巴特沃斯高通滤波和高频增强滤波。图 4-44b 是巴特沃斯高通滤波器进行处理所得到的结果。其中各区域的边界得到了较明显的增强，但因为高通处理后低频分量大部分被滤除了，所以图中原来比较平滑区域内部的灰度动态范围被压缩，整幅图像比较昏暗。图 4-44c 给出的是高频增强滤波的结果（所加常数为 0.5），不仅边缘得到了增强，整幅图像的层次也比较丰富。

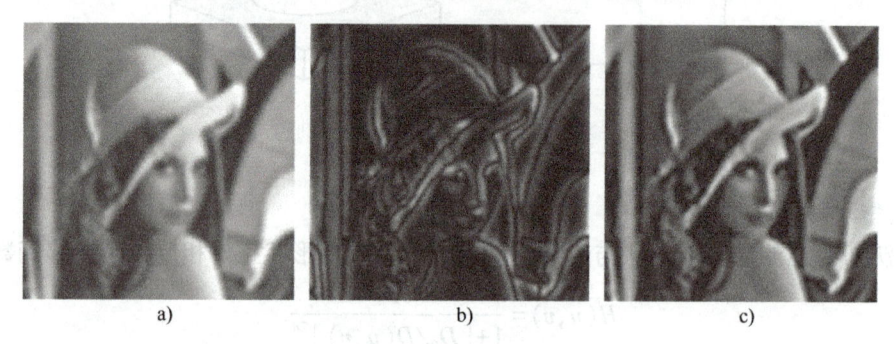

图 4-44　高频增强滤波实例
a）较模糊的图像　b）阶为 1 的巴特沃斯高通滤波结果　c）高频增强滤波结果

与低通滤波器的类型相对应，高通滤波器还包括指数型高通滤波器、梯形高通滤波器等，如图 4-45 所示。

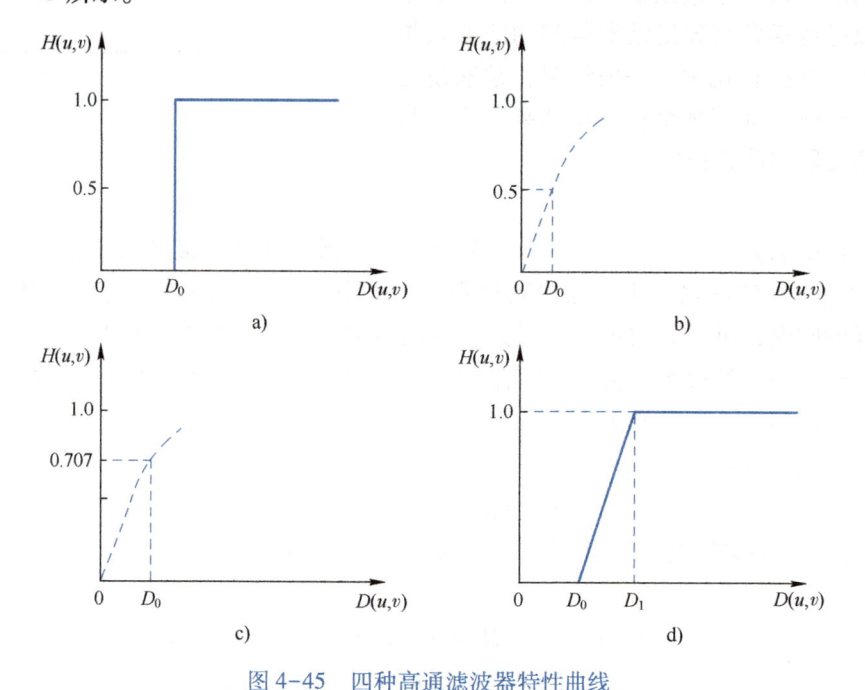

图 4-45　四种高通滤波器特性曲线
a）理想高通滤波器　b）巴特沃斯高通滤波器　c）指数型高通滤波器　d）梯形高通滤波器

4.2.4 带通、带阻滤波法

低通滤波和高通滤波分别消除或减弱图像中的高频和低频分量。实际应用时，也可通过滤波消除或保留图像中的某个频段范围内的分量，这种滤波器称为带阻或带通滤波器。因为带通滤波器的转移函数形式、功能与带阻滤波器的非常相似，所以本书以带阻滤波器为例，带通滤波器不再介绍。

带阻滤波器的目的是抑制距离频率中心一定距离的一个圆环区域的频率，可以用来消除一定频率范围的噪声。带阻滤波器和高通、低通滤波器之间关系密切，若使其频率范围的下限为0，则带通滤波器就成为高通滤波器，同理也可得到低通滤波器。用于消除以频率原点为中心的邻域的带阻滤波器是放射对称的，此放射对称的理想带阻滤波器的转移函数为

$$H(u,v) = \begin{cases} 1 & D(u,v) < D_0 - W/2 \\ 0 & D_0 - W/2 \leq D(u,v) \leq D_0 + W/2 \\ 1 & D(u,v) > D_0 + W/2 \end{cases} \quad (4-33)$$

式中，W 为带宽；D_0 为放射中心。

图 4-46 是一个放射对称的带阻滤波器的透视示意图。

除了放射对称带阻滤波器以外，常用的还有两个反射对称的带阻滤波器，其透视图如图 4-47 所示。该滤波器可以用于消除以 (u_0, v_0) 为中心，D_0 为半径区域内所有频率的理想带阻滤波器，其转移函数为

$$H(u,v) = \begin{cases} 0 & D_1(u,v) \leq D_0 \quad \text{或} \quad D_2(u,v) \leq D_0 \\ 1 & \text{其他} \end{cases} \quad (4-34)$$

式中：

$$D_1(u,v) = [(u-u_0)^2 + (v-v_0)^2]^{1/2} \quad (4-35)$$

$$D_2(u,v) = [(u+u_0)^2 + (v+v_0)^2]^{1/2} \quad (4-36)$$

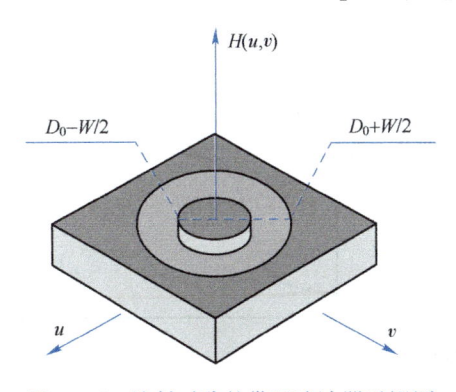

图 4-46 放射对称的带阻滤波器透视图 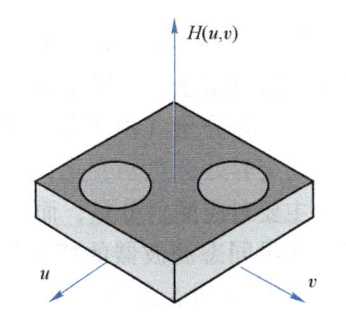   图 4-47 两两对称工作的带阻滤波器透视图

4.2.5 同态滤波器

同态滤波器是一种特殊的滤波技术，可以用于压缩图像灰度的动态范围，且增强图像的对比度。在同态滤波消除噪声过程中，先利用非线性的对数变换将乘性的噪声转化为加性的噪声，用线性滤波器消除噪声后再进行非线性的指数逆变换以获得原始图像。同态滤波方法

的基础可以理解为人眼视觉系统对图像亮度具有类似于对数运算非线性特性。

图像成像模型与两个关键的量关系密切，分别是图像的照度和成像物质的反射程度，同态滤波增强就是基于这个成像模型来实现的。设图像 $f(x,y)$ 可以表示成它的照射分量 $i(x,y)$ 与反射分量 $r(x,y)$ 的乘积，即

$$f(x,y) = i(x,y)r(x,y) \tag{4-37}$$

照射分量 $i(x,y)$ 和光源有关，通常用来反映图像缓慢的动态变化，决定一幅图像中像素能达到的动态范围，处于低频区。反射分量 $r(x,y)$ 由物体本身特性决定，反映图像的边缘、细节分量，处于高频区。但是在空域中，两个量是乘积的形式，频域是卷积计算，无法分开，所以不能直接进行傅里叶变换。因此首先对图像 $f(x,y)$ 取对数，即

$$z(x,y) = \ln f(x,y) = \ln i(x,y) + \ln r(x,y) \tag{4-38}$$

然后再进行傅里叶变换，得

$$F[z(x,y)] = F\{\ln f(x,y)\} = F\{\ln i(x,y)\} + F\{\ln r(x,y)\} \tag{4-39}$$

简写为 $Z(u,v) = I(u,v) + R(u,v)$，其中 $I(u,v)$ 和 $R(u,v)$ 分别为 $\ln i(x,y)$ 和 $\ln r(x,y)$ 的傅里叶变换。下面设计滤波器的传递函数为 $H(u,v)$，则用该滤波器对 $Z(u,v)$ 进行处理，得

$$S(u,v) = Z(u,v)H(u,v) = I(u,v)H(u,v) + R(u,v)H(u,v) \tag{4-40}$$

然后再进行傅里叶逆变换回到空域，得

$$s(x,y) = F^{-1}\{S(u,v)\} = F^{-1}\{I(u,v)H(u,v)\} + F^{-1}\{R(u,v)H(u,v)\} \tag{4-41}$$

最后还需要对 $s(x,y)$ 取指数，就可以得到最终的处理结果为

$$g(x,y) = \exp[s(x,y)] \tag{4-42}$$

由以上推导可归纳出同态滤波器图像增强的方法，如图 4-48 所示。

$f(x,y)$ → 取对数 → $z(x,y)$ → FFT → $Z(x,y)$ → $H(u,v)$ → $s(u,v)$ → FFT^{-1} → $s(x,y)$ → exp → $g(x,y)$

图 4-48　同态滤波器图像增强的方法

此处，$H(u,v)$ 称为同态滤波器，它可以分别作用于照射分量和反射分量上。一般来说，照射分量在空间变化比较慢，而反射分量（由图像中景物表面性质决定）在不同物体的交界处会急剧变化，所以图像傅里叶变换的低频部分主要对应照射分量，而高频部分则主要对应反射分量。如果同态滤波器的特性如图 4-49 所示，当选样 $H_L<1$ 及 $H_H>1$ 时，此滤波器可以减少低频分量和增强高频分量，它的结果是同时使灰度动态范围压缩和对

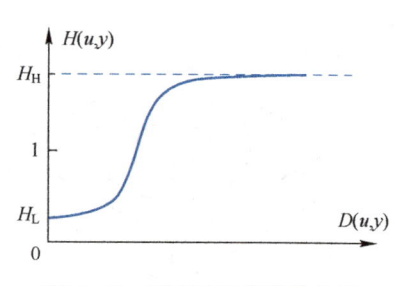

图 4-49　同态滤波器特性曲线

比度增强。必须要注意的是，在傅里叶平面上用增强高频成分突出边缘和线的同时，也降低了低频成分，从而使平滑的灰度变化区域出现模糊，使平滑的灰度变化区间基本上相同。因此，为保存低频分量，通常在高通滤波器上加一个常量，但这样又会增加高频成分，结果仍然不理想。所以，在对图像高频处理之后，再进行直方图均衡化，使灰度值重新分配，便可以得到较好的效果。

4.3 频域增强技术与空域增强技术

图像增强可以通过对图像空域和频域的操作技术来实现，二者存在密切的关系。一方面，很多空域增强技术可借助频域概念分析和帮助设计；另一方面，很多空域增强技术可转化到频域来实现，而很多频域增强技术也可转化到空域来实现。

空域滤波主要包括平滑滤波器和锐化滤波器。平滑滤波器是滤除不规则的噪声或干扰的影响。从频域角度看，不规则噪声具有较高的频率，所以，可用具有低通能力的频域滤波器来滤除。就是说，空域的平滑滤波器对应频域的低通滤波器。锐化滤波是要增强图像边缘和轮廓处的强度，所以，可用具有高通能力的频域滤波器来增强。同样地，空域的锐化滤波器对应频域的高通滤波器。

空域增强时，图像和模板间的运算是一种卷积运算，由卷积定理可知，频域中图像的傅里叶变换和模板的傅里叶变换间的对应运算是乘法运算。由此看来，频域里低通滤波器的转移函数应该对应空域里平滑滤波器的模板函数的傅里叶变换。也可以说，对频域里低通滤波器的转移函数进行傅里叶逆变换，就能得到空域里平滑滤波器的模板函数。同理，频域里高通滤波器的转移函数应该对应空域锐化滤波器的模板函数的傅里叶变换，或对频域里高通滤波器的转移函数求傅里叶逆变换，即可得到空域里锐化滤波器的模板函数。空域和频域的滤波器组成傅里叶变换对。所以，当给定一个域内的滤波器，对其进行傅里叶变换或逆变换即可得到另一个域内对应的滤波器。如果两个域内的滤波器具有相同的尺寸，那么借助快速傅里叶变换在频域中进行滤波，一般效率更高。但是，在空域常可使用较小的滤波器来达到相似的滤波效果，那么计算量也有可能较小。

在频域中分析图像的频率成分与图像的视觉效果间的对应关系比较直观。有些在空域比较难以表述和分析的图像增强任务，可以比较简单地在频域中表述和分析。因为在频域设计滤波器比较方便，所以在实际中常先在频域对滤波器进行设计，然后对其进行逆变换，得到空域中对应的滤波器，再借此结果指导对空域滤波器模板的设计。空域滤波具体在实现上和硬件设计时都有一些优点。

最后要指出的是，频域技术和空域技术还是有一些区别的。例如，空域技术中无论使用点操作还是模板操作，每次都只是基于部分像素的性质；而频域技术每次都利用图像中所有像素的数据，具有全局的性质，有可能更好地体现图像的整体特性，如整体对比度和平均灰度值等。

4.4 图像增强 MATLAB 仿真实例

例 4-11 采用函数 imhist( )计算和显示图像的直方图。该函数的调用方式如下所示：

imhist(I);

作用：绘制图像 I 的灰度直方图。

imhist(I, n);

作用：使用指定的 n 个灰度级来绘制直方图，默认值 n 为 256 级。

　　　imhist(X,map);

作用：为索引图像显示直方图。
具体程序如下：

```
>> I=imread('rice.png');%读取图像
   subplot(2,1,1);Imshow(I);%显示图像
   title('(a)原图');  subplot(2,1,2);
   imhist(I);%绘制图像的灰度直方图
   title('(b)原图的灰度直方图');
```

获取图像的灰度直方图如图 4-50 所示。

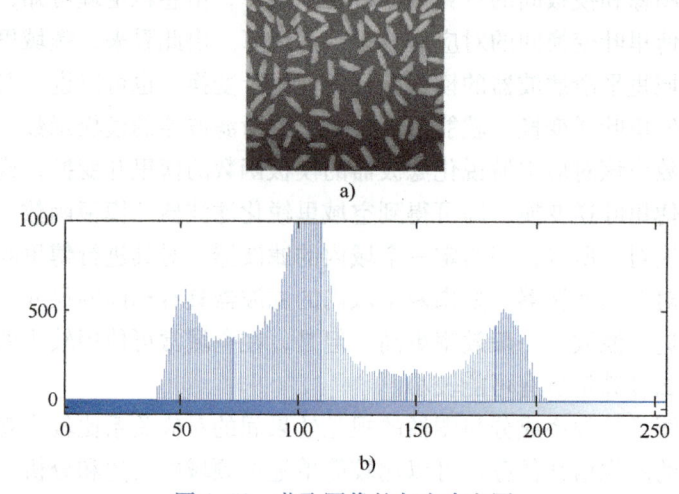

图 4-50　获取图像的灰度直方图

例 4-12　通过函数 histeq( ) 对图像进行直方图均衡化处理。该函数的调用方式如下所示：

　　　J=histeq(I,n);

作用：函数中 I 为输入图像，n 为均衡化后的灰度级数，默认值为 64。

　　　J=histeq(I,hgram);

作用：实现了直方图规定化，即将原始图像 I 的直方图变换成用户规定的向量 hgram，该向量中的每个元素都在 [0,1] 中。
直方图均衡化、规定化具体程序如下：

```
>> I=imread('pout.tif');
   subplot(3,2,1);  Imshow(I);
   title('原图');  subplot(3,2,2);
   imhist(I);%绘制图像的灰度直方图
   title('原图的灰度直方图');  subplot(3,2,3);
   J=histeq(I,64);%对图像进行均衡化处理，返回有 64 级灰度的图像 J
```

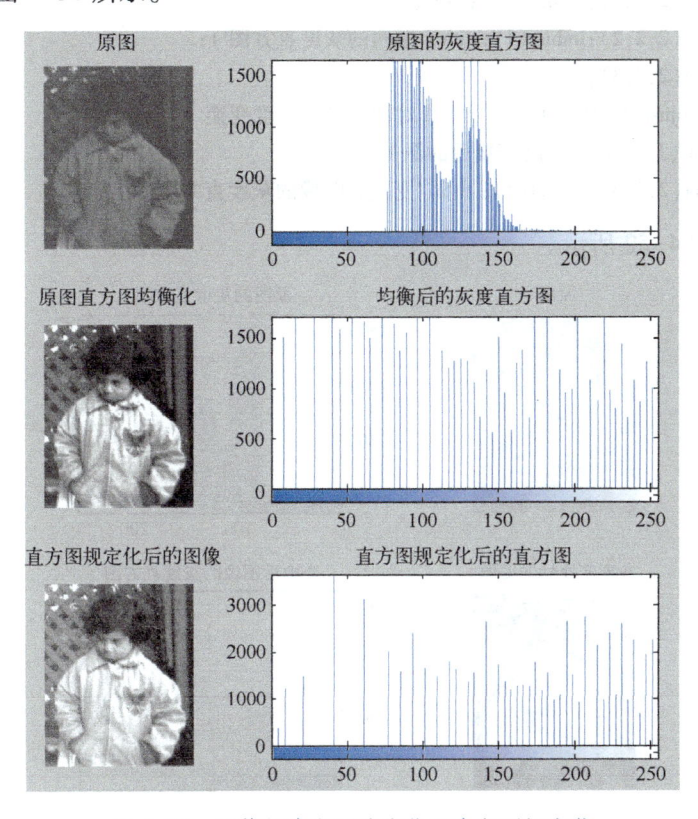

Imshow(J);　title('原图直方图均衡化');
subplot(3,2,4);imhist(J);title('均衡后的灰度直方图')
hgram=50:1:250;%规定化函数
G=histeq(I,hgram);subplot(325),imshow(G);
title('直方图规定化后的图像');
subplot(326),imhist(G,64);
title('直方图规定化后的直方图');
```

运行结果如图4-51所示。

图4-51　图像的直方图均衡化和直方图规定化

**例 4-13**　通过函数 imadjust() 对图像进行图像灰度变换。该函数的调用方式如下所示：

J=imadjust(I,[low_in;high_in],[low_out;high_out]);

作用：将图像 I 中的亮度值映射到 J 中的新值，即将 low_in 至 high_in 之间的值映射到 low_out 至 high_out 之间的值。low_in 以下与 high_in 以上的值被剪切掉了，也就是说，low_in 以下的值映射到 low_out，high_in 以上的值映射到 high_out。它们都可以使用空的矩阵[ ]，默认值是 [0 1]。

J=imadjust(I,[low_in;high_in],[low_out;high_out],gamma);

作用：其中 gamma 指定描述值 I 和值 J 关系的曲线形状。如果 gamma 小于 1，此映射偏重更高数值（明亮）输出，如果 gamma 大于 1，此映射偏重更低数值（灰暗）输出，如果
```

省略此参数，默认为1，表示线性映射。

```
RGB2 = imadjust(RGB1,…);
```

作用：对 RGB 图像 RGB1 的红、绿、蓝调色板分别进行调整。随着颜色矩阵的调整，每一个调色板都有唯一的映射值。

具体程序如下：

```
>> I = imread('pout.tif');
subplot(2,2,1);Imshow(I);title('原图');
subplot(2,2,2);imhist(I);title('原图的灰度直方图');
subplot(2,2,3);
J = imadjust(I,[0.3 0.7],[]);%对图像进行灰度变换
Imshow(J);title('灰度变换后的图像');
subplot(2,2,4);imhist(J);title('变换后图像的灰度直方图');
```

运行结果如图 4-52 所示。

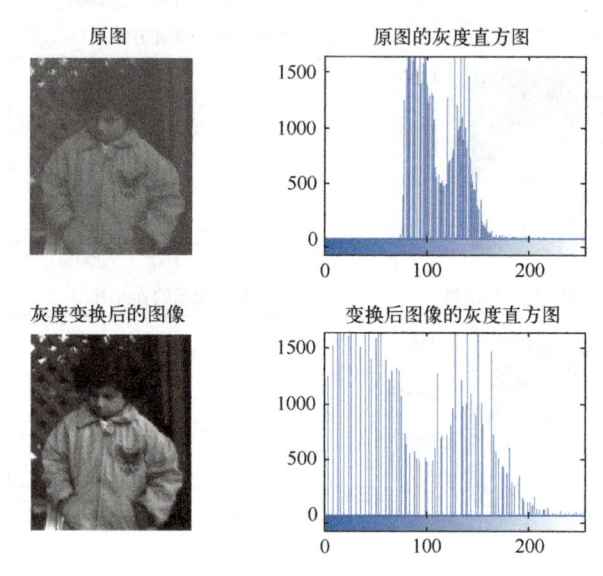

图 4-52 图像的灰度变换

例 4-14 图像之间的代数运算。函数的调用方式如下所示：

```
Z = imadd(X,Y);
```

作用：图像之间加法运算，Z=X+Y。

```
Z = imsubtract(X,Y);
```

作用：图像之间减法运算，其中 Z=X-Y。

```
Z = immultiply(X,Y);
```

作用：图像之间乘法运算，其中 Z=X×Y。

```
Z = imdivide(X,Y),
```

作用：图像之间除法运算，其中 Z=X÷Y。

具体程序如下：

```
>> I=imread('rice.png');
    J=imread('cameraman.tif');
    K=imadd(I,J);
    subplot(2,2,1);imshow(I);
    subplot(2,2,2);imshow(J);
    subplot(2,2,3);imshow(K);
```

运行结果如图 4-53 所示。

图 4-53　两幅图像求和

例 4-15　通过函数 imfilter( ) 对图像进行平滑。函数的调用方式如下所示：

B = imfilter(A,H);

作用：B 为图像 A 经算子 H 滤波后的结果。

B = imfilter(A,H,option1,option2,…);

作用：根据指定的 option 参数实现图像滤波。option 参数选择读者可查询 MATLAB 的帮助系统。

具体程序如下：

```
>>clear all; close all;
    I=imread('coins.png');
    J=imnoise(I,'salt & pepper',0.02);   %添加椒盐噪声
    h=ones(3,3)/5; h(1,1)=0;             %建立平滑模板
    h(1,3)=0; h(3,1)=0;h(1,3)=0;
    K=imfilter(J,h);                     %用建立的模板 h 对图像 J 进行线性滤波
    figure; subplot(131);imshow(I); title('原图');
    subplot(132);imshow(J); title('原图叠加椒盐噪声');
    subplot(133);imshow(K); title('平滑滤波后的图像');
```

运行结果如图 4-54 所示。

原图　　　　　　　　原图叠加椒盐噪声　　　　　平滑滤波后的图像

图 4-54　图像均值平滑滤波

函数 conv2 也可以实现对图像的滤波，调用方式为：K=imfilter(J, h)，其中 J 为原始图像，h 为模板。

例 4-16　通过函数 medfilter2( ) 对图像进行中值平滑滤波。函数的调用方式如下所示：

　　B=medfilt2(A);

作用：用默认的 3×3 的滤波窗口对图像 A 进行中值滤波。

　　B=medfilt2(A,[m n]);

作用：用指定大小为 m×n 的窗口对图像 A 进行中值滤波。
具体程序如下：

```
>>clear all; close all;
    I=imread('rice.png');
    I=im2double(I);
    J=imnoise(I,'salt & pepper',0.03);
    K=medfilt2(J);              %用3×3的模板对图像J进行中值滤波
    figure;subplot(131);imshow(I);title('原图');
    subplot(132);imshow(J);title('原图叠加椒盐噪声');
    subplot(133);imshow(K);title('平滑滤波后的图像');
```

运行结果如图 4-55 所示。

原图　　　　　　　　原图叠加椒盐噪声　　　　　平滑滤波后的图像

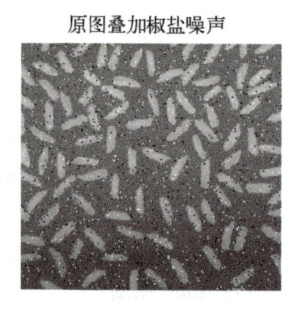

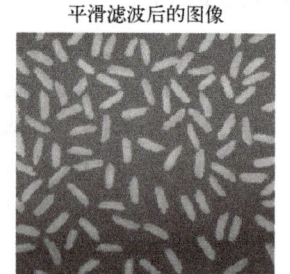

图 4-55　图像中值平滑滤波

对比例 4-15 和例 4-16 的运行结果，可以得出，中值滤波可以有效消除椒盐噪声，其滤波效果大大优于均值滤波。

例 4-17 通过拉普拉斯算子对图像进行锐化滤波，锐化主要是利用模板与图像计算卷积得到的，所以一般调用 conv2 函数，具体锐化程序如下所示：

```
>>clear all; close all;
    I=imread('rice.png');
    I=im2double(I);
    h=[0,1,0; 1, -4, 1; 0, 1, 0];
    J=conv2(I, h, 'same');
    K=I-J;
    figure; subplot(121);imshow(I); title('原图');
    subplot(122);imshow(K); title('锐化后图像');
```

运行结果如图 4-56 所示。

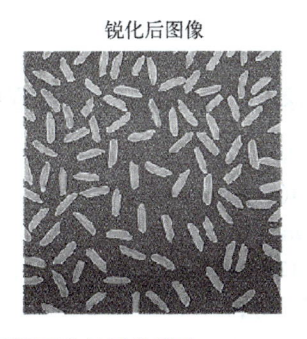

图 4-56 利用拉普拉斯算子进行图像锐化

例 4-18 利用巴特沃斯低通滤波器对图像进行滤波。具体程序如下：

```
>>clear all; close all;
    X=imread('liftingbody.png');
    I=im2double(X);
    I=imnoise(I, 'gaussian', 0, 0.03);
    M=2*size(I,1);
    N=2*size(I,2);
    u=-M/2:(M/2-1);
    v=-N/2:(N/2-1);
    [U,V]=meshgrid(u, v);
    D=sqrt(U.^2+V.^2);
    D0=40;                                          %截止频率为40
    n=6;                                            %滤波器的阶数
    H=1./(1+(D./D0).^(2*n));                        %设计巴特沃斯滤波器
    J=fftshift(fft2(I, size(H, 1), size(H, 2)));    %通过傅里叶变换转换到频域
    K=J.*H;                                         %频域滤波
    L=ifft2(ifftshift(K));                          %傅里叶逆变换,回到空域
    L=L(1:size(I,1), 1:size(I, 2));
    figure; subplot(131);imshow(X);title('原图');
```

```
subplot(132);imshow(I);title('加入高斯噪声的图像');
subplot(133);imshow(L);title('巴特沃斯滤波器滤波后图像');
```

运行结果如图 4-57 所示。

原图　　　　　　　加入高斯噪声的图像　　　　　巴特沃斯滤波器滤波后图像

图 4-57　利用巴特沃斯滤波器进行图像滤波

例 4-19　对图像进行同态滤波。具体程序如下：

```
>>clear all; close all;
I = imread('peppers.png');
X = rgb2gray(I);
subplot(121),imshow(X);title('原图');
I = double(X);
[M,N] = size(I);
rL = 0.3;
rH = 2.0;                            % 可根据需要效果调整参数
c = 2;
d0 = 10;
I1 = log(I+1);                       %取对数
FI = fft2(I1);                       %傅里叶变换
n1 = floor(M/2);
n2 = floor(N/2);
for i = 1:M
  for j = 1:N
    D(i,j) = ((i-n1).^2+(j-n2).^2);
    H(i,j) = (rH-rL).*(exp(c*(-D(i,j)./(d0^2))))+rL;   %高斯同态滤波
  end
end
I2 = ifft2(H.*FI);                   %傅里叶逆变换
I3 = real(exp(I2));
subplot(122),imshow(I3,[]);
title('同态滤波增强后图像')
```

运行结果如图 4-58 所示。

图 4-58 利用同态滤波器进行图像滤波

4.5 拓展与思考

技术挑战与创新精神

图像增强是数字图像处理中的一项关键技术，旨在改善图像的视觉效果或提取特征以便于进一步分析。随着科技的不断进步，图像增强技术面临着新的挑战，同时也为创新提供了广阔的空间。图像增强技术的发展并非一帆风顺，在实际应用中，我们面临着多种挑战，这些挑战考验着工程师和研究人员的智慧和创造力。

（1）噪声与伪影问题

图像在获取、传输和存储过程中容易受到噪声干扰，产生伪影。如何在增强图像的同时有效抑制噪声，是图像增强技术的一大挑战。

（2）计算复杂性

随着图像分辨率的提高，图像增强算法的计算量急剧增加。如何在保证增强效果的前提下减少计算量，提高处理速度，是技术发展中的一个重要课题。

（3）实时性需求

在某些应用场景，如视频监控、自动驾驶等，对图像增强处理的实时性有很高的要求。如何在有限的计算资源下实现快速响应，是技术需要解决的问题。

面对挑战，创新精神是我们最宝贵的财富。只有通过不断的探索和实践，才能取得一系列创新成果。针对图像增强领域的创新主要有以下几个方面。

1）算法创新：研究人员通过创新的算法设计，如自适应滤波、非局部均值去噪等，有效提升了图像增强的效果和速度。

2）技术融合：图像增强技术与机器学习、人工智能等前沿技术的融合，为解决传统问题提供了新的思路和方法。

3）应用创新：在具体的应用场景中，通过创新的系统设计和应用模式，图像增强技术发挥了更大的作用，如在医学影像分析中辅助医生进行更准确的诊断。

图像增强技术的发展离不开创新精神的驱动。面对挑战，我们应保持探索的勇气和创新的热情，不断推动技术进步，服务社会，造福人类。未来，图像增强技术将在更多领域展现其巨大的潜力和价值。

4.6 习题

1. 请简述图像增强的目的。
2. 什么是灰度直方图？如何计算图像的灰度直方图？
3. 图像锐化与图像平滑有何区别与联系？分别有哪些实现方法？
4. 什么是中值滤波？中值滤波有何特点？给出图 4-59 采用 3×3 中值滤波的结果。（只处理灰色区域，不处理边界）

1	1	1	1	1	1	1	1
1	5	5	5	5	5	5	1
1	5	7	5	5	5	5	1
1	5	5	8	8	5	5	1
1	5	5	8	9	5	5	1
1	5	5	5	5	5	5	1
1	5	5	5	5	5	5	1
1	1	1	1	1	1	1	1

图 4-59　习题 4 图

5. 什么是同态滤波？简述其基本原理。
6. 带通带阻滤波器与高通、低通滤波器之间有什么关系？它们的作用与高通、低通滤波器有什么不同？
7. 对图像进行处理时，空域增强和频域增强有什么关系？

第 5 章　图像编码

图像处理的目的除了改善图像的视觉效果外，还有在保证一定视觉质量的前提下减少数据量（从而也减少图像传输所需的时间）。用数字形式表示图像的应用已经非常广泛，然而，这种表示方法需要大量的数据（位数）。例如 $512 \times 512 \times 8\,\text{bit} \times 3$ 色的电视图像，用 9600Band 的数据传输速率在电话线上传输，单幅图像传输需要 11 min 左右，这通常是不能接受的。为此人们试图采用对图像的新的表达方式以减小表示一幅图像所需的数据量，这就是图像编码要解决的主要问题，因此人们也常称图像编码为图像压缩。

编码是用符号元素表示信号、消息或事件的过程。图像编码是研究图像数据的编码方法，期望用最少的符号码数表示信源发出的图像信号，使数据得到压缩，减少图像数据占用的信号空间和能量，降低信号处理的复杂程度。图像编码压缩的基本理论起源于 20 世纪 40 年代末香农（Shannon）的信息理论。由香农的编码定理可知，在不产生任何失真的前提下，通过合理的编码，对每一个信源符号分配不等长的码字，平均码长可以任意接近于信源的熵。在这个理论框架下，进而出现了几种不同的无失真信源编码方法，如霍夫曼编码、算法编码和字典编码等，这些方法应用于数字图像编码处理能获得一定的码率压缩。但图像无损压缩编码的压缩率是有限的。图像限失真编码是信息损失型压缩方法，信息损失型常能取得较高的压缩率（可达几十甚至几百），但图像经过压缩后并不能通过解压缩恢复原状，所以只能用于可以容许一定信息损失的应用场合。

图像编码和图像解码涉及的内容很多，本章主要介绍图像编码的基础知识与基本技术，给出图像无损压缩编码原理及其对应的一些常用的无损编码方法，包括霍夫曼编码、香农-法诺编码和算术编码，并介绍图像限失真编码原理及其对应的有损编码方法，包括预测编码和正交变换编码。

5.1　图像编码的基础知识

5.1.1　数据冗余

数据是用来表示信息的。如果不同的方法为表示给定量的信息使用了不同的数据量，那么使用较多数据量的方法中，有些数据必然是代表了无用的信息，或者是重复地表示了其他数据已表示的信息。这就是数据冗余的概念，它是数字图像压缩中的关键概念。

数据冗余并不是一个抽象的概念，它可用数学定量地描述。例如用 n_1 和 n_2 分别代表用来表达相同信息的两个数据集中的信息载体单位的个数，那么第一个数据集合相对于第二个数据集合的相对数据冗余 R_D 定义为

$$R_D = 1 - \frac{1}{C_R} \tag{5-1}$$

式中，C_R 为压缩率（越大越高），

$$C_R = \frac{n_1}{n_2} \tag{5-2}$$

C_R 和 R_D 分别在开区间 $(0, \infty)$ 和 $(-\infty, 1)$ 中取值。它们的一些特殊值和对应的情况列在表 5-1 中。实际应用情况中，最后一行很少见。如果 $C_R = 10$（或 10∶1），表明第一个数据集合中的信息载体单位数是第二个数据集合中的 10 倍。换句话说，对应的 $R_D = 0.9$ 表明在第一个数据集合中 90%的数据是冗余数据。

表 5-1 相对数据冗余和压缩率的一些特例

n_1 相对于 n_2	C_R	R_D	对应情况
$n_1 = n_2$	1	0	第一种表达相对于第二种表达不含冗余数据
$n_1 \gg n_2$	$\to +\infty$	$\to 1$	第一个数据集合含有相当多的冗余数据
$n_1 \ll n_2$	$\to 0$	$\to -\infty$	第一个数据集合包括比原始表达多得多的数据

在图像压缩中，有三种基本的数据冗余：编码冗余、像素间冗余和心理视觉冗余。如果能减少或消除其中的一种或多种冗余，就能取得数据压缩的效果。

1. 编码冗余

对图像编码需要建立码本以表达图像数据。这里码本是指用来表达一定量的信息或一组事件所需的一系列符号（如字母、数字等）。其中对每个信息或事件所赋的码符号序列称为码字，而每个码字里的符号个数称为码字的长度。

设定义在 [0,1] 区间的离散型随机变量 s_k 代表图像的灰度值，每个 s_k 以概率 $p_s(s_k)$ 出现：

$$p_s(s_k) = \frac{n_k}{n} \quad k = 0, 1, \cdots, L-1 \tag{5-3}$$

式中，L 为灰度级数；n_k 为第 k 个灰度级出现的次数；n 为图像中像素的总个数。设用来表示 s_k 的每个数值的位数是 $l(s_k)$，那么为表示每个像素所需要的平均位数为

$$L_{avg} = \sum_{k=0}^{L-1} l(s_k) p_s(s_k) \tag{5-4}$$

最简单的二元码本称为自然码。对每个信息或事件所赋的码是从 2^m 个 m 位的二元码中选出来的一个。如果用自然码表示一幅图像的灰度值，则由式（5-4）得出 $L_{agv} = m$。

根据式（5-4），如果用较少的位数来表示出现概率较大的灰度级，而用较多的位数来表示出现概率较小的灰度级，就能达到数据压缩的效果。表 5-2 为 8 个灰度级的图像自然码和变长码平均码长的对比。

表 5-2 8 个灰度级的图像自然码和变长码平均码长的对比

s_k	$p_s(s_k)$	编码 1（自然码）	$L1(s_k)$	编码 2（变长码）	$L2(s_k)$
$s_0 = 0$	0.19	000	3	11	2
$s_1 = 1/7$	0.25	001	3	01	2
$s_2 = 2/7$	0.21	010	3	10	2
$s_3 = 3/7$	0.16	011	3	001	3

（续）

s_k	$p_s(s_k)$	编码1（自然码）	$L1(s_k)$	编码2（变长码）	$L2(s_k)$
$s_4 = 4/7$	0.08	100	3	0001	4
$s_5 = 5/7$	0.06	101	3	00001	5
$s_6 = 6/7$	0.03	110	3	000001	6
$s_7 = 1$	0.02	111	3	000000	6

其中，变长码平均码长的计算如下：

$$L2_{\text{avg}} = \sum_{k=0}^{L-1} l(s_k) p_s(s_k) = (2 \times 0.19 + 2 \times 0.25 + 2 \times 0.21 + 3 \times 0.16 + 4 \times 0.08 + 5 \times 0.06 + 6 \times 0.03 + 6 \times 0.02) \text{bit} = 2.7 \text{bit}$$

自然码的平均码长为3。上述示例也验证了变长码的编码方式比定长码占用的空间要小。

2. 像素间冗余

图像中有一种与像素间相关性直接联系着的数据冗余——像素间冗余。像素间冗余也常称为空间冗余或几何冗余。图像中的大部分景物的表面颜色都是均匀的、连续的。把图像数字化为像素点的矩阵后，大量相邻像素的数据是完全一样或十分接近的，这就是像素间冗余。为了减少图像中的像素间冗余，需要将常用的2-D像素矩阵表达形式转换为某种更有效（但可能不直观）的表达形式。这种减少像素冗余的转换常称为映射（Mapping）。如果原始的图像元素能从转换后的数据集合重建出来，则这种映射称为可反转的，否则就是不可反转的。

3. 心理视觉冗余

眼睛所感受到的图像区域亮度不仅仅与区域的反射光有关，例如根据马赫带效应，在灰度值为常数的区域也能感受到灰度值的变化。这种现象的产生是由于眼睛并不是对所有视觉信息有相同的敏感度。有些信息在通常的视感觉过程中与另外一些信息相比来说不那么重要，这些信息可认为是心理视觉冗余的，去除这些信息并不会明显地降低所感受到的图像的质量。许多被称为"第二代编码技术"的方法就是基于这个原理的。

心理视觉冗余的存在是与人观察图像的方式有关的。人在观察图像时主要是寻找某些比较明显的目标特征，而不是定量地分析图像中每个像素的亮度，或至少不是对每个像素等同地分析。人通过在脑子里分析这些特征并与先验知识结合以完成对图像的解释过程。由于每个人所具有的先验知识不同，对同一幅图的心理视觉冗余也就因人而异。

心理视觉冗余从本质上说与前面两种冗余不同，它是与实在的视觉信息联系着的。只有在这些信息对正常的视感觉过程来说并不是必不可少时才可能被去除掉。因为去除心理视觉冗余数据能导致定量信息的损失，所以也有人称这个过程为量化（指一种由多到少的映射）。考虑到这里视觉信息有损失，所以量化是不可逆转的操作，它用于数据压缩会导致有损压缩。根据心理视觉冗余的特点，可以采取一些有效的措施来压缩数据量。电视广播中的隔行扫描就是一个常见的例子。

5.1.2 图像编码中的保真度准则

在图像压缩中，为增加压缩率有时会放弃一些图像细节或其他不太重要的内容，再如前面指出的去除心理视觉冗余数据能导致实在的信息损失,所以在图像编码中解码图像与原始图像可能会不完全相同。在这种情况下常常需要有对信息损失的测度以描述解码图像相对于原始图像的偏离程度(或者说需要有测量图像质量的方法),这些测度一般称为保真度(逼真度)准则。常用的主要准则可分为两大类:一种是客观保真度准则;另一种是主观保真度准则。

1. 客观保真度准则

当所损失的信息量可用编码输入图与解码输出图的函数表示时,可以说它是基于客观保真度准则的。最常用的一个准则是输入图和输出图之间的方均根(rms)误差。令 $f(x,y)$ 代表输入图,$\hat{f}(x,y)$ 代表对 $f(x,y)$ 先压缩又解压缩后得到的 $f(x,y)$ 的近似,对任意 x 和 y,$f(x,y)$ 和 $\hat{f}(x,y)$ 之间的误差定义为

$$e(x,y) = \hat{f}(x,y) - f(x,y) \tag{5-5}$$

如两幅图尺寸均为 $M \times N$,则它们之间的总误差为

$$\sum_{x=0}^{M-1}\sum_{y=0}^{N-1} |\hat{f}(x,y) - f(x,y)| \tag{5-6}$$

这样 $f(x,y)$ 和 $\hat{f}(x,y)$ 之间的方均根误差 e_{rms} 为

$$e_{rms} = \left[\frac{1}{MN}\sum_{x=0}^{M-1}\sum_{y=0}^{N-1}[\hat{f}(x,y) - f(x,y)]^2\right]^{1/2} \tag{5-7}$$

另一个客观保真度准则与压缩—解压缩图的均方信噪比(Signal-to-Noise Ratio,SNR)有关。如果将 $\hat{f}(x,y)$ 看作原始图 $f(x,y)$ 和噪声信号 $e(x,y)$ 的和,那么输出图的均方信噪比为

$$SNR_{rms} = \sum_{x=0}^{M-1}\sum_{y=0}^{N-1}\hat{f}(x,y)^2 \Big/ \sum_{x=0}^{M-1}\sum_{y=0}^{N-1}[\hat{f}(x,y) - f(x,y)]^2 \tag{5-8}$$

实际使用中常将 SNR 归一化并用分贝(dB)表示。令

$$\bar{f} = \frac{1}{MN}\sum_{x=0}^{M-1}\sum_{y=0}^{N-1} f(x,y) \tag{5-9}$$

则有

$$SNR = 10\lg\left[\frac{\sum_{x=0}^{M-1}\sum_{y=0}^{N-1}[f(x,y) - \bar{f}]^2}{\sum_{x=0}^{M-1}\sum_{y=0}^{N-1}[\hat{f}(x,y) - f(x,y)]^2}\right] \tag{5-10}$$

如果令 $f_{max} = \max\{f(x,y), x = 0, 1, \cdots, M-1, y = 0, 1, \cdots, N-1\}$,则可得到峰值信噪比 PSNR 为

$$PSNR = 10\lg\left[\frac{f_{max}^2}{\frac{1}{MN}\sum_{x=0}^{M-1}\sum_{y=0}^{N-1}[\hat{f}(x,y) - f(x,y)]^2}\right] \tag{5-11}$$

2. 主观保真度准则

尽管客观保真度准则提供了一种简单和方便的评估信息损失的方法,但很多解压图最终是供人看的。在这种情况下,用主观的方法来测量图像的质量常更为合适。一种常用的方法

是对一组（常超过 20 个）精心挑选的观察者展示一幅典型的图像并将他们对该图的评价综合平均起来以得到一个统计的质量评估结果。

评价可对照某种绝对的尺度进行。表 5-3 给出一种对电视图像质量进行绝对评价的尺度，这里根据图像的绝对质量进行判断打分。

表 5-3　电视图像质量绝对评价尺度

评　　分	评　　价	说　　明
1	优秀	图像质量非常好，如同人能想象出的最好质量
2	良好	图像质量高，观看舒服，有干扰但不影响观看
3	可用	图像质量可接受，有干扰但不太影响观看
4	刚可看	图像质量差，干扰有些妨碍观看，观察者希望改进
5	差	图像质量很差，妨碍观看的干扰始终存在，几乎无法观看
6	不能用	图像质量很差，不能使用

评价也可通过将 $\hat{f}(x,y)$ 和 $f(x,y)$ 比较并按照某种相对的尺度进行。如果观察者将 $\hat{f}(x,y)$ 和 $f(x,y)$ 逐个进行对照，则可以得到相对的质量分。例如可用 $\{-3,-2,-1,0,1,2,3\}$ 来代表主观评价 $\{$很差，较差，稍差，相同，稍好，较好，很好$\}$。

主观保真度准则使用起来比较困难。另外，利用主观保真度准则与利用目前已提出的客观保真度准则还未得到很好的吻合。

5.1.3　图像编码模型

1. 编码系统模型

现在介绍一个通用的图像编码系统模型，图 5-1 所示模型主要包括两个通过信道级联的结构模块：编码器和解码器。当一幅输入图像送入编码器后，编码器根据输入数据进行信源编码产生一组符号。这组符号在进一步被信道编码器编码后进入信道。通过信道传输后的码被送入解码器（先信道解码器，后信源解码器），解码器重建输出的图像。一般说来，输出图可能是但也可能不是输入图的精确复制。如果是，则称系统是无失真的或者说是信息保持型的；如果不是，则重建的输出图像中有一定的失真，此时称系统是信息损失型的。

图 5-1 中的编码器和解码器都包括两个子模块。编码器由一个用来去除输入冗余的信源编码器和一个用来增强信源编码器输出抗噪声能力的信道编码器构成。解码器则由与编码器对应的一个信道解码器接一个信源解码器构成。如果信道没有噪声，信道编码器和信道解码器都不需要，此时图 5-1 中的编码器和解码器将分别只包含信源编码器和信源解码器。

图 5-1　一个通用图像编码系统模型

2. 信源编码器和信源解码器

信源编码器的作用是减少或消除输入图像中编码冗余、像素间冗余及心理视觉冗余。尽管信源编码器的结构与具体应用和对保真度的要求有关，但一般情况下，信源编码器包括顺序的三个独立操作，而对应的信源解码器仅包含反序的两个独立操作（见图 5-2）。

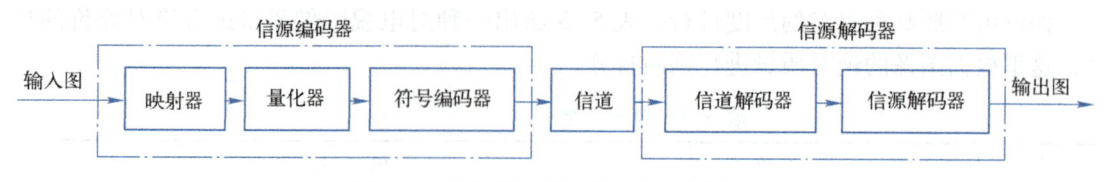

图 5-2　信源编码器和信源解码器模型

在信源编码器中，映射器将输入数据变换以减少像素间冗余。这个操作一般是可反转的，它可以直接减少也可以不直接减少表达图像的数据，这与具体编码技术有关。量化器根据给定的保真度准则减少映射器输出的精确度。这个操作可以减少心理视觉冗余，但不可以反转，所以不可用在无失真压缩信源编码器中。符号编码器产生表达量化器输出的码本，并根据码本映射输出。一般情况下采用变长码来表达映射和量化后的数据。它通过将最短的码赋给最频繁出现的输出值以减少编码冗余。这个操作是可反转的。

需要指出，并不是所有的信源编码器都一定包含以上三个子模块。例如无失真信源编码器就不能有量化器，另外有些压缩技术常把上述物理上可分离的子模块结合起来。

图 5-2 中信源解码器只包括两个子模块。它们以与信源编码器中相反的排列次序分别进行符号编码和映射的逆操作（符号解码和反映射）。因为量化操作是不可反转的，所以信源解码器中，没有对量化的逆操作。

5.1.4　信息论的基础理论

信息论是研究解码器的理论基础（信息论的基础可回溯到香农早期文献）。信息论给出了图像压缩的最终极限（也即熵）和图像传输率的最终极限（也即信道容量）。以下简单介绍与编码器密切相关的信息论的一些定义和概念。

对一个随机事件 E，如果它的出现概率是 $P(E)$，那么它包含的信息为

$$I(E) = \log_2 \frac{1}{P(E)} = -\log_2 P(E) \tag{5-12}$$

式中，$I(E)$ 为 E 的自信息。如果 $P(E)=1$（即事件总发生），那么 $I(E)=0$。

式（5-12）中所用对数的底数确定了用来测量信息的单位。如果底数是 2，得到的信息单位就是 1 bit（注意 bit 也是数据量的单位）。当两个相等可能性的事件之一发生时，其信息量就是 1 bit。

信息论中的一个重要概念是熵。一个随机变量 X 的熵定义为

$$H(X) = -\sum P(x) \log_2 P(x) \tag{5-13}$$

式中，$P(x)$ 为 X 的概率密度函数。这里对数以 2 为底，这样熵就用 bit 为单位来测量。熵是对随机变量的平均不确定性的一个测度。它在数值上等于为描述随机变量所需的平均位数。例如，设一个随机变量有 16 个概率相同的取值，如对每个取值赋一个标记，就需要用一个 4 bit 的字符串。该随机变量的熵是 4 bit，与需要描述该随机变量的位数相同。

对一个随机变量来说，它的熵也称为自信息。对两个随机变量来说，它们之间的互信息是一个变量由于另一个变量而不确定性减少的量度。它反映了两个变量互相依赖的程度，其

值总是非负数的，且对两个变量是对称的。最后，条件信息是一个变量在给定另一个变量时的熵。

一个简单的信息系统示意图如图 5-3 所示。信源通过信道与信宿（即信息用户）连通以传递自信息。系统的一个主要参数是信道的容量，即传递信息的能力。

图 5-3 简单的信息系统示意图

设信源能从一个有限或无穷可数的符号集合中产生一个随机符号序列，即信源的输出是一个离散随机变量。这个集合 $\{a_1, a_2, \cdots, a_J\}$ 称为信源符号集 A，其中，J 指信号源中信源符号的总个数，每个元素 a_j 称为信源符号。信源产生符号 a_j 这个事件的概率是 $P(a_j)$，且

$$\sum_{j=1}^{J} P(a_j) = 1 \qquad (5\text{-}14)$$

如再令 $\boldsymbol{u} = [P(a_1) \quad P(a_2) \quad \cdots \quad P(a_J)]^{\mathrm{T}}$，则用 $(A, \boldsymbol{u})$ 可以完全描述信源。

产生单个信源符号 a_j 时的自信息是 $I(a_j) = -\log_2(a_j)$。如果产生 k 个信源符号，符号 a_j 平均来说将产生 $kP(a_j)$ 次，而由此得到的自信息将是 $-kP(a_1) \times \log_2 P(a_1) - kP(a_2) \times \log_2 P(a_2) \cdots -kP(a_J) \times \log_2 P(a_J)$。如将每个信源输出的平均信息记为 $H(\boldsymbol{u})$，则

$$H(\boldsymbol{u}) = -\sum_{j=1}^{J} P(a_j) \log_2 P(a_j) \qquad (5\text{-}15)$$

式中，$H(\boldsymbol{u})$ 为信源的熵或不确定性，它定义了观察到单个信源符号输出时所获得的平均信息量。如果信源各符号的出现概率相等，则式（5-15）的熵达到最大，信源此时提供最大可能的每信源符号平均信息量。

因为信源的输出是一个离散随机变量，所以信道的输出也是一个离散随机变量，它也从一个有限或无穷可数的符号集合中得到。这个集合 $\{b_1, b_2, \cdots, b_k\}$ 称为信道符号集 B。某个符号 b_k 输给信宿的概率是 $P(b_k)$。如再令 $\boldsymbol{v} = [P(b_1) \quad P(b_2) \quad \cdots \quad P(b_k)]^{\mathrm{T}}$，则 $(B, \boldsymbol{v})$ 能完全描述信道输出和用户接收到的信息。

给定信道的输出概率 $P(b_k)$ 和信源 $\boldsymbol{u}$ 的概率分布由下式联系在一起：

$$P(b_k) = \sum_{j=1}^{J} P(b_k | a_j) P(a_j) \qquad (5\text{-}16)$$

式中，$P(b_k | a_j)$ 为在信源符号 a_j 产生条件下输出符号 b_k 被接收到的概率。如果将式（5-16）中的条件概率放入一个 $K \times J$ 的正向信道传递矩阵 $\boldsymbol{Q}$（其元素 $q_{kj} = P(b_k | a_j)$ 为条件概率）：

$$\boldsymbol{Q} = \begin{bmatrix} P(b_1|a_1) & P(b_1|a_2) & \cdots & P(b_1|a_j) \\ P(b_2|a_2) & P(b_2|a_2) & \cdots & P(b_2|a_j) \\ \vdots & \vdots & & \vdots \\ P(b_k|a_1) & P(b_k|a_2) & \cdots & P(b_k|a_j) \end{bmatrix} \qquad (5\text{-}17)$$

则输出符号集的概率分布可由下式计算：

$$\boldsymbol{v} = \boldsymbol{Q}\boldsymbol{u} \qquad (5\text{-}18)$$

式（5-16）确定了接收到任意符号 b_k 时信源的分布，所以对应每个 b_k 有一个条件熵函数：

$$H(\boldsymbol{u}|b_k) = -\sum_{j=1}^{J} P(a_j|b_k)\log_2 P(a_j|b_k) \tag{5-19}$$

式中，$P(a_j|b_k)$为在输出符号b_k收到的条件下信源符号a_j产生的概率。$H(\boldsymbol{u}|b_k)$对所有b_k的期望平均值是

$$H(\boldsymbol{u}|\boldsymbol{v}) = \sum_{k=1}^{K} H(\boldsymbol{u}|b_k)P(b_k) = -\sum_{j=1}^{J}\sum_{k=1}^{K} P(a_j,b_k)\log_2 P(a_j|b_k) \tag{5-20}$$

式中，$P(a_j,b_k)$为a_j和b_k的联合概率，即a_j产生且b_k收到的概率。对一个信源符号来说，$H(\boldsymbol{u}|\boldsymbol{v})$是产生一个源符号，并观察到由此而产生的输出符号的平均信息（条件信息量总平均值）。$H(\boldsymbol{u})$和$H(\boldsymbol{u}|\boldsymbol{v})$的差是观察到单个输出符号而接收到的平均信息，也称为$\boldsymbol{u}$和$\boldsymbol{v}$的互信息，可以记为

$$I(\boldsymbol{u},\boldsymbol{v}) = H(\boldsymbol{u}) - H(\boldsymbol{u}|\boldsymbol{v}) = \sum_{j=1}^{J}\sum_{k=1}^{K} P(a_j,b_k)\log_2 \frac{P(a_j,b_k)}{P(a_j)P(b_k)}$$

$$= \sum_{j=1}^{J}\sum_{k=1}^{K} P(a_j)q_{kj}\log_2 \frac{q_{kj}}{\sum_{i=1}^{J} P(a_i)q_{ki}} \tag{5-21}$$

式（5-21）表明互信息是$\boldsymbol{u}$和$\boldsymbol{Q}$的函数。当输入和输出符号统计独立时，$I(\boldsymbol{u},\boldsymbol{v})$取得最小值 0。而$I(\boldsymbol{u},\boldsymbol{v})$对所有信源分布$\boldsymbol{u}$的最大值就是信道容量$C$，且

$$C = \max[I_u(\boldsymbol{u},\boldsymbol{v})] \tag{5-22}$$

信道容量是信息可靠地通过信道传输的最大速率。一个给定信道的容量与信源的输入概率无关（即与信道如何使用无关），它只是确定信道特性的条件概率的函数。

5.2 无损压缩编码

5.2.1 基本编码定理

在图 5-3 所示的信源和信宿之间插入一个编码器和一个解码器就得到图 5-4 所示的传输系统。如果信道和传输系统都没有误差，传输系统的主要功能就是尽可能有效地表达信源。无失真编码定理（也叫香农第一定理）确定每个信源符号可达到的最小平均码字长度。

信源 → 编码器 → 信道 → 解码器 → 信宿

图 5-4 简单的信息传输系统示意图

用$(A,\boldsymbol{u})$描述，且信源符号统计的信源称为零记忆信源。如果它的输出是由信源符号集得到的一组n个符号（而不是单个符号），则信源输出是一个块（组）随机变量。它取所有n个元素系列的集合$A' = \{a_1, a_2, \cdots, a_{j^n}\}$的$J^n$个值中的一个。这个值记为$a_i$，$a_i$由$A$中的$n$个符号组成。信源产生$a_i$的概率是$P(a_i)$，它与单符号概率$P(a_j)$的关系为

$$P(a_i) = P(a_{j1})P(a_{j2})\cdots P(a_{jn}) \tag{5-23}$$

其中增加的第 2 个下标 1，2，…，n是为了指示要组成一个a_i，而由A中取的n个符号。如果令$\boldsymbol{u}' = [P(a_1) \quad P(a_2) \quad \cdots \quad P(a_{jn})]^T$，则信源的熵为

$$H(\boldsymbol{u}') = -\sum_{j=1}^{j^n} P(a_i)\log_2 P(a_i) = nH(\boldsymbol{u}) \tag{5-24}$$

由此可见，产生块随机变量的零记忆信源的熵是对应单符号信源的 n 倍。它可以看作是单符号信源的 n 阶扩展。

因为信源输出 a_i 的自信息是 $\log_2[1/P(a_i)]$，所以可用长度为 $l(a_i)$ 的整数码字来对 a_i 编码，$l(a_i)$ 需满足

$$-\log_2 P(a_i) \le l(a_i) \le -\log_2 P(a_i) + 1 \tag{5-25}$$

根据式（5-4）和式（5-24），将式（5-25）各项乘以 $P(a_i)$ 并对所有 i 求和可得

$$H(\boldsymbol{u}') \le L'_{avg} = \sum_{i=1}^{j^n} P(a_i) l(a_i) < H(\boldsymbol{u}') + 1 \tag{5-26}$$

式中，L'_{avg} 表示对应单符号信源的 n 阶扩展信源的码字平均长度。由式（5-24），将式（5-26）除以 n，并取极限得到

$$\lim_{n\to\infty}\left(\frac{L'_{avg}}{n}\right) = H(\boldsymbol{u}) \tag{5-27}$$

式（5-27）可被称为对零记忆信源的香农第一定理。它表明通过对信源的无穷长扩展的编码，可以使 L'_{avg}/n 任意接近 $H(\boldsymbol{u})$。尽管在以上推导中假设信源符号统计独立，但结果也很容易推广到更一般的信源，例如 m 阶马尔可夫源（源中每个信源符号的产生与先前 m 个有限数量的符号有关）。因为 $H(\boldsymbol{u})$ 是 L'_{avg}/n 的下限，所以一个给定编码方案的效率 η 可定义为

$$\eta = n\frac{H(\boldsymbol{u})}{L'_{avg}} \tag{5-28}$$

效率总是小于等于 1 的，所以也可以说无损信源编码的平均码字长度（平均比特率）可以接近信源的熵，但不能小于信源的熵。这就是无损信源压缩的极限。

5.2.2 霍夫曼编码

霍夫曼编码是消除编码冗余最常用的技术。当对信源符号逐个编码时，霍夫曼编码能给出最短的码字。根据无失真编码定理，霍夫曼编码方式对固定阶数的信源是最优的。霍夫曼是 20 世纪 50 年代提出的一种基于统计的无损压缩编码方法，它利用变长的码来使冗余量达到最小。通过一个二叉树来编码，使常出现的字符用较短的码表示，不常出现的字符用较长的码表示。这些代码都是二进制码，且码的长度是可变的。例如，有一个原始数据序列 ABACCDAA，则编码为 A(0)，B(10)，C(110)，D(111)，压缩后为 010011011011100。静态霍夫曼编码使用一个依据字符出现的概率事先生成好的编码树进行编码。而动态霍夫曼编码需要在编码的过程中建立编码树，需要对原始数据扫描两遍，第一遍扫描要精确的统计出原始数据中的每个值出现的频率，第二遍是建立霍夫曼编码树进行编码。设原始信源有 M 个消息，即

$$X = \begin{bmatrix} u_1 & u_2 & u_3 & \cdots & u_M \\ P_1 & P_2 & P_3 & \cdots & P_M \end{bmatrix} \tag{5-29}$$

可以用以下步骤编出霍夫曼码：
1）把 X 中的消息按概率从大到小顺序排列，即 $P_1 \ge P_2 \ge P_3 \ge \cdots \ge P_M$。

2）把最后两个出现概率最小消息合成一个消息，从而使信源的消息减少一个，并同时再次将信源中的消息的概率从大到小排列一次，得到

$$X' = \begin{bmatrix} u'_1 & u'_2 & u'_3 & \cdots & u'_{M-1} \\ P'_1 & P'_2 & P'_3 & \cdots & P'_{M-1} \end{bmatrix} \quad (5-30)$$

3）重复上面的步骤，直到信源最后为 X^0 形式为止。

$$X^0 = \begin{bmatrix} u^0_1 & u^0_2 \\ P^0_1 & P^0_2 \end{bmatrix} \quad (5-31)$$

4）将被合成的消息分别赋予 1 和 0 或 0 和 1。

通过上面步骤就可以构成最优变长码（霍夫曼码）。

例 5-1 设原始数据序列概率为 U：

U：$(a_1 \quad a_2 \quad a_3 \quad a_4 \quad a_5 \quad a_6) = (0.1 \quad 0.4 \quad 0.06 \quad 0.1 \quad 0.04 \quad 0.3)$

将原始数据序列按其概率从大到小的顺序排列，将概率最小的两个符号 a_3 和 a_5 分别指定为"0"和"1"，接着将它们的概率相加再与原来的组合并重新排列成新的排序，然后继续给概率最小的两个符号分别指定为"0"和"1"，继续再做概率相加并重新按概率大小排序，直到最后 $U^0 = (0.6 \quad 0.4)$，分别指定为"0"和"1"为止，其编码过程如图 5-5 所示。

符号	概率	码字	1	2	3	4
a_2	0.4	1	0.4　1	0.4　1	0.4　1	0.6　0
a_6	0.3	00	0.3　00	0.3　00	0.3　00	0.4　1
a_1	0.1	011	0.1　011	0.2　010	0.3　01	
a_4	0.1	0100	0.1　0100	0.1　011		
a_3	0.06	01010	0.1　0101			
a_5	0.04	01011				

图 5-5 霍夫曼编码过程

这组码字的平均长度可由式（5-4）算得为 2.2 bit/符号。因为信源的熵由式（5-15）算得为 2.14 bit/符号，所以根据式（5-28），得到的哈夫曼码的效率为 0.973。

5.2.3 香农-法诺编码

香农-法诺（Shannon-Fano）编码也是一种常用的变长编码技术，其码字中的 0 和 1 是独立的，并且基本上等概率出现。它的主要步骤为：

1）将信源符号依其概率从大到小排列。

2）将尚未确定其码字的信源符号分为两部分，使两部分信源符号的概率和尽可能接近。

3）分别给两部分的信源符号组合赋值（可分别赋 0 和 1，也可分别赋 1 和 0）。

4）如果两部分均只有一个信源符号，编码结束，否则返回步骤 2）继续进行。

可以证明，对给定的信源符号集 $\{a_1, a_2, \cdots, a_j\}$，设信源符号 a_j 产生的概率是 $P(a_j)$，其码字长度为 L_j，如果满足下两式：

$$P(a_j) = 2^{-L_j} \tag{5-32}$$

$$\sum_{j=1}^{J} 2^{-L_j} = 1 \tag{5-33}$$

则香农-法诺编码效率可达到 100%。例如对信源符号集 $\{a_1, a_2, a_3\}$，设 $P(a_1) = 1/2$，$P(a_2) = P(a_3) = 1/4$，则香农-法诺编码得到的码集为 $\{0, 10, 11\}$，其效率为 100%。

下面以图 5-5 的信源为例进行香农-法诺编码，所得到的两种不同结果分别如图 5-6 和图 5-7 所示。注意虽然两图的编码结果不尽相同，但码字的平均长度是相同的，均为 2.2 bit/符号，效率也是相同的，均为 0.973。

初始信源		对信源符号逐步赋值					得到的码字
符号	概率	1	2	3	4	5	
a_2	0.4	0					0
a_6	0.3		0				10
a_1	0.1			0			110
a_4	0.1	1			0		1110
a_3	0.06		1	1		0	11110
a_5	0.04				1	1	11111

图 5-6　香农-法诺编码示例之一

初始信源		对信源符号逐步赋值				得到的码字
符号	概率	1	2	3	4	
a_2	0.4	0				0
a_6	0.3		0			10
a_1	0.1			0	0	1100
a_4	0.1	1			1	1101
a_3	0.06		1		0	1110
a_5	0.04			1	1	1111

图 5-7　香农-法诺编码示例之二

对比图 5-5 与图 5-6，可知这里香农-法诺编码的结果与霍夫曼编码的结果是一致的。但在有些情况下，霍夫曼编码结果与香农-法诺编码的结果不同，且效率会高一些。这两种码都要求对信源有一定的先验知识（如需知道各个信源符号产生的概率），否则编码性能会明显下降。另外，这两种码均缺乏构造性，即解码均需通过查表来进行，从而对存储器有一定的要求。

5.2.4　算术编码

算术编码是一种从整个符号序列出发，采用递推形式连续编码的方法。在算术编码中，一个算术码字要赋予整个信源符号序列（即不是一次编一个编号），而码字本身确定 0 和 1 之间的一个实数区间。随着符号序列中的符号数量增加，用来代替它的区间减小，而用来表达区间所需的信息单位（如位数）的数量变大。每个符号序列中的符号根据出现的概率而减小区间的长度，概率大的保留较大的区间，概率小的保留较小的区间。与霍夫曼编码不同，这里不需要将每个信源符号转化成整数个码字（源符号和码字之间并没有一一对应的关系），所以理论上它可达到无失真编码定理给出的极限。

图 5-8 给出一个算术编码过程的示例，其中要编码的是来自一个 4-符号信源 $\{a_1, a_2, a_3, a_4\}$ 的由 5 个符号组成的符号序列：$b_1 b_2 b_3 b_4 b_5 = a_1 a_2 a_3 a_3 a_4$。

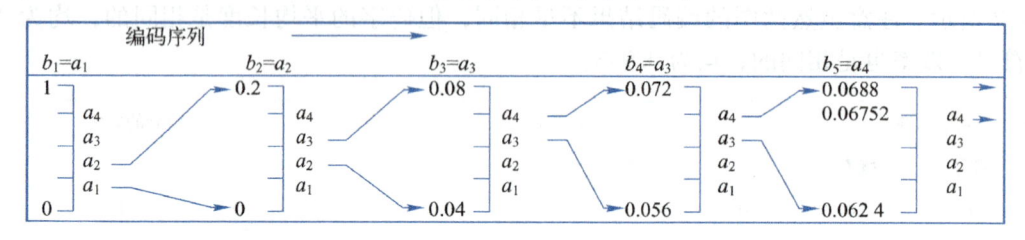

图 5-8　算术编码过程图解

设已知各个信源的概率为：$p(a_1) = 0.2, p(a_2) = 0.2, p(a_3) = 0.4, p(a_4) = 0.2$。在编码开始时，设符号序列占据整个开区间 $[0, 1)$，这个区间先根据各个信号源的概率分成 4 段。序列的第一个符号 $b_1 = a_1$ 对应 $[0, 0.2)$，编码时应将这个区间扩展为整个高度。这个新区间再根据各个信源符号的概率分成四段，然后对第二个符号 $b_2 = a_2$ 编码。它所对应的区间为 $[0.04, 0.08)$，将这个区间也扩展为整个高度。继续这个过程直到最后一个信源符号。这最后一个信源符号也用来作为符号序列结束的标志。编完最后一个符号后，得到一个区间 $[0.06752, 0.0688]$，任何一个该区间内的实数，如 0.068 就可用来表示整个符号序列。

算数编解码系统的特点是解码过程也可借助编码过程来进行。解码器的输入是信源各符号的概率和表示整个符号序列的一个实数（码字）。解码时仍可参见图 5-8，先将各符号根据出现概率排好，然后根据所给码字选择信源符号进行算术编码，直到全部编好（确定出码字所在的区域），最后一次取编码所用的符号，就得到编码序列。

在算术编码过程中只用到加法和移位运算，这就是其名称的由来。在图 5-8 中由算术编码得到的符号序列里使用了有 3 位有效数字的一个十进制数表示有 5 个符号的符号序列。这对应平均每个信源符号用 0.6 个十进制数，相当接近信源的熵。当需要编码的符号序列的长度增加时，运用算术编码得到的码将会更接近由无失真编码定理确定的极限。需要注意，在实际应用中有两个因素会影响编码性能而达不到理论极限：①为了分开各个符号序列，需要加序列结束标志；②算术操作的精度是有限的。

例 5-2　二元序列的二进制算术编码。

设有一个零记忆信源，它的信源符号集为 $A = \{a_1, a_2\} = \{0, 1\}$，符号产生概率分别为 $p(a_1) = 1/4, p(a_2) = 3/4$。对序列 11111100，它的二进制算术编码码字是 $(0.1101010)_2$，因为这里需编码的序列长为 8 位，所以一定要把半开区间 $[0, 1)$ 分成 256 个小区间，以对应一个可能的序列。由于任一个码字必在某个特定的区间，所以解码具有唯一性。

5.3　限失真编码

以上所讨论的编码方法主要都是无损编码方法。在许多实际应用中，为取得高的压缩率，常使用一些有损的编码方法。与图像增强技术对应，在图像编码过程中也有对应空域技术的预测编码方法和对应频域技术的变换编码方法。

本节先介绍信息率理论从而给出信息率失真定理；然后介绍预测编码方法，包括无损预测编码和有损预测编码，对有损预测编码，分别讨论最优预测和最优量化的问题；最后讨论正交变换编码。

5.3.1 信息率失真定理

现在考虑如果图 5-3 中的信道没有误差但传输过程有失真的情况。此时传输系统的主要功能就是数据压缩。在多数情况下，由于压缩而产生的平均误差被限制在某个最大允许的水平 D。在给定保真度准则的前提下，如何来确定最小的 R 呢？这个问题需用信源编码定理（也称信息率失真定理）来回答。该定理将对固定字长编码方案的失真（重建误差）D 与编码所用的数据率（如每像素位数）R 联系在一起。尽管它没有指出最优码的形式，但它提供了获得最好性能条件的线索。

考虑一个有损压缩的情况，令 $f(x,y)$ 代表原始图，$\hat{f}(x,y)$ 代表重建的图，可以使用重建的均方误差来表示失真：

$$D = E\{[\hat{f}(x,y) - f(x,y)]^2\} \tag{5-34}$$

可以证明，重建误差的熵有如下的上限：

$$H[f(x,y) - \hat{f}(x,y)] \leq \frac{1}{2}\log_2(2\pi e D_{\max}) \tag{5-35}$$

式（5-35）的等号仅在差值图像具有统计上独立的像素和满足高斯概率密度函数时成立。换句话说，最好的编码方案将产生仅具有高斯白噪声的图像。所以，可以通过检查原始图和重建图的差值图来主观地评价编码的效果，如果在差值图中能看到任何可辨别的结构，则说明编码没有达到最优。

要使对信源编码的平均误差小于 D，需建立将失真值定量赋给信源输出的每个可能近似的规则。对非扩展源，可用一个称为失真量度的非负函数 $\rho(a_j, b_k)$ 去确定利用解码输出 b_k 以重新产生信源输出 a_j 的代价。因为信源输出是随机的，所以失真也是一个随机变量。失真的平均值 $d(\boldsymbol{Q})$ 可表示为

$$d(\boldsymbol{Q}) = \sum_{j=1}^{J} \sum_{k=1}^{K} \rho(a_j, b_k) P(a_j, b_k) = \sum_{j=1}^{J} \sum_{k=1}^{K} \rho(a_j, b_k) P(a_j) q_{kj} \tag{5-36}$$

当且仅当 $\boldsymbol{Q}$ 对应的平均失真小于或等于 D 时，可以说编码-解码过程的允许失真为 D。所有允许失真为 D 的编码-解码过程的集合是

$$\boldsymbol{Q}_D = \{q_{kj} \mid d(\boldsymbol{Q}) \leq D\} \tag{5-37}$$

因而可进一步定义一个率失真函数

$$R(D) = \min_{\boldsymbol{Q} \in \boldsymbol{Q}_D} [I(\boldsymbol{u}, \boldsymbol{v})] \tag{5-38}$$

它对所有允许失真为 D 的码本取式（5-21）的最小值。因为 $I(\boldsymbol{u},\boldsymbol{v})$ 是矢量 $\boldsymbol{u}$ 中概率和矩阵 $\boldsymbol{Q}$ 中元素的函数，所以最小值是对整个 $\boldsymbol{Q}$ 取的。如果 $D=0$，$R(D)$ 小于或等于信源的熵。

式（5-38）给出了在平均失真小于或等于 D 时，信源必须传送给信宿的最小平均信息量。为计算 $R(D)$，可通过合理选择 $\boldsymbol{Q}$ 以求取 $I(\boldsymbol{u},\boldsymbol{v})$ 的最小值，此过程要满足以下 3 个约

束条件：

$$q_{kj} \geq 0 \tag{5-39}$$

$$\sum_{k=1}^{K} q_{kj} = 1 \tag{5-40}$$

$$d(\boldsymbol{Q}) = D \tag{5-41}$$

式（5-39）和式（5-40）给出 $\boldsymbol{Q}$ 的基本性质：① $\boldsymbol{Q}$ 的元素必须是正的；② 因为对任一产生的输入符号总会接收到一些输出，所以 $\boldsymbol{Q}$ 的任一列之和为 1。式（5-41）指出，如果允许最大可能的失真，就可获得最小的信息率。

例 5-3 扩展编码的信息率失真函数。

设有一个零记忆信源，它的信源符号集为 $A = \{0, 1\}$，且两个符号的概率相等。现设失真量度函数为 $\rho(a_j, b_k) = 1 - \delta_{jk}$，其中 δ_{jk} 为脉冲函数，则每个编码-解码误差都记为单位失真。令 $\mu_1, \mu_2, \cdots, \mu_{J+1}$ 为拉格朗日乘数，则扩展（Augmented）准则函数为

$$J(\boldsymbol{Q}) = I(\boldsymbol{u}, \boldsymbol{v}) - \sum_{j=1}^{J} \mu_j \sum_{k=1}^{K} q_{kj} - \mu_{J+1} d(\boldsymbol{Q}) \tag{5-42}$$

将其对 q_{jk} 的求导置为 0，并与对应式（5-35）和式（5-36）的 $J+1$ 个方程联解，最后可得

$$\boldsymbol{Q} = \begin{bmatrix} 1-D & D \\ D & 1-D \end{bmatrix} \tag{5-43}$$

因为信源符号概率相等，所以最大失真为 1/2，由此可知 $0 \leq D \leq 1/2$，且 $\boldsymbol{Q}$ 对所有 D 满足式（5-21）。根据 $\boldsymbol{Q}$ 和二元对称信道矩阵的相似性，有 $I(\boldsymbol{u}, \boldsymbol{v}) = 1 - H_{bs}(D)$，再根据式（5-41）可得信息率失真函数

$$R(D) = \min_{\boldsymbol{Q} \in \boldsymbol{Q}_D} [1 - H_{bs}(D)] = 1 - H_{bs}(D) \tag{5-44}$$

式（5-44）中第 2 个等号成立是由于对给定 D，$1 - H_{bs}(D)$ 只有一个值，所以也是最小值。$R(D)$ 的曲线可参见图 5-9。这个信息率失真函数是很典型的：$R(D)$ 总是正的，单减的，在 $[0, D_{max}]$ 区间下凸。另外 $R(D)$ 在 $D < 0$ 时不存在，而在 $D \geq D_{max}$ 时有 $R(D) = 0$。如果一种编码方法的数据率 R 小于信息率失真函数 $R(D)$，那么平均失真一定会大于 D。所以信息率失真曲线给出一个码率下限。

对简单的信源和失真量度，有可能解析地计算信息率失真函数，否则需要用能收敛的迭代算法。信源编码定理表明，对任意的 $\varepsilon > 0$，总存在 $R < R(D) + \varepsilon$ 使得每符号平均失真满足 $d(\boldsymbol{Q}) \leq D + \varepsilon$。

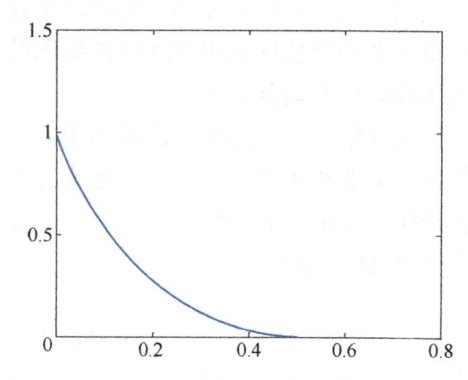

图 5-9 零记忆二元对称信源的信息率失真函数

当 $f(x, y)$ 具有统计上独立的像素和高斯概率密度函数时，信息率失真函数为

$$R(D) = \frac{1}{2} \max \left[\log \left(\frac{\sigma^2}{D} \right), 0 \right] \tag{5-45}$$

式中，σ^2 为高斯概率密度函数的方差。此时，$\text{SNR} = 10 \log_{10} \left(\frac{\sigma^2}{D} \right)$。

实际图像常具有相关的像素，其概率密度函数也未必是高斯的。所以上面的情况对应最困难的编码情况。在图像中像素相关时，可以使用图像的自相关系数来描述图像，也可以使用图像的功率谱（即自相关函数的傅里叶变换）来描述图像。对相关高斯图像，不能写出其率失真函数的解析形式，但可将信息率失真和数据率都写成参数 q（$q \geqslant 0$）的函数为

$$D(q) = \frac{1}{4\pi^2} \int_{-\infty}^{\infty} \int_{-\infty}^{\infty} \min[q, P_f(u,v)] \mathrm{d}u \mathrm{d}v \qquad (5\text{-}46)$$

$$R(q) = \frac{1}{8\pi^2} \int_{-\infty}^{\infty} \int_{-\infty}^{\infty} \max\left[0, \log_{10}\left(\frac{P_f(u,v)}{q}\right)\right] \mathrm{d}u \mathrm{d}v \qquad (5\text{-}47)$$

式中，$P_f(u,v)$ 为 $f(x,y)$ 的功率谱。

如果 $f(x,y)$ 具有高斯概率密度函数和指数下降的自相关函数，那么它的信息率失真—SNR 曲线在比特率较大时低于不相关高斯概率密度图像约 2.3 bit（见图 5-5）。也即通过利用相邻像素间的相关性可以使每个像素的失真减少两个多位。

5.3.2 预测编码

1. 无损预测编码

预测编码的基本思想是通过仅提取每个像素中的新信息并对它们编码来消除像素间的冗余。这里每一个像素的新信息定义为该像素的当前或现实值与预测值之间的差。注意：正是由于像素间具有相关性，所以才使预测值成为可能。

一个预测编码系统主要是由一个编码器和一个解码器组成，如图 5-10 所示。

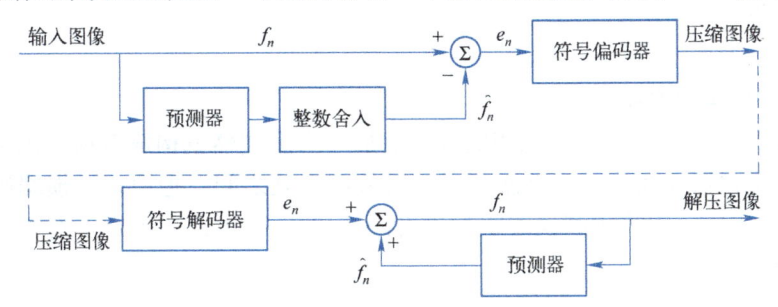

图 5-10 无损预测编码系统

它们各有一个相同的预测器。当输入图像的像素序列 $f_n(n=1,2,\cdots)$ 逐个进入编码器时，预测器根据若干个过去的输入像素的值作为预测器的输出（估计值）。预测器的输出舍入成近似的整数 $\hat{f}_n$ 并被用来计算预测误差，即

$$e_n = f_n - \hat{f}_n \qquad (5\text{-}48)$$

这个误差用符号编码器借助变长码进行编码以产生压缩数据流的下一个元素。然后解码器根据接收到的变长码字重建 e_n，并执行下列操作：

$$f_n = e_n + \hat{f}_n \qquad (5\text{-}49)$$

在多数情况下，可通过将 m 个先前的像素进行线性组合以得到预测：

$$\hat{f}_n = \mathrm{round}\left(\sum_{i=1}^{m} a_i f_{n-i}\right) \qquad (5\text{-}50)$$

式中，m 为线性预测器的阶；round 是舍入函数；a_i 是预测系数。在式（5-48）~式（5-50）

中的 n 可认为指示了图像的空间坐标，这样在 1-D 线性预测编码中，式（5-50）可写为

$$\hat{f}_n = \text{round}\left[\sum_{i=1}^{m} a_i f(x, y-i)\right] \tag{5-51}$$

根据式（5-51），1-D 线性预测 $\hat{f}(x,y)$ 仅是当前行扫描到的先前像素函数。而在 2-D 线性预测编码中，预测是对象从左向右，从上向下进行扫描时所扫描的先前像素的函数。在 3-D 线性预测时，预测基于上述像素和前一帧的像素。根据式（5-51），每行的最开始 m 个像素无法（预测）计算，所以这些像素需要用其他方式编码。这是采用预测编码所需的额外操作。在高维情况时也有类似开销。

最简单的 1-D 线性预测编码是一阶的（$m=1$），此时，

$$\hat{f}_n(x,y) = \text{round}[af(x,y)] \tag{5-52}$$

式（5-52）表示的预测器也称为前值预测器，所对应的预测编码方法也称为差值编码或前值编码。

在无损预测编码中所取得的压缩量与将输入图映射进预测误差序列所产生的熵减少量直接有关。通过预测可消除相当多的像素间冗余，所以预测误差的概率密度函数一般在零点有一个高峰，并且与输入灰度值分布相比，其方差较小。事实上，预测误差的概率密度函数一般用零均值不相关拉普拉斯概率密度函数表示，即

$$p_e(e) = \frac{1}{\sqrt{2}\sigma_e} \exp\left(\frac{-\sqrt{2}|e|}{\sigma_e}\right) \tag{5-53}$$

式中，σ_e 是误差 e 的均方差。

2. 有损预测编码

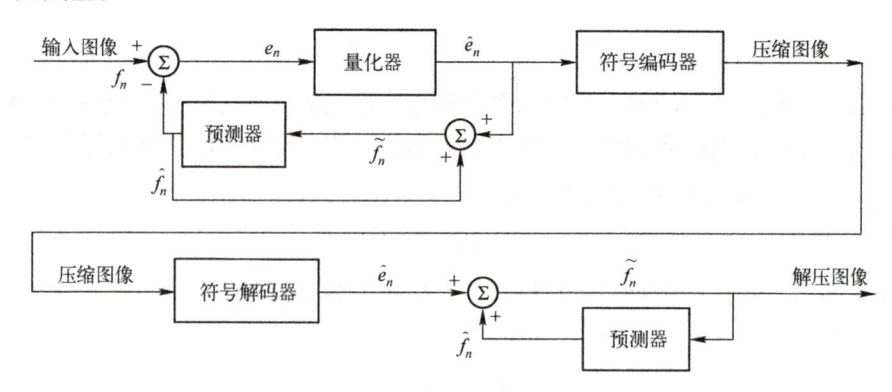

（1）有损预测编码系统

在图 5-10 所示无损预测编码系统的基础上加一个量化器就构成有损预测编码系统，如图 5-11 所示。量化器插在符号编码器和预测误差产生处之间，把原来无损编码器中的整数舍入模块吸收了进来。它将预测误差映射进有限个输出 $\hat{e}_n$ 中，$\hat{e}_n$ 确定了有损预测编码中的压缩量和失真量。

图 5-11 有损预测编码系统

为接纳量化步骤，需要改变图 5-10 中的无损编码器以使编码器和解码器所产生的预测能相等。为此在图 5-11 中将有损编码器的预测器放在一个反馈环中。这个环的输入是过去预测和与其对应的量化误差的函数，即

$$\tilde{f}_n = \hat{e}_n + \hat{f}_n \tag{5-54}$$

这样一个闭环结构能防止在解码器的输出端产生误差。这里解码器的输出（即解压图像）也由式（5-54）给出。

德尔塔调制（DM）是一种简单的有损预测编码方法，其预测器和量化器分别定义为

$$\hat{f}_n = a\tilde{f}_{n-1} \tag{5-55}$$

$$\hat{e}_n = \begin{cases} +c & e_n > 0 \\ -c & \text{其他} \end{cases} \tag{5-56}$$

式中，a 为预测系数（一般小于等于 1）；c 是一个正的常数。因为量化器的输出可用单个位符表示（输出只有两个值），所以图 5-10 里编码器中的符号编码器只用长度固定为 1 bit 的码。由 DM 方法得到的码率是 1 bit/像素。

（2）最优预测

在绝大多数预测编码中用到的最优预测器在满足限制条件

$$\tilde{f}_n = \hat{e}_n + \hat{f}_n \approx e_n + \hat{f}_n = f_n \tag{5-57}$$

$$\hat{f}_n = \sum_{i=1}^{m} a_i f_{n-1} \tag{5-58}$$

的情况下能最小化编码器的均方预测误差为

$$E\{e_n^2\} = E\{(f_n - \hat{f}_n)^2\} \tag{5-59}$$

这里的最优准则是最小化均方预测误差，设量化误差可以忽略（$\hat{e}_n \approx e_n$），并用 m 个先前像素的线性组合进行预测。上述限制并不是必需的，但它们都极大地简化了分析，也减少了预测器的计算复杂性。基于这些条件的预测编码方法称为差值脉冲调制法（DPCM）。在满足这些条件时，最优预测器设计的问题简化为比较直观地选择 m 个预测系数以最小化下式的问题：

$$E\{e_n^2\} = E\left\{\left(f_n - \sum_{i=1}^{m} a_i f_{n-i}\right)^2\right\} \tag{5-60}$$

如果对式（5-59）中每个系数求导，使结果等于 0，并在设 f_n 均值为 0 和方差为 σ^2 的条件下解上述联立方程就可得到

$$\boldsymbol{a} = \boldsymbol{R}^{-1}\boldsymbol{r} \tag{5-61}$$

式中，$\boldsymbol{R}^{-1}$ 是下列 $m \times m$ 自相关矩阵的逆矩阵，

$$\boldsymbol{R} = \begin{bmatrix} E\{f_{n-1}f_{n-1}\} & E\{f_{n-1}f_{n-2}\} & \cdots & E\{f_{n-1}f_{n-m}\} \\ E\{f_{n-2}f_{n-1}\} & \vdots & \cdots & \vdots \\ \vdots & \vdots & \ddots & \vdots \\ E\{f_{n-m}f_{n-1}\} & E\{f_{n-m}f_{n-2}\} & \cdots & E\{f_{n-m}f_{n-m}\} \end{bmatrix} \tag{5-62}$$

$\boldsymbol{r}$ 和 $\boldsymbol{a}$ 都是具有 m 个元素的矩阵，

$$\begin{aligned} \boldsymbol{r} &= [E\{f_n f_{n-1}\} \quad E\{f_n f_{n-2}\} \quad \cdots \quad E\{f_n f_{n-m}\}]^T \\ \boldsymbol{a} &= [a_1 a_2 \cdots a_m]^T \end{aligned} \tag{5-63}$$

可见，对任意输入图，能最小化式（5-60）的系数仅依赖于原始图中像素的自相关，可通过一系列基本的矩阵操作得到。当使用这些最优系数时，预测误差的方差为

$$\sigma_e^2 = \sigma^2 - \boldsymbol{a}^T \boldsymbol{r} = \sigma^2 - \sum_{i=1}^{m} E\{f_n f_{n-1}\} a_i \qquad (5\text{-}64)$$

尽管式（5-61）相当简单，但为获得 $\boldsymbol{R}$ 和 $\boldsymbol{r}$ 所需的自相关系数计算通常很困难。实际中逐幅图像计算预测系数的方法很少用，一般都假设一个简单的图像模型并将其对应的自相关系数代入式（5-62）和式（5-63）以计算全局（所有图）系数。例如设一个 2-D 马尔可夫源具有可分离自相关函数

$$E\{f(x,y)f(x-i,y-i)\} = \sigma^2 \rho_v^i \rho_h^i \qquad (5\text{-}65)$$

并设用一个四阶线性预测器

$$\hat{f}(x,y) = a_1 f(x,y-1) + a_2 f(x-1,y-1) + a_3 f(x-1,y) + a_4 f(x+1,y-1) \qquad (5\text{-}66)$$

来预测，那么所得的最优系数为

$$a_1 = \rho_h \quad a_2 = -\rho_v \rho_h \quad a_3 = \rho_v \quad a_4 = 0 \qquad (5\text{-}67)$$

式中，ρ_h 和 ρ_v 分别为图像的水平和垂直相关系数。

通过给式（5-66）中的系数赋予不同的值，可得到不同的预测器。四个例子如下：

$$\hat{f}_1(x,y) = 0.97 f(x,y-1) \qquad (5\text{-}68)$$

$$\hat{f}_2(x,y) = 0.5 f(x,y-1) + 0.5 f(x-1,y) \qquad (5\text{-}69)$$

$$\hat{f}_3(x,y) = 0.75 f(x,y-1) + 0.75 f(x-1,y) - 0.5 f(x-1,y-1) \qquad (5\text{-}70)$$

$$\hat{f}_4(x,y) = \begin{cases} 0.97 f(x,y-1) & |f(x-1,y) - f(x-1,y-1)| \leq |f(x,y-1) - f(x-1,y-1)| \\ 0.97 f(x-1,y) & \text{其他} \end{cases} \qquad (5\text{-}71)$$

其中，式（5-71）给出的是一个自适应预测器，它通过计算图像的局部方向性来选择合适的预测值以达到保持图像边缘的目的。式（5-58）中的系数之和一般设为小于或等于 1，即

$$\sum_{i=1}^{m} a_i \leq 1 \qquad (5\text{-}72)$$

这个限制是为了使预测器的输出落入允许的灰度值范围和减少传输噪声的影响。传输噪声常使重建的图像上出现水平的条纹。减少 DPCM 解码器对输入噪声的敏感度是很重要的，因为在一定的条件下，只要有一个误差就能影响其后所有的输出而使输出不稳定。限定式（5-72）中的不等式为绝对不等式可以保证将输入误差的影响仅局限于若干个输出上。

（3）最优量化

先来看图 5-12，它给出一个典型的量化函数。这个阶梯状的函数 $t = q(s)$ 是 s 的奇函数。这个函数可完全由在第 I 象限的 $L/2$ 个 s_i 和 t_i 所描述。这些值给出的转折点确定了函数的不连续性并被称为量化器的判别和重建电平。按照惯例，将在半开区间 $(s_i, s_{i+1}]$ 的 s 映射给 t_{i+1}。

根据以上定义，量化器的设计就是要在给定优化准则和输入概率密度函数 $p(s)$ 的条件下选择最优的 s_i 和 t_i。优化准则可以是统计的或心理视觉的准

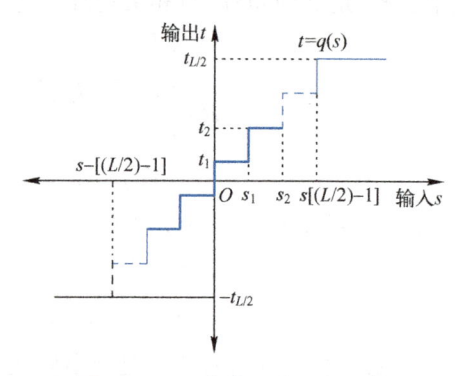

图 5-12 一个典型的量化函数

则。如果用最小均方量化误差（即 $E\{(s-t_i)^2\}$）作为准则，且 $p(s)$ 是个偶函数，那么最小误差条件为

$$\int_{s_{i-1}}^{s_i}(s-t_i)p(s)\mathrm{d}s=0 \quad i=1,2,\cdots,L/2 \tag{5-73}$$

其中，

$$s_i=\begin{cases}0 & i=0\\(t_i+t_{i+1})/2 & i=1,2,\cdots,L/2-1\\\infty & t_i=L/2\end{cases} \tag{5-74}$$

$$s_i=-s_{-i} \quad t_i=-t_{-i} \tag{5-75}$$

式（5-73）表明重建电平是所给定判断区间的 $p(s)$ 曲线下面积的重心，式（5-74）指出判别值正好为两个重建值的中值，式（5-75）可由 $q(s)$ 是一个奇函数而得到。对任意 L，满足式（5-73）~式（5-75）的 s_i 和 t_i 在均方误差意义下最优。与此对应的量化器称为 L 级（level）Lloyd-Max 量化器。表 5-4 给出对单位方差拉普拉斯概率密度函数［见式（5-53）］的 2、4、8 级 Lloyd-Max 判别和重建值。

因为对大多数 $p(s)$ 来说，要得到式（5-73）~式（5-75）的显式解是很困难的，所以表 5-4 是由数值计算得到的。这三个量化器分别给出 1 bit/像素、2 bit/像素和 3 bit/像素的固定输出率。对判别和重建值的方差 $\sigma\neq 1$ 的情况，可用表 5-4 给出的数据乘以它们的概率密度函数的标准差。表 5-4 的最后一行给出满足式（5-73）~式（5-75）和下列附加限制条件的步长 d：

$$d=t_i-t_{i-1}=s_i-s_{i-1} \tag{5-76}$$

表 5-4　具有单位方差拉普拉斯概率密度函数的 Lloyd-Max 量化器

级	2		4		8	
i	s_i	t_i	s_i	t_i	s_i	t_i
1	∞	0.707	1.102	0.395	0.504	0.222
2			∞	1.810	1.181	0.785
3					2.285	1.576
4					∞	2.994
d	1.414		1.087		0.731	

对实际图像的应用结果表明，2 级量化器所产生的由于斜率过载而造成的解码图中边缘模糊的程度比 4 级和 8 级量化器的程度要高。

如果在图 5-10 预测编码器中的符号编码器里使用变长码，那么具有步长 d 的最优均匀量化器在具有相同输出可靠性的条件下能提供比固定长度编码的 Lloyd-Max 量化器更低的码率。尽管 Lloyd-Max 量化器和最优均匀量化器都不是自适应的，但如果根据图像局部性质调节量化值也能提高效率。理论上讲，可以较细量化缓慢变化区域而较粗量化快速变化区域，这可同时减少颗粒噪声和斜率过载，且码率增加很少。当然这样会增加量化器的复杂性。

表 5-5 给出用预测器和量化器的不同组合对同一幅图像编码所得的方均根误差。可看出，2 级自适应量化器与 4 级非自适应量化器的性能差不多，而 4 级自适应量化器比 8 级非

自适应量化器的性能要好。在四个预测器中，与式（5-70）对应的预测器（三阶）性能最好。

表 5-5 预测器和量化器不同组合的性能（方均根误差）比较

预测器	Lloyd-Max 量化器			自适应量化器		
	2级	4级	8级	2级	4级	8级
式（5-68）	30.88	6.86	4.08	7.49	3.22	1.55
式（5-69）	14.59	6.94	4.09	7.53	2.49	1.12
式（5-70）	9.90	4.30	2.31	4.61	1.70	0.76
式（5-71）	38.18	9.25	3.36	11.46	2.56	1.14
压缩率	8.00:1	4.00:1	2.70:1	7.11:1	3.77:1	2.56:1

5.3.3　正交变换编码

从理论上，采用正交变换不能直接对图像数据进行有效的压缩，但正交变换改变了图像数据的表现形式，为编码压缩提供了可能。

1. 变换编码系统

变换编码的基本原理是通过正交变换把图像从空间域转换为能量比较集中的变换域系数，然后对变换系数进行编码，从而达到压级数据的目的。

一个典型的变换编码系统框图如图 5-13 所示。编码部分由 4 个操作模块构成：分解（构造）子图像、变换、量化和编码。一幅 $N×N$ 图像先被分割为 $n×n$ 的子图像，通过变换这些子图像得到$(N/n)^2$个 $n×n$ 子图像变换数组。变换的目的是解除每个子图像内部像素之间的相关性或将尽可能多的信息集中到尽可能少的变换系数上。量化时，有选择地消除或较粗糙地量化携带信息最少的系数，因为它们对重建的子图像的质量影响最小。最后是符号编码，即对量化了的系数进行编码（常利用变长编码）。解码部分由与编码部分相反排列的一系列逆操作模块构成。由于量化是不可逆的，所以解码部分没有对应的模块。

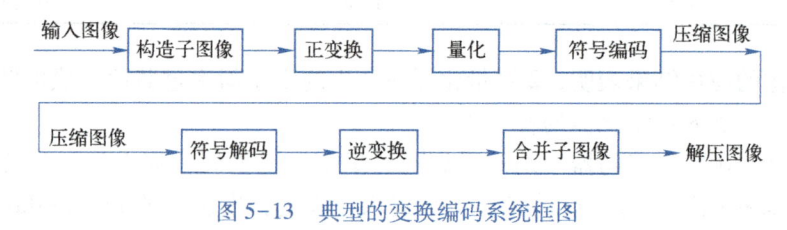

图 5-13　典型的变换编码系统框图

2. 正交变换的性质

正交变换之所以能用于图像压缩，主要是因为正交变换具有如下性质：

1）正交变换是熵保持的，说明正交变换前后不丢失信息。因此传输图像时，直接传送各像素灰度和传送变换系数可以得到相同的信息。

2）正交变换是能量保持的。

3）正交变换重新分配能量。常用的正交变换如傅里叶变换，能量集中于低频区，在低频区变换系数能量大，而高频区系数能量小得多。这样可用熵编码中不等长码来分配码长，能量大的系数分配较少的位数，从而达到压缩的目的。同理，也可用零替代能量较小的系数的方法压缩。

4）去相关性质。正交变换把空间域中高度相关的像素灰度值变为相关很弱或不相关的频率域系数。显然这样能去掉存在于相关性中的冗余度。

总之，正交变换可把空间域相关的图像像素变为能量保持，而且能量集中于弱相关或不相关的变换域系数。

3. 变换压缩的数字分析

正交变换中常采用的有傅里叶变换、沃尔什变换、离散余弦变换和 K-L 变换等。设一幅图像可看成一个随机的向量，通常用 n 维向量表示

$$\boldsymbol{X} = [x_0 \quad x_1 \quad x_2 \quad \cdots \quad x_{n-1}]^T \tag{5-77}$$

经正交变换后，输出为 n 维向量 $\boldsymbol{Y}$ [即 $F(u,v)$]

$$\boldsymbol{Y} = [y_0 \quad y_1 \quad y_2 \quad \cdots \quad y_{n-1}]^T \tag{5-78}$$

设 $\boldsymbol{A}$ 为正交变换矩阵，则有

$$\boldsymbol{Y} = \boldsymbol{A}\boldsymbol{X} \tag{5-79}$$

由于 $\boldsymbol{A}$ 为正交阵，有

$$\boldsymbol{A}\boldsymbol{A}^T = \boldsymbol{A}\boldsymbol{A}^{-1} = \boldsymbol{E} \tag{5-80}$$

传输或存储利用变换得到的 $\boldsymbol{Y}$，在接收端，经逆变换可恢复 $\boldsymbol{X}$

$$\boldsymbol{X} = \boldsymbol{A}^{-1}\boldsymbol{Y} = \boldsymbol{A}^T\boldsymbol{Y} \tag{5-81}$$

若在允许失真的情况下，传输和存储只用 $\boldsymbol{Y}$ 的前 $M(M<N)$ 个分量，这样得到 $\boldsymbol{Y}$ 的近似值 $\hat{\boldsymbol{Y}}$

$$\hat{\boldsymbol{Y}} = [y_0 \quad y_1 \quad y_2 \quad \cdots \quad y_{M-1}]^T \tag{5-82}$$

利用 $\boldsymbol{Y}$ 的近似值 $\hat{\boldsymbol{Y}}$ 来重建 $\boldsymbol{X}$，得到 $\boldsymbol{X}$ 的近似值 $\hat{\boldsymbol{X}}$ 为

$$\hat{\boldsymbol{X}} = \boldsymbol{A}_1^T \hat{\boldsymbol{Y}} \tag{5-83}$$

式中，$\boldsymbol{A}_1^T$ 为 $M \times M$ 矩阵。只要 $\boldsymbol{A}_1$ 选择恰当，就可以保证重建图像的失真在一定允许限度内。关键的问题是如何选择 $\boldsymbol{A}$ 和 $\boldsymbol{A}_1$，使之既能得到最大压缩又不造成严重失真。因此要研究 $\boldsymbol{X}$ 的统计性质。对于

$$\boldsymbol{X} = [x_0 \quad x_1 \quad x_2 \quad \cdots \quad x_{n-1}]^T \tag{5-84}$$

其均值为

$$\overline{\boldsymbol{X}} = E[\boldsymbol{X}] \tag{5-85}$$

$\boldsymbol{X}$ 的协方差矩阵为

$$\boldsymbol{\Sigma}_X = E[(\boldsymbol{X} - \overline{\boldsymbol{X}})(\boldsymbol{X} - \overline{\boldsymbol{X}})^T] \tag{5-86}$$

同理，对于

$$\hat{\boldsymbol{Y}} = [y_0 \quad y_1 \quad y_2 \quad \cdots \quad y_{M-1}]^T \tag{5-87}$$

$\boldsymbol{Y}$ 均值为

$$\overline{\boldsymbol{Y}} = E[\boldsymbol{X}] \tag{5-88}$$

$\boldsymbol{Y}$ 的协方差矩阵为

$$\boldsymbol{\Sigma}_Y = E[(\boldsymbol{Y} - \overline{\boldsymbol{Y}})(\boldsymbol{Y} - \overline{\boldsymbol{Y}})^T] \tag{5-89}$$

根据式(5-79),得

$$\Sigma_Y = E[(AX - \overline{AX})(AX - \overline{AX})^T]$$
$$= AE[(X - \overline{X})(X - \overline{X})^T]A^T \quad (5\text{-}90)$$

可见,Y 的协方差 Σ_Y 可由 Σ_X 做二维正交变换 $A\Sigma_X A^T$ 得到。Σ_X 是图像固有的,因此关键是要选择合适的 A,使变换系数 Y 之间有更小的相关性。另外,去掉了一些系数使得 $\hat{Y}$ 误差不大。总之,选择合适的 A 和相应的 A_1,使变换系数之间的相关性全部解除和使 Y 的方差高度集中,这称为最佳变换。

4. 最佳变换与准最佳变换

若选择变换矩阵 A 使 Σ_Y 为对角阵,那么变换系数之间的相关性可完全消除。接着选择集中主要能量的 Y 系数前 M 项,则得到的 $\hat{Y}$ 将引起小的误差,使 Y 的截尾误差小,这就是最佳变换 A 选择的准则。能满足均方误差准则下的最佳变换,通常称为 K-L 变换。

设误差 e 定义为

$$e = \hat{X} - X = \sum_{i=0}^{N-1}(\hat{x}_i - x_i) \quad (5\text{-}91)$$

则均方误差为

$$\overline{e^2} = \frac{1}{N}\sum_{i=0}^{N-1}(x_i - \hat{x}_i)^2 \quad (5\text{-}92)$$

将 A 写成列分块矩阵形式,则有

$$A = \begin{bmatrix} \boldsymbol{\varphi}_0^T \\ \boldsymbol{\varphi}_1^T \\ \vdots \\ \boldsymbol{\varphi}_{N-1}^T \end{bmatrix}, A^T = [\boldsymbol{\varphi}_0 \quad \boldsymbol{\varphi}_1 \quad \cdots \quad \boldsymbol{\varphi}_{N-1}] \quad (5\text{-}93)$$

由正交性得

$$\boldsymbol{\varphi}_i^T \boldsymbol{\varphi}_j = \begin{cases} 1 & i=j \\ 0 & i \neq j \end{cases} \quad (5\text{-}94)$$

由 $Y = AX$ 得

$$Y_i = \boldsymbol{\varphi}_i^T X \quad (5\text{-}95)$$

$$X = A^T Y = [\boldsymbol{\varphi}_0 \quad \boldsymbol{\varphi}_1 \quad \cdots \quad \boldsymbol{\varphi}_{N-1}] Y = \sum_{i=0}^{N-1} y_i \boldsymbol{\varphi}_i \quad (5\text{-}96)$$

为了压缩数据,在重建 X 时只能取 Y 的 M 个分量($M<N$),从 Y 中选择 M 个分量构成一个子集 $\hat{Y}$,即

$$\hat{Y} = [y_0 \quad y_1 \quad \cdots \quad y_{M-1}] \quad (5\text{-}97)$$

而把 Y 的 $M \sim N-1$ 分量用常数 b_i 来代替,即

$$\hat{X} = \sum_{i=0}^{M-1} y_i \boldsymbol{\varphi}_i + \sum_{i=M}^{N-1} b_i \boldsymbol{\varphi}_i \quad (5\text{-}98)$$

此处 $\hat{X}$ 可作为 X 的估计,其误差为

$$\Delta X = X - \hat{X} = \sum_{i=M}^{N-1}(y_i - b_i)\boldsymbol{\varphi}_i \quad (5\text{-}99)$$

ΔX 的均方误差 ε

$$\begin{aligned}\varepsilon &= E\{\|\Delta\|^2\} = E\{(\Delta x)^{\mathrm{T}}(\Delta x)\} \\ &= E\left\{\sum_{i=M}^{N-1}[(y_i-b_i)\boldsymbol{\varphi}_i]^{\mathrm{T}}[(y_i-b_i)\boldsymbol{\varphi}_i]\right\} \\ &= E\left\{\sum_{i=M}^{N-1}(y_i-b_i)^2\boldsymbol{\varphi}_i^{\mathrm{T}}\boldsymbol{\varphi}_i\right\} \\ &= \sum_{i=M}^{N-1}E\{(y_i-b_i)^2\}\end{aligned} \qquad (5\text{-}100)$$

为了选择 b_i 和 $\boldsymbol{\varphi}_i$ 使 ε 最小，可使 ε 分别对 b_i 和 $\boldsymbol{\varphi}_i$ 求导，并令导数等于零。即

$$\frac{\partial \varepsilon}{\partial b_i} = \frac{\partial}{\partial b_i}E\{(y_i-b_i)^2\} = -2E[(y_i)-b_i] = 0 \qquad (5\text{-}101)$$

$$b_i = E\{y_i\} \qquad (5\text{-}102)$$

将式（5-95）代入式（5-102），得

$$b_i = \{\boldsymbol{\varphi}_i^{\mathrm{T}}X\} = \boldsymbol{\varphi}_i^{\mathrm{T}}\overline{X} \qquad (5\text{-}103)$$

将式（5-95）和式（5-103）代入式（5-100），得

$$\varepsilon = \sum_{i=M}^{N-1}E\{(y_i-b_i)(y_i-b_i)^{\mathrm{T}}\} = \sum_{i=M}^{N-1}\boldsymbol{\varphi}_i^{\mathrm{T}}\sum_x\boldsymbol{\varphi}_i \qquad (5\text{-}104)$$

若还有满足 $\boldsymbol{\varphi}_i^{\mathrm{T}}\boldsymbol{\varphi}_i=1$ 的正交条件，使 ε 为最小，则可建立拉格朗日方程

$$J = \varepsilon - \sum_{i=M}^{N-1}\lambda_i(\boldsymbol{\varphi}_i^{\mathrm{T}}\boldsymbol{\varphi}_i-1) = \sum_{i=M}^{N-1}\boldsymbol{\varphi}_i^{\mathrm{T}}\sum_x\boldsymbol{\varphi}_i - \sum_{i=M}^{N-1}\lambda_i(\boldsymbol{\varphi}_i^{\mathrm{T}}\boldsymbol{\varphi}_i-1) \qquad (5\text{-}105)$$

令 $\dfrac{\partial J}{\partial \boldsymbol{\varphi}_i}=0$，则有

$$\sum_{i=M}^{N-1}(2\boldsymbol{\Sigma}_x\boldsymbol{\varphi}_i - 2\lambda_i\boldsymbol{\varphi}_i) = 0 \qquad (5\text{-}106)$$

即

$$\boldsymbol{\Sigma}_x\boldsymbol{\varphi}_i = \lambda_i X\boldsymbol{\varphi}_i \qquad (5\text{-}107)$$

由线性代数理论可知，λ_i，$\boldsymbol{\varphi}_i$ 就是 $\boldsymbol{\Sigma}_x$ 的特征值和特征向量。

若已知 $\boldsymbol{\Sigma}_x$ 的 λ_i 和 $\boldsymbol{\varphi}_i$，可找到一矩阵 A，使 $Y=AX$，Y 的协方差阵 $\boldsymbol{\Sigma}_x$ 为对角阵，且对角线元素恰为特征值 λ_i。若把求出的 λ_i 从大到小排列起来，使得 $\lambda_1>\lambda_2>\cdots>\lambda_n$，那么由其相应 $\boldsymbol{\varphi}_i$ 组成 A 阵的每一行，就能使 $\boldsymbol{\Sigma}_x$ 恰为对角阵。

从以上讨论可知，最佳正交变换阵 A 是从 X 的统计协方差中得到的，不同图像要有不同的 $\boldsymbol{\Sigma}_x$。因此 K-L 变换中的变换矩阵不是一个固定的矩阵，它由图像而定。欲求图像的 K-L 变换，一般要经过由图像求 $\boldsymbol{\Sigma}_x$，从 $\boldsymbol{\Sigma}_x$ 求 λ_i，对 λ_i 按大小排队然后求 $\boldsymbol{\varphi}_i$，再从 $\boldsymbol{\varphi}_i$ 得到 A，最后用 A 对图像进行变换，求得 $Y=AX$ 等步骤。

理论上说，K-L 变换是所有变换中信息集中能力最优的变换。对任意的输入图像保留任意个系数，K-L 变换都能使均方误差最小。但 K-L 与图像数据有关，出于运算复杂，没有快速算法，因而 K-L 变换的实用性受到很大限制。研究快速 K-L 算法是一个很具有吸引力的课题。

最佳变换的核心在于经变换后能使 Σ_x 为对角阵。若采用某种变换矩阵 A，变换后的 Σ_x 接近于对角阵，则这种变换称为准最佳变换。

由线性代数理论可知，任何矩阵都可以相似于一个约旦矩阵，这个约旦矩阵就是准对角矩阵，其形式如下：

$$\begin{bmatrix} \lambda_0 & & & & & \\ 0 & \lambda_1 & & & & \\ & 1 & \lambda_2 & & 0 & \\ & & 0 & \ddots & & \\ & & & \ddots & \lambda_{N-2} & \\ 0 & & & & 1 & \lambda_{N-1} \end{bmatrix}$$

根据相似变换理论可知，总可以找到一个非奇异矩阵 A，使得 $A^T\Sigma_x A$ 为准对角阵，而且这个 A 并不是唯一的。变换矩阵都具有 A 的性质，它们是常用的准最佳变换。尽管它们的性能比 K-L 变换稍差，但由于它们的变换矩阵是固定的，因此实际中常用的是这些准最佳变换。

不同变换的信息集中能力不同。离散余弦变换比离散傅里叶变换、沃尔什变换有更强的信息集中能力。在这些变换中，非正弦类变换（如沃尔什变换）实现起来相对简单，但正弦类变换（如离散傅里叶变换、离散余弦变换）更接近 K-L 变换的信息集中能力。

近年来，由于离散余弦变换的信息集中能力和计算复杂性综合得比较好而得到了较多的应用，离散余弦变换已被设计在单个集成块上。对大多数自然图像，离散余弦变换能将最多的信息附在最少的系数上。

5. 各种准最佳变换的性能比较

从运算量大小和对视频图像实时处理的难易度这两个方向来比较各种正交变换，其性能比较见表 5-6。

表中列举一维 N 点各种正交变换所需的运算次数。从下至上的顺序代表了从运算量大小或硬件设备量的角度来看的优劣顺序。而其压缩效果与表中的排列顺序一致。从表中可见，K-L 变换的运算量大，极难做到用硬件来实现。而沃尔什变换运算量最小，用一般数字集成电路就可以做到实时变换，但其压缩效果较差。

表 5-6 各种正交变换性能比较

正交变换类型	运 算 量	对视频图像实时处理的难易度
K-L	求 $[C_x]$ 及其特征值，特征矢量，矩阵运算用 N^2 次实数加法和 N^2 次实数乘法	极难做到
DFT	$N\log_2 N$ 次复数乘法和 $N\log_2 N$ 次复数加法	较复杂
DCT	$(3N/2)\log_2(N-1)+2$ 次实数加法以及 $N\log_2 N-(3N/2)+4$ 次实数乘法	采用高速 CMOS/SOS 大规模集成电路，能做到实时处理
DWHT	$N\log_2 N$ 次实数加法或减	可利用一般高速 TTL、ECL 数字集成电路做到实时处理
HT	$2(N-1)$ 次实数加法或减法	

6. 编码

变换为压缩数据创造了条件，压缩数据还要通过编码来实现。通常所用的编码方法有两种：一是区域编码法，二是门限编码法。

（1）区域编码法

这种方法的关键在于选出能量集中的区域。例如，正交变换后变换域中的能量多半集中在低频率空间上，在编码过程中就可以选取这一区域的系数进行编码传送，而其他区域的系数可以舍弃不用。在解码端可以舍弃的系数进行补零处理。这样，由于保持了大部分图像能量，在恢复图像中带来的质量劣化并不显著。在区域编码中，区域抽样和区域编码的均方误差都与方块大小有关。区域编码的显著缺点是一旦选定某个区域就固定不变了，有时图像中的能量也会在其他区域集中较大的数值，舍弃它们会造成图像质量较大的损失。

（2）门限编码法

这种采样方法不同于区域编码法，它不是选择固定的区域，而是事先设定一个门限值 T。如果系数超过 T 值，就保留下来并且进行编码传送；如果系数值小于 T 值，就舍弃不用。这种方法具有一定的自适应能力，可以得到较区域编码好的图像质量。但是，这种方法也有缺点，那就是超过门限值的系数的位置是随机的。因此，在编码中除对系数值编码外，还要有位置码。这两种码同时传送才能在接收端正确恢复图像。所以，其压缩比有时会有所下降。

5.4 图像编码 MATLAB 仿真实例

例 5-4 计算两个图像压缩比的程序。

```
%函数 imagerat(x1,x2)计算两个图像压缩比
function imagerat(x1,x2)
error(nargchk(2,2,nargin));
c=bytes(x1)/bytes(x2);
%函数 bytes 返回输入 x 占用的比特率
function b=bytes(x)
if ischar(x)
    info=dir(x);
elseif isstruct(x)
    b=0;
    fields=fieldnames(x);
    for k=1:length(fileds)
        b=b+bytes(x.(fields{k}));
end
end
info=whos('x');
b=info.bytes;
end
```

注意：在 imagerat 函数的内部计算字节的 bytes 函数中，可以使用 3 种类型的数据，一

是文件；二是结构变量；三是非结构变量。

例 5-5 计算图像的熵的源程序。

```
function h=entropy(x,n)
% n 是图像 x 的灰度级，如果 n 默认则 n=256
error(nargchk(1,2,nargin));
if nargin<2
    n=256;
end
x=double(x);
xh=hist(x(:),n);              %求图像直方图
xh=xh/sum(xh(:));             %求各灰度级出现的概率
i=find(xh);
h=-sum(xh(i).*log2(xh(i)));
```

例 5-6 霍夫曼编码的 MATLAB 实现。

程序将输入的向量（矩阵）进行霍夫曼编码，然后反编码，判断是否是无失真编码，最后给出压缩前后的存储空间的比较。

```
Clear all
fprintf('Reading data…')
data=imread('cameraman.tif');
data=unit8(data);                          %读入数据，并将数据限制为 unit8
fprintf('Done! \n')
%编码压缩
fprintf('compressing data…');
[zipped,info]=norm2huff(data);
fprintf('Done! \n')
%解压缩
fprintf('compressing data…');
unzipped=huff2norm(zipped,info);
fprintf('Done! \n')
%测试是否无失真
isOK=isequal(data(:),unzipped(:))
%显示压缩效果
Whos data zipped unzipped
%norm2huff 函数的源程序代码如下
function [zipped,info]=norm2huff(vector)
if ~isa(vector,'unit8'),
    error('input argument must be a unit8 vector')
end
vector=vector(:)';
%将输入向量转换为行向量
f=frequency(vector);
%计算各元素出现的概率
```

```
Symbols=find(f~=0);
f=f(simbols);                    %将元素按照出现的概率排列
[f,sortindex]=sort(f);
simbols=symbols(sortindex);
%产生码字 generate the codeword as the 52 bits of a double
len=length(simbols);
symbols_index=num2cell(1:len);
codeword_tmp=cell(len,1);
while length(f)>1,
    index1=symbols_index{1};
    index2=symbols_index{2};
    codeword_tmp(index1)=addnode(codeword_tmp(index1),unit8(0));
    codeword_tmp(index2)=addnode(codeword_tmp(index2),unit8(1));
    f=[sum(f(1:2)) f(3:end))];
    symbols_index=[{index1 index2} symbols_index(3:end)];
%将数据重新排列,使两个节点的频率尽量与前一个节点的频率相当
resort data in order to have the two nodes with lower frequency as
    first to
    [f,sortindex]=sort(f);
    simbols_index=symbols_index(sortindex);
end
%对应相应的元素与码字
codeword=cell(256:1);
codeword(simbols)=codeword_tmp;
%计算总的字符串长度
len=0;
for index=1:length(vector),
    len=len+length(codeword{double(vector(index))+1});
end
%产生01序列
string=repmat(unit8(0),1,len);
pointer=1;
for index=1:length(vector),
    code=codeword{double(vector(index))+1};
    len=length(code);
    string(pointer+(0:len-1))=code;
    pointer=pointer+len;
end
%如果需要,加零
len=length(string);
pad=8-mod(len,8);
if pad>0,
    string=[string unit8(zeros(1,pad))];
end
%保存实际有用的码字
```

```
codeword = codeword(simbols);
codelen = zeros(size(codeword));
weights = 2.^(0:23);
maxcodelen = 0;
for index 1:length(codeword),
    len = length(codeword{index});
    if len>maxcodelen,
        maxcodelen = len;
    end
    if len>0,
        code = sum(weights(codeword{index} = = 1));
        code = bitset(code,len+1);
        codeword{index} = code;
        codelen(index) = len;
    end
end
codeword = [codeword{:}]
%计算压缩后的向量
cols = length(string)/8;
string = reshape(string,8,cols);
weigths = 2.^(0:7);
zipped = unit8(weights * double(string));
%存储一个稀疏矩阵
huffcodes = sparse(1,1);%init sparse matrix
for index = 1:numel(codeword),
    huffcodes(codeword(index),1) = symbols(index);
end
%产生信息结构体
info. pad = pad;
info. ratio = cols. /length(vector);
info. lenght = length(vector);
info. maxcodelen = maxcodelen;
```

在使用霍夫曼编码过程中,用户要调用自定义的 MATLAB 函数,其源代码分别如下:

```
%addnode 函数的源程序代码
function codeword_new = addnode(codeword_old,item)
codeword_new = cell(size(codeword_old));
for index = 1:length(codeword_old),
    codeword new{index} = [item codeword_old{index}];
end


%huff2norm 函数的源程序代码
function vector = huff2norm(zipped,info)
%HUFF2NORMhuffman 解码器
%HUFF2NORM(X,INFO)根据信息结构体 info 返回向量 zipped 的解码结果
```

```
%矩阵参数以 X(:)形式输入
if ~isa(zipped,'unit8'),
    error('input argument must be a unit8 vector')
end
%产生01序列
len = length(zipped);
string = repmat(unit8(0),1,len.*8);
bitindex = 1:8;
for index = 1:len,
    string(bitindex+8.*(index-1)) = unit8(bitget(zipped(index),bitindex));
end
%调整字符串
string = logical(string(:)');  %make a row of it
len = length(string);
string((len-info.pad+1):end) = [];  %remove 0 padding
len = length(string);
%解码
weights = 2.^(0:51);
vector = repmat(unit8(0),1,info.length);
vectorindex = 1;
codeindex = 1;
code = 0;
for index = 1:len,
    code = bitset(code,codeindex,string(index));
    codeindex = codeindex+1;
    byte = decode(bitset(code,codeindex),info);
    if byte>0,  %
        vector(vectorindex) = byte-1;
        codeindex = 1;
        code = 0;
        vectorindex = vectorindex+1;
    end
end


%decode 函数的源程序代码
function byte = decode(code,info)
byte = info.huffcodes(code);


%frequency 函数的源程序代码
function f = frequency(vector)
%FREQUENCY 计算元素出现概率
if ~isa(vector,'unit8'),
    error('input argument must be a unit8 vevtor')
end
f = repmat(0,1,256);
```

```
%扫描向量
len = length(vector);
for index = 0:256,%
    f(index+1) = sum(vector = = unit8(index));
end
%归一化
f = f./len;
```

运行上述程序，得到结果为：

```
>>whos
    Name       Size          Bytes         Class
    data       256×256       65535         Unit8 array
    unzipped   65535         65535         Unit8 array
    zipped     57712         57712         Unit8 array
    Grand total is 65536 elements using 65536 bytes
```

其中压缩的信息结构体 info 为：

Pad: 7
Huffcodes: [108471 double]
Ratio: 0.8806
Length: 65535
Maxcodelen: 16

例 5-7 一个算术编码的 MATLAB 源程序代码。

假设信源符号为 {00,01,10,11}，这些符号的概率分别为 {0.1 0.4 0.2 0.3}，利用算术编码实现其编码过程。

```
>>clear all;
format long;
symbol = ['abcd'];
pr = [0.1 0.4 0.2 0.3];
seqin = ['cadacdb']
codeword = arenc(symbol,pr,seqin)
seqout = ardec(symbol,pr,codeword,7)
```

运行程序，输入如下：

```
pr =
    0.100000000000000  0.400000000000000  0.200000000000000  0.300000000000000
seqin =
    cadacdb
codeword =
    0.514387600000000
seqout =
    cadacdb
```

在实现算术编码过程中调用了用户自定义编写的几个函数，其源程序代码如下：

%实现编码的函数
Function arcode=arenc(symbol,pr,seqin)
%算术编码
%输出:码率
%输入:symbol:字符行向量
% pr:字符出现概率
% seqin:待编码字符串
high_range=[];
for k=1:length(pr),
    high_range=[high_range sum(pr(1:k))];
end
low_range=[0 high_range(1:length(pr)-1)];
sbidx=zeros(size(seqin));
for i=1:length(seqin),
    sbidx(i)=find(symbol==seqin(i));
end
low=0;
high=1;
for i=1:length(seqin),
    range=high-low;
    high=low+range*high_range(sbidx(i));
    low=low+range*low_range(sbidx(i));
end
arcode=low;

%实现解码的函数
function symseq=ardec(symbol,pr,codeword,symlen)
%给定字符概率的算术编码
%输出:symseq:字符串
%输入:symbol:由字符组成的行向量
% pr:字符出现概率
% codeword:码字
% symlen:待解码字符串长度
format long
high_range=[];
for k=1:length(pr),
    high_range=[high_range sum(pr(1:k))];
end
low_range=[0 high_range(1:length(pr)-1)];
prmin=min(pr);
symseq=[];
for i=1:symlen,
    idx=max(find(low_range<=codeword));
    codeword=codeword-low_range(idx);
    if abs(codeword-pr(idx))<0.01*prmin,

```
            idx = idx+1;
            codeword = 0;
        end
        symseq = [symseq symbol(idx)];
        codeword = codeword/pr(idx);
        if abs(codeword) < 0.01 * prmin,
            i = symlen+1;
        end
    end
end
```

例 5-8 实现图像的 DPCM 编码。

下面是实现图像 DPCM 编码的 MATLAB 源程序代码：

```
>> I = imread('tire.tif');
I = double(I);
[m,n] = size(I);
p = zeros(m,n);
y = zeros(m,n);
y(1:m,1) = I(1:m,1);
p(1:m,1) = I(1:m,1);
y(1,1:n) = I(1,1:n);
p(1,1:n) = I(1,1:n);
y(1:m,n) = I(1:m,n);
p(1:m,n) = I(1:m,n);
y(m,1:n) = I(m,1:n);
p(m,1:n) = I(m,1:n);
for k = 2:m-1;
    for l = 2:n-1
        y(k,l) = (I(k,l-1)/2+I(k-1,l)/4+ I(k-1,l-1)/8+ I(k-1,l+1)/8);
        p(k,l) = round(I(k,l)-y(k,l));
    end
end
p = round(p);
subplot(3,2,1);imshow(I);
xlabel('(a) 原灰度图像');
subplot(3,2,2);imshow(y,[0 2560]);
xlabel('(b) 利用三个相邻块线性预测后的图像');
subplot(3,2,3);imshow(abs(p),[0 1]);
xlabel('(c) 编码的绝对残差图像');
j = zeros(m,n);
j(1:m,1) = y(1:m,1);
j(1,1:n) = y(1,1:n);
j(1:m,1) = y(1:m,n);
j(m,1:n) = y(m,1:n);
for k = 2:m-1;
    for l = 2:n-1;
```

```
            j(k,l)=p(k,1)+y(k,1);
        end
    end
    for r=1:m
        for t=1:n
            d(r,t)=round(I(r,t)-j(r,t));
        end
    end
subplot(3,2,4);imshow(abs(p),[0 1]);
xlabel('(d) 解码用的残差图像');
subplot(3,2,5);imshow(j,[0 256]);
xlabel('(e) 使用残差和线性预测重建后的图像');
subplot(3,2,6);imshow(abs(d),[0 1]);
xlabel('(f) 解码重建后图像的误差');
```

运行程序，仿真结果如图 5-14 所示。

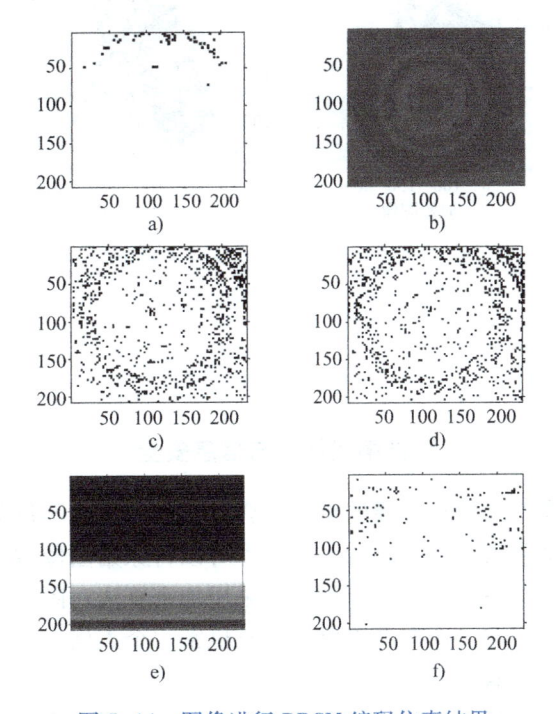

图 5-14 图像进行 DPCM 编码仿真结果

a) 原灰度图像   b) 利用三个相邻块线性预测后的图像   c) 编码的绝对残差图像   d) 解码用的残差图像
e) 使用残差和线性预测重建后的图像   f) 解码重建后图像的误差

例 5-9 DCT 图像压缩示例。

DCT 图像压缩的实现 MATLAB 源程序代码如下：

```
>>clear all;
I=imread('cameraman.tif');
I=im2double(I);
T=dctmtx(8);    %图像存储类型转换
```

```
B=blkproc(I,[8 8],'P1*x*P2',T,T');    %离散余弦变换
mask=[1 1 1 1 0 0 0 0;1 1 1 0 0 0 0 0;
      1 1 0 0 0 0 0 0;1 0 0 0 0 0 0 0;
      0 0 0 0 0 0 0 0;0 0 0 0 0 0 0 0;
      0 0 0 0 0 0 0 0;0 0 0 0 0 0 0 0];
B2=blkproc(B,[8 8],'P1.*x',mask);
I2=blkproc(B2,[8 8],'P1*x*P2',T',T);
subplot(1,2,1);imshow(I);
xlabel('原始图像');
subplot(1,2,2);imshow(I2);
xlabel('压缩后的图像');
```

运行程序，仿真结果如图 5-15 所示。

图 5-15　图像进行余弦变换压缩效果

5.5　拓展与思考

图像编码技术与信息安全

在数字化时代，图像作为信息传递的重要媒介，其编码技术不仅关乎数据的存储和传输效率，更与国家信息安全紧密相连。图像编码技术可以将原始图像数据转换为压缩格式，减少数据存储和传输所需的空间。在这个过程中，采用加密算法对图像数据进行加密，可以有效防止未经授权的访问和窃取。这有助于保护国家机密、个人信息和企业商业秘密等敏感信息，防止其被恶意篡改或泄露。

图像编码技术在军事、外交、公共安全等领域发挥着重要作用。通过对卫星遥感图像、侦察图像等进行高效率编码和加密，可以确保这些关键信息在传输和存储过程中的安全性，从而维护国家利益和战略安全。同时图像编码技术的发展可以促进相关领域的技术创新，如人工智能、大数据、云计算等。这些技术的进步有助于提高国家科技实力，为国家经济发展、国防安全和民生改善提供有力支持。

为了应对信息安全领域的挑战，图像编码技术的创新与发展显得尤为重要，应从以下几个方面进行创新。

1）加密算法的创新：随着计算能力的提升，传统的加密算法可能面临被破解的风险。因此，开发更强大的加密算法是必要的。这包括研究新的加密技术，如量子加密、同态加密

等，以及改进现有的加密标准，提高加密强度和抗攻击能力。

2）高效的压缩与解压缩技术：图像编码技术需要平衡图像质量和数据大小。创新应致力于开发更高效的压缩算法，以减少数据量而不牺牲图像质量，同时确保解压缩过程的安全性和准确性。

3）鲁棒性高的图像水印和隐写技术：水印和隐写技术可以在图像中嵌入隐藏信息，用于版权保护、数据追踪等。创新应关注于提高这些技术的鲁棒性，使其能够在图像被篡改或压缩后仍能保持信息的完整性。

4）适应新技术的图像编码标准：随着新技术的发展，如 5G 通信、物联网、人工智能等，图像编码技术需要适应这些新技术的需求。创新应包括开发能够支持高速传输、低延迟和高效处理的图像编码标准。

5）安全性测试与评估：创新的同时，也需要不断对图像编码技术的安全性进行测试和评估。这包括模拟各种攻击场景，评估系统的脆弱性，并据此进行改进。

6）隐私保护：在图像编码中，需要考虑到个人隐私的保护。创新应包括开发能够在编码过程中自动识别并保护个人隐私信息的技术。

7）技术普及：加强图像编码技术的普及教育，提高公众的信息安全意识，是构建国家信息安全防线的基础。

图像编码技术在信息安全中扮演着重要角色。面对日益复杂的网络安全环境，我们必须不断创新和发展图像编码技术，才能更好地应对信息安全领域的挑战，为保护国家信息安全、促进科技进步和保障公民隐私提供强有力的支持。同时也要注意加强信息安全教育，培养高素质的专业技术人才，共同构建安全可靠的数字环境。

5.6 习题

1. 对 1 个具有 q 个符号的零记忆信源，证明它的熵的最大值为 $\log_2 q$，这个值当且仅当所有源符号出现概率相同时达到。

2. 客观保真度准则和主观保真度准则各有什么特点？

3. 除书中介绍的保真度准则外，还有什么方法可以描述解码图像相对于原始图像的偏离程度？

4. 请说明是否能用变长编码法压缩 1 幅已直方图均衡化的具有 $2n$ 级灰度的图。这样的图像中包含像素间冗余吗？

5. 对表 5-7 所列信源符号进行霍夫曼编码，并计算其冗余度和压缩率。

表 5-7 信源符号

符号	a1	a2	a3	a4	a5	a6
概率	0.1	0.4	0.06	0.1	0.04	0.3

6. 已知符号 a, e, i, o, u, x 的出现概率分别为 0.2, 0.3, 0.1, 0.2, 0.1, 0.1，对 0.23355 进行算术解码。

7. 简述正交变换的性质。

8. 简述 $R(D)$ 的性质，由此画出一般离散系统 $R(D)$ 的曲线并说明其物理意义。

第 6 章　形态学图像处理

形态学图像处理是以数学形态学为工具从图像中提取具有一定形态的区域以达到对图像分析和识别的目的。本章介绍形态学图像处理的相关知识，包括形态学预备知识、二值图像的腐蚀与膨胀、开运算与闭运算、击中与击不中变换等。同时介绍了灰度级形态学处理，灰度图像的腐蚀与膨胀，开运算与闭运算等。

6.1　形态学预备知识

数学形态学（Mathematical Morphology）诞生于 1964 年，由法国巴黎矿业学院博士生赛拉和导师马瑟荣，在从事铁矿核的定量岩石学分析及预测其开采价值的研究中提出，并在理论层面上第一次引入了形态学的表达式，建立了颗粒分析方法。他们的工作奠定了这门学科的理论基础，如击中/击不中变换、开闭运算、布尔模型及纹理分析器的原型等。这是一门建立在严格数学理论基础上的学科，以集合论为其数学基础。数学形态学的基本思想是用具有一定形态的结构元素去量度和提取图像中的对应形状以达到对图像分析和识别的目的。

结构元素，常简称为结构元，是数学形态学图像处理中最基本的组成部分，用于提取或检测图像中相似结构区域。结构元通常比待处理图像要小很多，可以有多种形状结构。结构元中数值由 0 和 1 组成。图 6-1 给出了一些常用结构元的基本形式，其中第一行表示腐蚀过程中用的结构元；第二行表示转换为矩阵形式的结构元；原点表示结构元的中心。

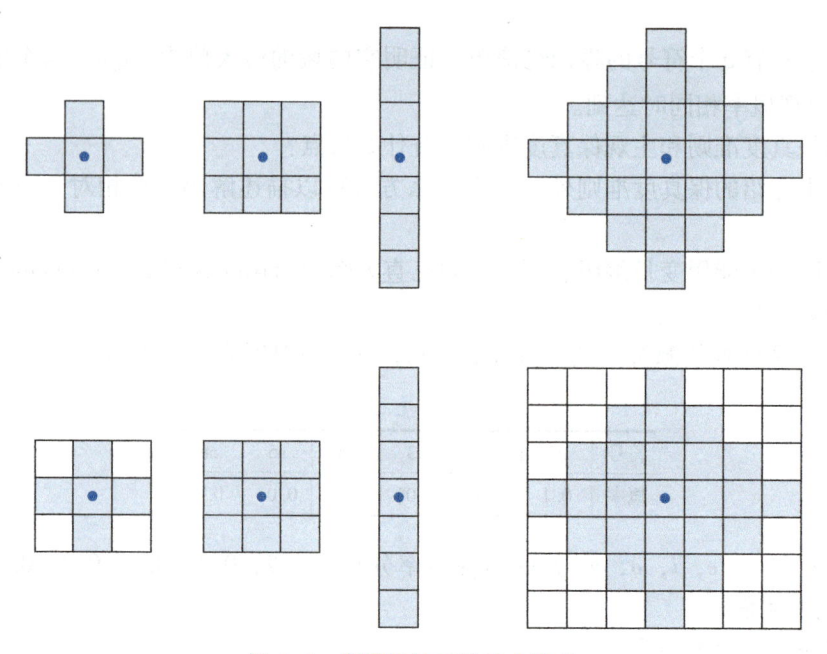

图 6-1　常用结构元的基本形式

6.1.1 集合的基本知识

集合之间的运算关系主要有并集、交集、差集、补集等。在图像处理中，定义集合 A 和集合 B 分别为二维的整数空间，即：$A=f(x,y)$，$B=g(x,y)$。如果 $w=f(x_i,y_i)$ 是 A 中元素，则可以写为：$w \in A$。同样如果 w 不是 A 中的元素，则可以表示为：$w \notin A$。

在图像处理过程中对于某些满足特殊条件的像素坐标可以表示为：$C=\{w \mid condition\}$。集合 A 的补集是所有不属于该集合的所有像素的集合，定义为：A^c，可以表示为 $A^c=\{w \mid w \notin A\}$。对于集合 A 和集合 B，如果某些像素可能属于集合 A 或者属于集合 B，或者同属于集合 A 和集合 B，则该像素的集合称为集合 A 和集合 B 的并集，表示为 $D=A \cup B$。同样，对于既属于集合 A，同时又属于集合 B，则该类像素组成的集合称为集合 A 和集合 B 的交集，表示为：$D=A \cap B$。集合 A 和集合 B 的差集记为 $A-B$，该差集表示所有元素属于集合 A，但是不属于集合 B，表示为：$A-B=\{w \mid w \in A, w \notin B\}$。

除了集合的基本运算外，在形态学运算中通常还要用到两个运算符，而这两个运算符是针对元素均为像素坐标集合的，即集合的反射和集合的平移。对于集合 A，该集合的反射表示为 $\hat{A}=\{w \mid w=-a, a \in A\}$，假设点 $z=(z_1,z_2)$ 对集合 $\hat{A}$ 进行平移记为 $(\hat{A}_z)$，可以表示为：$(\hat{A}_z)=\{c \mid c=a+z, a \in \hat{A}\}$。集合的反射和平移如图6-2所示。

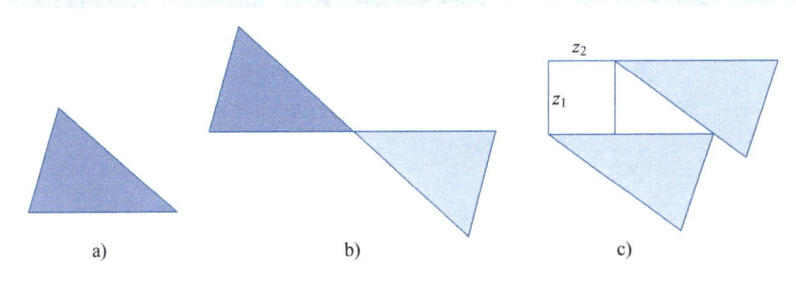

图 6-2 集合的反射和平移

a）集合 A　b）集合 A 和集合 A 的反射 $\hat{A}$　c）距离为 z 的集合 $\hat{A}$ 的平移集合

6.1.2 二值图像、集合和逻辑运算符

对于二值图像而言，数学形态学的语言和理论经常表现为图像的二重视图。此时图像可以看成是坐标 x,y 的二值函数，集合间的运算可以直接应用于二值图像集合。对于二值图像集合 A 和集合 B 的并集，$D=A \cup B$ 仍然是一幅二值图像，对于二者的交集 $D'=A \cap B$ 也是二值图像。并集和交集的具体运算过程如式（6-1）和式（6-2）所示。

$$D(x,y)=\begin{cases}1, & A(x,y)\text{为}1\text{ 或 }B(x,y)\text{为}1,\text{或二者都为}1 \\ 0, & \text{其他}\end{cases} \quad (6-1)$$

$$D'(x,y)=\begin{cases}1, & A(x,y)\text{为}1\text{ 且 }B(x,y)\text{为}1 \\ 0, & \text{其他}\end{cases} \quad (6-2)$$

在 MATLAB 中应用集合的逻辑运算符即可实现对二值图像进行逻辑运算，具体对应关系见表6-1。

表 6-1　MATLAB 中的逻辑运算与集合运算的对应关系

集 合 运 算	二值图像的 MATLAB 语句	名　　称
$A \cup B$	$A\|B$	或
$A \cap B$	$A\&B$	与
A^c	$\sim A$	非
$A-B$	$A-B$	差

图 6-3 给出了二值图像运用逻辑运算符进行处理后的结果。

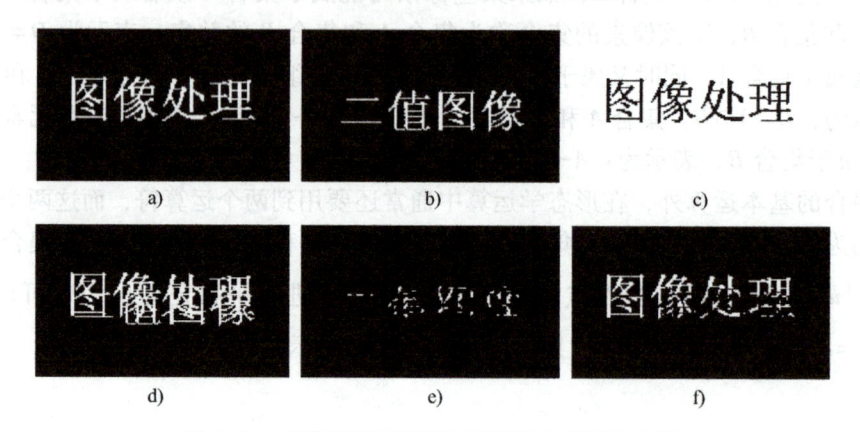

图 6-3　二值图像运用逻辑运算符处理后的结果
a）二值图像 A　b）二值图像 B　c）图像 A 的补集　d）A 和 B 的合集 $A|B$
e）A 和 B 的交集 $A \cap B$　f）A 和 B 的差集 $A-B$

6.2　腐蚀和膨胀

腐蚀和膨胀是形态学图像处理的基础，本章后续的算法都是以此作为基础。腐蚀膨胀是图像形态学比较常见的处理，腐蚀一般可以用来消除噪点，分割出独立的图像元素。膨胀可以将图像区域向外扩大，将断裂的区域连接起来。

6.2.1　腐蚀

腐蚀操作可以认为是缩小和细化图像中的物体，也可以认为是形态学的滤波操作，这种操作是将小于结构元的图像细节从图像中滤除。

作为二维空间的集合 A 和集合 B，其中集合 A 为待处理集合，集合 B 为结构元，B 对 A 的腐蚀定义为：

$$A \ominus B = \{z | (B)_z \subseteq A\} \tag{6-3}$$

$\ominus$ 为腐蚀运算符。B 对 A 的腐蚀是一个点的集合，集合由平移的 B 完全包含在 A 中的所有中心点组成。腐蚀过程实质上是将结构元在待处理的图像集合上进行与运算的过程。只是在此过程中结构元的中心沿着待处理图像的边界进行平移，在边界上的每一个点都对应一次结构元的中心，并进行图像集合的与运算。如果待处理图像相应的像素点与结构元的像素点状态相同，则该边界点对应的像素值与结构元的中心像素点值相同。

以图 6-4 为例解释具体的计算过程。假设给定的结构元如图 6-4a 所示，待处理的图像如图 6-4b 所示。在计算机实现过程中首先要求将结构元转换为矩阵阵列，通过添加背景元素的方法实现，如图 6-1 中第二行所示。通过结构元在待处理集合上遍历，以便于结构元的中心可以访问待处理集合的每一个元素，从而创建一个新的集合。如果待处理的集合完全能够包含结构元，则待处理集合中该位置被定义为新的集合前景点；否则将该位置标记为新集合的非成员元素。操作结果显示，当结构元的中心位于待处理集合的边界时，结构元的一部分将不再包含于待处理集合中，因此排除了结构元中心点作为新的集合元素的可能。最终的结果是将待处理集合的边界腐蚀掉了。最终的腐蚀结果如图 6-4c 所示。

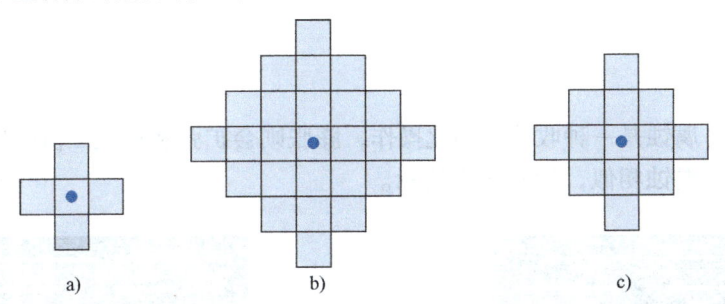

图 6-4　腐蚀运算的具体过程
a）结构元　b）待处理图像　c）腐蚀结果

下面给出一个应用腐蚀消除某些点的例子。如图 6-5 所示为球员经过腐蚀操作的结果。图 6-5b 为原始图像的二值图像，其中包含了着装为暗红色的队员，图 6-5c 为对图 6-5b 应用图像处理函数 cv2.erode()，结构单元选择为 3×3 的矩形时得到的结果；图 6-5d 为对图 6-5b 应用处理函数 cv2.erode()，结构单元选择为 5×5 的矩形时得到的结果。

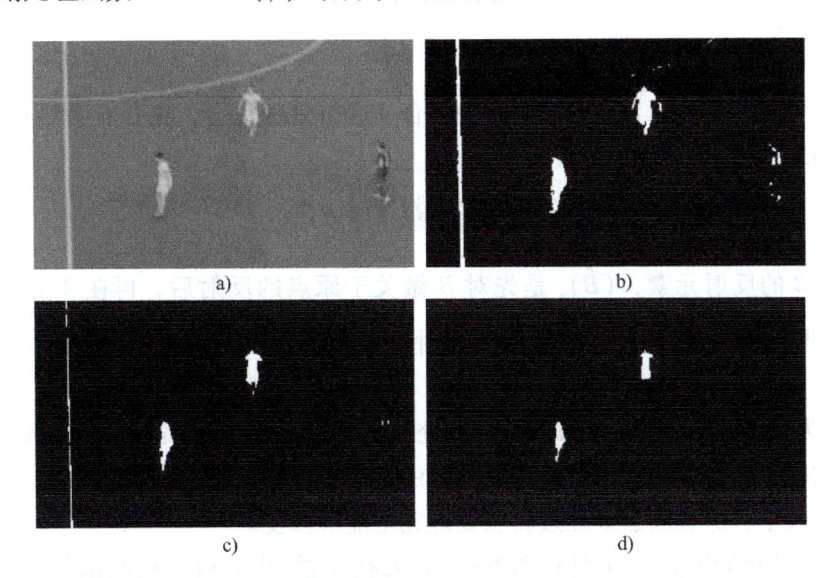

图 6-5　图像经过腐蚀操作的结果
a）原始图像　b）经过处理后的二值图像　c）应用 3×3 的矩形结构元对二值图像腐蚀的结果
d）应用 5×5 的矩形结构元对二值图像腐蚀的结果

作为二维空间的集合 A 和集合 B，其中集合 A 为待处理集合，集合 B 为结构元，B 对 A 的腐蚀定义为 $A\ominus B=\{z|(B)_z\subseteq A\}$，$B$ 对 A 的腐蚀是一个平移的 B 包含在 A 中的所有点的集合。

从处理结果可以看出，使用 3×3 的矩形结构元对二值图像进行腐蚀，部分细节点被去除掉了，同时较粗的线条也被细化了。线条之所以没有被全部腐蚀掉是因为线的宽度大于 3 个像素。因此，当应用 5×5 的矩形结构元对二值图像做腐蚀处理时，线条被完全的细化掉了。进而，如果结构元选定得足够大可以将所有的前景点全部去除掉。

6.2.2 膨胀

与腐蚀不同，腐蚀是一种收缩或细化操作，膨胀则会扩张和粗化二值图像中的物体。膨胀所用的结构元与腐蚀相似，如图 6-6 所示。

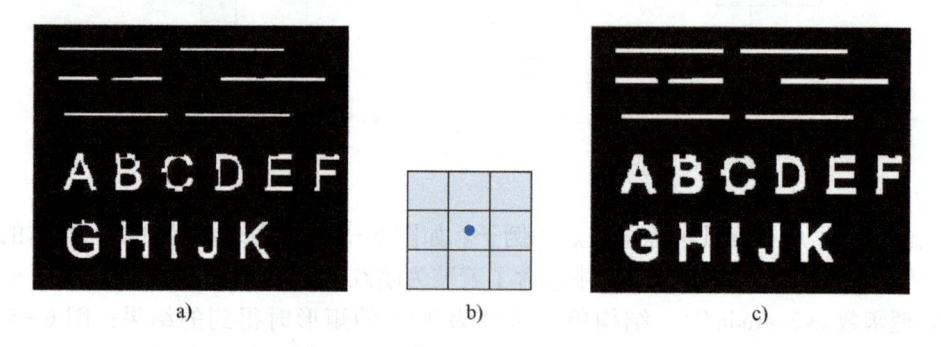

图 6-6　图像经过膨胀处理的结果
a）具有断裂的低分辨率样本　b）结构元　c）结构元对断裂样本进行膨胀处理

作为二维空间的集合 A 和集合 B，其中集合 A 为待处理集合，集合 B 为结构元，B 对 A 的膨胀定义为

$$A\oplus B=\{z|(\hat{B})_z\cap A\neq\varnothing\} \tag{6-4}$$

其中 $\hat{B}$ 是 B 的反射元素，$(\hat{B})_z$ 是先对 B 做关于原点的反射后，再在 A 上将 B 进行平移。$\hat{B}$ 平移后与 A 至少有一个非零元素相交时，对应的 $\hat{B}$ 原点所组成的集合，就是膨胀运算结果。

图 6-6c 为对图 6-6a 应用 MATLAB 图像处理函数 imdilate()，结构单元选择为 3×3 的矩形时得到的结果。由膨胀结果可以看出，膨胀的最简单应用之一是桥接断裂缝。如果断裂缝小于结构元的大小，那么断裂缝经过膨胀处理完全能够修复。

例 6-1　使用结构元 B 分别对图 6-7 中无孔洞的图 A 和有孔洞的图 A 进行腐蚀、膨胀。

解：（1）腐蚀操作
腐蚀的作用是消除边界点或者消除小且无意义的物体，使边界向内部收缩。

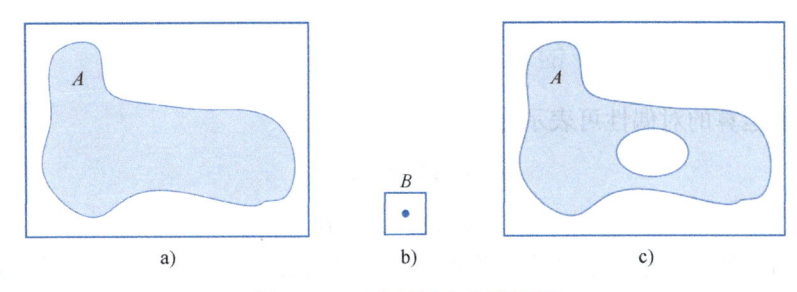

图 6-7　无孔洞图和有孔洞图
a）无孔洞图　b）结构元　c）有孔洞图

结构元 B 对无孔洞图 6-7a 进行腐蚀，当结构元 B 整体包含在图 A 的目标物体内部时，结构元的中心点所遍历的部分都属于腐蚀后的图像；当结构元移动到目标物体的边界部分，如图 6-8a，此时结构元 B 不完全包含在图 A 的目标物体内部，结构元中心点所遍历的部分则不属于腐蚀后的图像，致使腐蚀后图像的边界向内部收缩。

结构元 B 对有孔洞图 6-7b 进行腐蚀，当结构元 B 整体包含在图 A 的目标物体内部时，结构元的中心点所遍历的部分都属于腐蚀后的图像，对孔洞没有影响；当结构元移动到目标孔洞的边界部分，如图 6-8b，此时结构元 B 部分移到孔洞内部，不完全包含在图 A 的目标物体内部，结构元中心点所遍历的部分则不属于腐蚀后的图像，致使腐蚀后图像的孔洞向外部扩大。

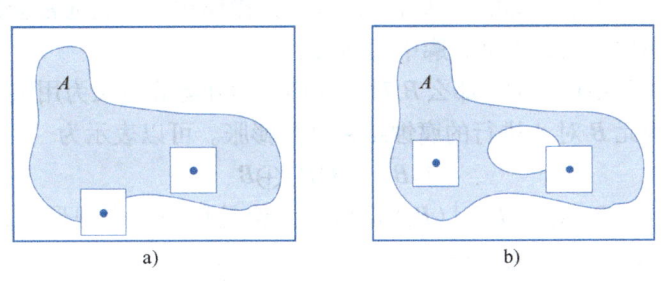

图 6-8　结构元对无孔洞图和有孔洞图的图像处理
a）结构元对无孔洞图像处理　b）结构元对有孔洞图像处理

（2）膨胀操作

膨胀的作用扩展目标物体或者填充孔洞。

结构元 B 对无孔洞图 6-7a 进行膨胀，当结构元 B 整体包含在图 A 的目标物体内部时，结构元的中心点所遍历的部分都属于膨胀后的图像；当结构元移动到目标物体的边界部分，此时结构元 B 与图 A 的目标物体有交集，结构元中心点所遍历的部分仍属于膨胀后的图像，致使膨胀后图像的边界向外部扩展。

结构元 B 对有孔洞图 6-7b 进行膨胀，当结构元 B 整体包含在图 A 的目标物体内部时，结构元的中心点所遍历的部分都属于膨胀后的图像，对孔洞没有影响；当结构元中心移动到目标孔洞的内部，只要结构元 B 部分区域与图 A 的目标物体内部有交集，则结构元中心点所遍历的部分仍属于膨胀后的图像，此时图像的孔洞会逐渐缩小。若结构元的尺寸大于孔洞的尺寸，膨胀后，图像中的孔洞被全部填充。

6.2.3 腐蚀运算和膨胀运算的对偶性

膨胀和腐蚀运算的对偶性可表示为

$$(A \oplus B)^c = A^c \ominus \hat{B} \tag{6-5}$$

$$(A \ominus B)^c = A^c \oplus \hat{B} \tag{6-6}$$

即对目标图像的膨胀运算取补集，等价于对背景的腐蚀运算；对目标图像的腐蚀运算取补集，等价于对背景的膨胀运算。

6.3 开操作和闭操作

由上一节可知，膨胀会扩大图像目标物的组成部分，或者可以认为是将断裂缝修复并扩展前景图像，而腐蚀则会缩小图像目标物的组成部分。膨胀与腐蚀运算对目标物的后处理有着非常好的作用。但是，腐蚀和膨胀运算的一个缺点是，改变了原目标物的大小。为了解决这一问题，考虑到腐蚀与膨胀是一对逆运算，将膨胀与腐蚀运算同时进行，可以不改变图像中目标物的轮廓尺寸，由此便构成了开运算与闭运算。

本节将讨论另外两个重要的形态学操作：开操作和闭操作。这两个操作是将膨胀与腐蚀运算以不同的顺序联合使用。开操作一般会平滑物体的轮廓、断开较窄的部分并消除细的突出物。闭操作同样也会平滑轮廓的一部分、但是与开操作相反，它通常会弥合较窄的间断和细长的沟壑，消除小的孔洞，填补轮廓中的断裂。

假设存在集合 A 和结构元 B，那么 B 对 A 的形态学开运算定义为用结构元 B 对 A 先进行腐蚀，然后再用结构元 B 对 A 进行的腐蚀结果进行膨胀。可以表示为

$$A \circ B = (A \ominus B) \oplus B \tag{6-7}$$

也可以表示为：$A \circ B = \cup ((B_z) | (B_z) \subseteq A)$，无论是哪一种表现形式，处理的过程都是首先进行腐蚀处理，然后将腐蚀处理的结果再进行膨胀。

而形态学的闭运算过程与开运算过程相反。B 对 A 的形态学闭运算定义为

$$A \cdot B = (A \oplus B) \ominus B \tag{6-8}$$

表示用结构元 B 对 A 先进行膨胀，然后再用结构元 B 对 A 的膨胀结果进行腐蚀。

开运算和闭运算在 MATLAB 中通过函数 imopen( ) 和 imclose( ) 实现。函数的具体应用形式为 C=imopen(A,B)，C=imclose(A,B)，其中，A 为原始图像，B 为结构元。应用开运算对图像（见图 6-9a）的处理结果如图 6-9b 和图 6-9c 所示。使用半径为 8 个像素的圆作为结构元进行开运算的命令如下：

```
image=imread('Kai1.tif')
se = strel('disk',8);
fo=imopen(image,se);
```

其中，se 为所采用的结构元设定，可以选择 disk、line、ball 等。处理结果表明：当结构元尺寸较小时，原始图像中连接部分被断开，但是主体目标轮廓尺寸改变较小。当结构元尺寸较大时，图像中较小的细长的部分被消除，主体目标的外边缘会逐渐平滑。

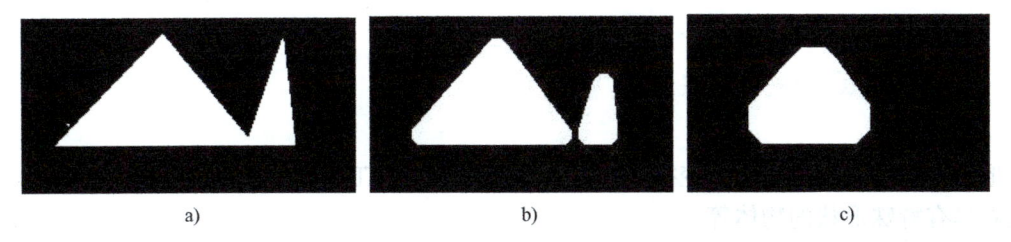

图 6-9　图像的开运算

a）原始图像　b）原始图像应用圆形半径为 8 个像素作为结构元进行开运算的结果

c）原始图像应用圆形半径为 20 个像素作为结构元进行开运算结果

应用闭操作对图像处理，同样选择半径为 8 个像素的圆作为结构元，对原始图像进行闭运算的命令如下：

```
image=imread('Kai1.tif')
se = strel('disk',8);
fo=imclose(image,se);
```

结构元的选择与开操作是相同的，同样也可以选择其他的结构元进行处理。处理的结果如图 6-10 所示。

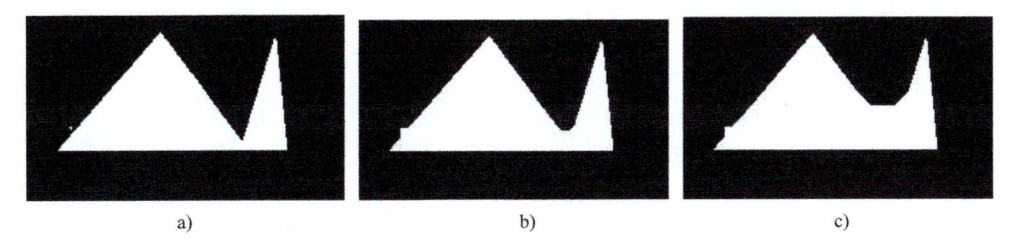

图 6-10　图像的闭运算

a）原始图像　b）原始图像应用圆形半径为 8 个像素作为结构元进行闭运算的结果

c）原始图像应用圆形半径为 20 个像素作为结构元进行闭运算结果

开运算和闭运算同时对原始图像进行处理的结果如图 6-11 所示。处理结果表明细长的部分和边线附近的噪声都已经被去除。把开运算和闭运算结合使用将能够非常有效地去除噪声。

图 6-11　对图像同时进行开运算和闭运算

a）原始图像　b）采用开运算和闭运算的处理结果

6.4 击中和击不中变换

形态学中的击中与击不中变换是一种形状检测的基本工具,例如孤立的前景像素点、线段或者具有特殊形状的物体等。

A 被 B 击中或击不中可以表示为

$$A \odot B = (A \ominus B_1) \cap (A^c \ominus B_2) \tag{6-9}$$

其中 B 是结构元素对 $B=(B_1,B_2)$,而不是单个元素。那么击中与击不中变换由这两个结构元分别对集合 A 和 A^c 做腐蚀处理,最终处理结果的交集即为集合 B 的位置,也即最终判定集合 A 中是否包含了集合 B 指定的形状。

例 6-2 假定集合 A 包含三种形状:集合 C 表示三角形,集合 D 表示矩形,集合 E 表示圆。图 6-12 中背景区域为深色部分。图 6-12a 表示集合 A,现在需要判定该集合中是否包含集合 C,也即是否包含该正方形 C。

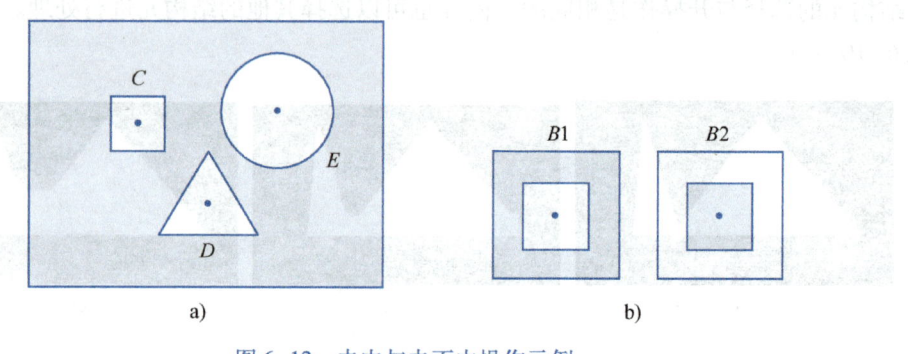

图 6-12 击中与击不中操作示例
a) 集合 A b) 待检测结构 C 和局部的背景集合 $W-C$

解:根据击中与击不中的集合运算表示公式,需要对集合 C 进行处理,以便得到结构元素对。选择一个小窗口 W,W 包含集合 C,用 B_1 来表示,$B_1=W$,$B_2=W-C$,结构元素对如图 6-12b 所示,其中白色区域表示有效区域,深色为背景区域。

根据式(6-9),C 精确拟合 A 内部的位置是由 C 对 A 的腐蚀和 $W-C$ 对集合 A 的补集腐蚀的交集,此交集正是需要寻找的位置。那么 C 对 A 的击中与击不中可以表示为 $A \odot C = (A \ominus B_1) \cap (A^c \ominus B_2)$。

由图 6-13 的结果可以看出,使用与物体有关的结构元和与背景有关的结构元是基于一个前提假设——两个或多个物体形成相互脱离的集合时,这些物体才是可分的。

击中和击不中变换在 MATLAB 中通过函数 bwhitmiss() 函数实现,该函数具体表示为:$C=\text{bwhitmiss}(A,B_1,B_2)$,其中,$A$ 为输入图像,B_1 和 B_2 为结构元素。

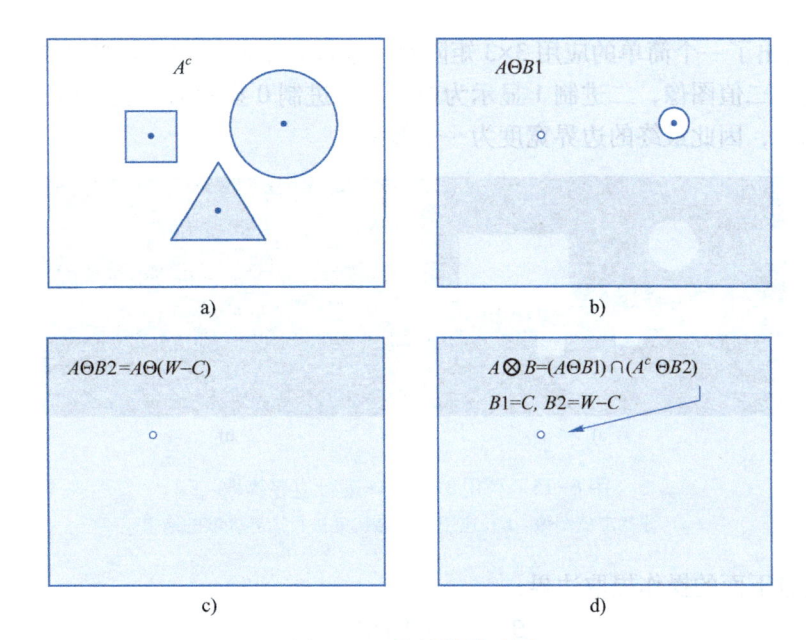

图 6-13 腐蚀结果示例

a）集合 A 的补集　b）应用集合 C 对集合 A 进行腐蚀的结果　c）应用背景集合 $W-C$ 对集合 A 的补集进行腐蚀的结果
d）腐蚀结果图 b 和 c 的交集，也即最终确定的位置

6.5　一些基本形态学算法

以上讨论的是基础形态学图像处理方法，下面我们将讨论形态学的一些基本应用。在二值图像处理过程中，形态学的主要应用是提取表示描述形状的图像成分。因此首先我们可以想到的应用是提取边界、同时也可用于对孔洞的填充以及连通分量的提取等。

6.5.1　边界提取

边界提取可以表示为

$$\beta_1(A) = A - (A \ominus B) \tag{6-10}$$

即先通过结构元 B 对集合 A 进行腐蚀，然后用集合 A 减去腐蚀结果。图 6-14 给出了边界提取的基本过程。图 6-14b 为简单的二值物体，结构元 6-14a 只是众多可选择的结构元中的一种，不是唯一的。

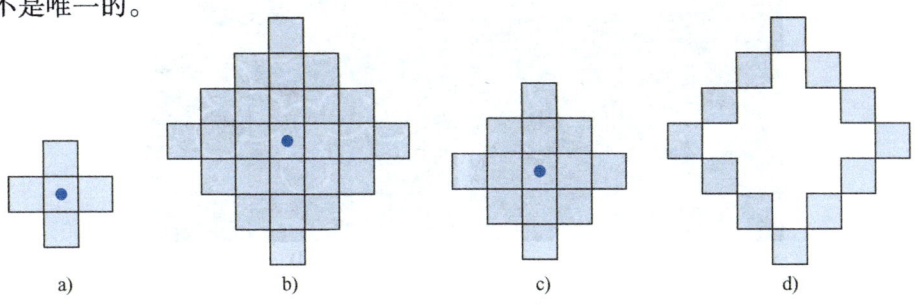

图 6-14　边界提取过程

a）结构元　b）待处理图像　c）腐蚀结果　d）最终边界

图 6-15 给出了一个简单的应用 3×3 矩阵对一幅包含不同形状物体的边界进行提取的结果。原始图像为二值图像，二进制 1 显示为白色，二进制 0 显示为黑色。由于采用的是 3×3 矩阵作为结构元，因此最终的边界宽度为一个像素。

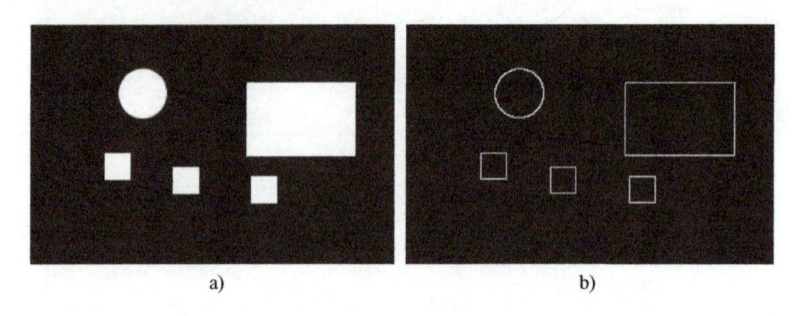

图 6-15　利用 3×3 矩阵进行边界提取
a）原始二值图像　b）应用 3×3 结构元进行边界提取的结果

也可以通过下面的操作提取边界：

$$\beta_2(A) = (A \oplus B) - A \tag{6-11}$$

$$\beta_3(A) = (A \oplus B) - (A \ominus B) \tag{6-12}$$

式（6-10）可以提取图像的内边界。式（6-11）通过先膨胀，再减去 A 图，可以提取图像的外边界。式（6-12）为先对图像进行膨胀处理，再减去对 A 图的腐蚀，处理后的图像常被称为提取图像的形态学梯度。图 6-16 为三种边界提取结果的差异。

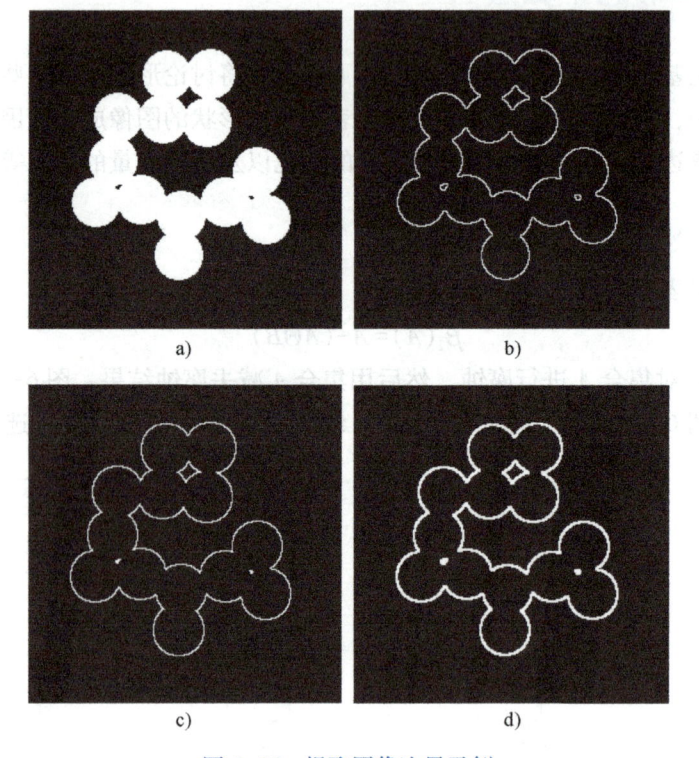

图 6-16　提取图像边界示例
a）原图像　b）原图像的内边界　c）原图像的外边界　d）原图像的形态学梯度

6.5.2 孔洞填充

孔洞由连通的像素区域包含部分背景区域组成。如果需要进行孔洞填充，膨胀可以实现，只要选择的结构元像素足够多，能够实现对孔洞的全部填充。但是，不同的孔洞大小不尽相同，因此，完全依靠简单的膨胀方法不现实。另外，如果对原始孔洞进行膨胀，选择结构元的尺寸不合适，孔洞可能依然存在。此时，如果对膨胀后的图像进行求补，将求补的结果与膨胀的结果求交集，如此重复迭代，则可完全实现孔洞的填充。

孔洞填充是一个迭代的过程，具体运算公式可表示为

$$X_k = (X_{k-1} \oplus B) \cap A^c \tag{6-13}$$

上式表明孔洞填充是一个不断迭代的过程，具体方法是先找孔洞的一个点，用结构元去膨胀，然后用原图像的补集进行约束（通过求交集方式实现）。不断重复膨胀、约束，直至图形不改变（即收敛）则停止。最后，与原图求交集，就可以实现孔洞的填充。下面采用图 6-17~图 6-19 等图例解释孔洞填充过程。

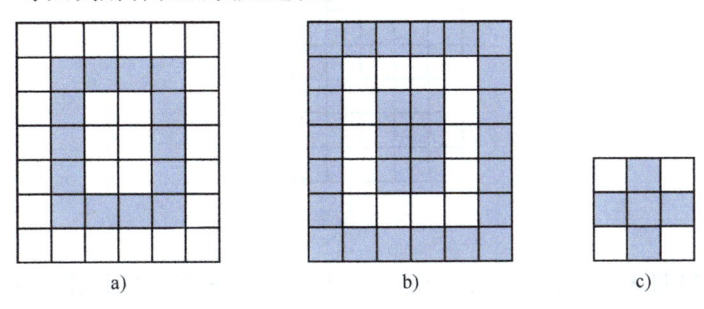

图 6-17 采用结构元 B 对图像 A 进行孔洞填充
a) 图像 A b) 图像 A 的补集   c) 结构元 B

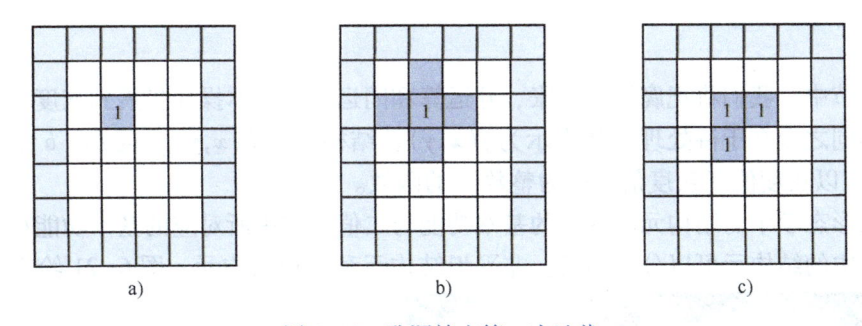

图 6-18 孔洞填充第一次迭代
a) 选取起始点   b) 用结构元进行膨胀   c) 与原图像 A 的补集取交集进行约束

具体填充过程如下：

1) 从图 6-17a 图像 A 孔洞中选择一个点作为起始点（见图 6-18a），用结构元 B 对该点进行膨胀（见图 6-18b），然后与原图像 A 的补集取交集进行约束（见图 6-18c）。

2) 重复膨胀和取交集操作：用结构元 B 对上一步的结果继续进行膨胀（见图 6-19a），然后与原图像 A 的补集取交集进行约束（见图 6-19b）。重复膨胀与取交集操作，一直到图形结果不再改变为止。

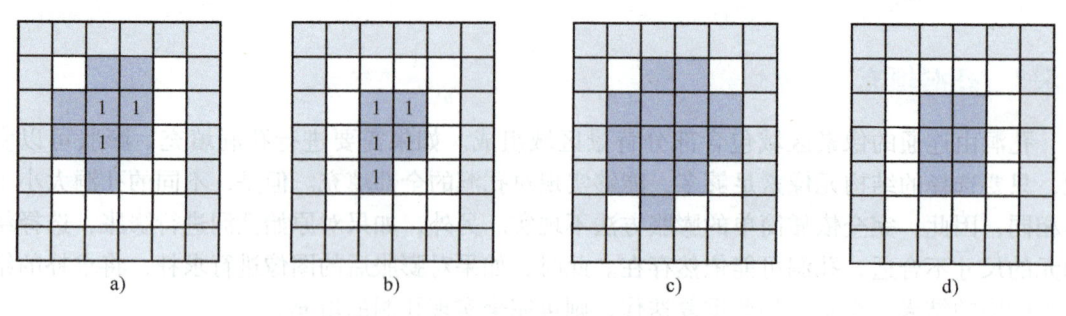

图 6-19 孔洞填充第二次、第三次迭代
a) 第二次膨胀 b) 与 A 的补集取交集 c) 第三次膨胀 d) 与 A 的补集取交集

3）当迭代图形结果不再改变，将最后一次迭代结果与图像 A 取并集，获得孔洞填充最终结果，如图 6-20 所示。

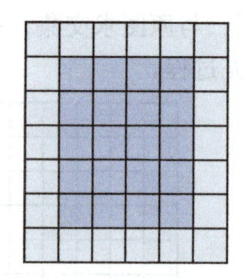

图 6-20 孔洞填充最终结果

孔洞填充在 MATLAB 中通过函数 imfill( ) 函数实现，该函数的具体表示为：$C = \mathrm{imfill}(f, \text{'holes'})$，'holes' 参数为自动执行孔洞填充。

6.6 灰度级形态学

在这一节中，我们将把腐蚀、膨胀、开运算和闭运算等基本操作扩展到灰度级图像。与二值图像不同之处在于待处理图像表示为 $f(x,y)$，结构元为 $b(x,y)$，且 f 和 b 是对每一个 (x,y) 坐标赋以灰度值（灰度值可以为整数）的函数。

灰度级形态学中的结构元所具有的基本功能与二值图像中所对应的基本功能相同。而灰度级形态学中的结构元可以分为两类：非平坦结构元和平坦结构元。图 6-21 给出了非平坦

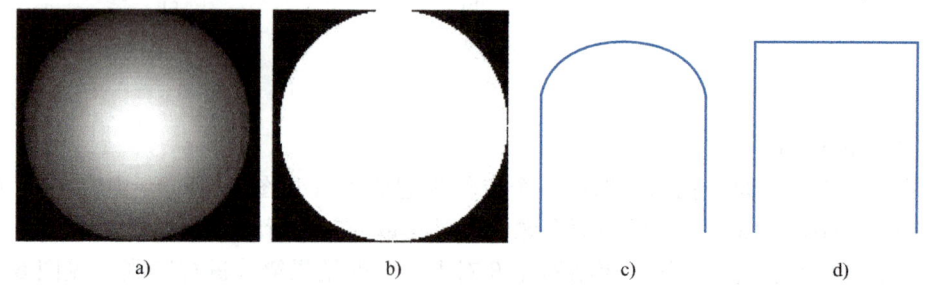

图 6-21 非平坦结构元和平坦结构元
a) 非平坦结构元 b) 平坦结构元 c) 非平坦结构元灰度剖面 d) 平坦结构元灰度剖面

和平坦的结构元。图 6-21a 以图像的形式给出了非平坦结构的结构元，图 6-21b 为平坦结构元，圆的中心为结构元的原点。剖面图为沿结构元的径向方向的灰度值。二值形态学中用到的交和并运算在灰度形态学中分别用最大极值和最小极值运算代替。灰度级形态学中的结构元的映射规则与二值图像处理中的映射规则相同。

6.6.1 腐蚀和膨胀

在灰度图像中，用结构元素 $b(x,y)$ 对输入图像 $f(x,y)$ 进行灰度腐蚀运算，根据采用结构元的不同可以有两种表示方式，采用非平坦结构元，灰度腐蚀表示如式（6-14）所示。

$$(f \Theta b)(s,t) = \min\{f(s+x,t+y) - b(x,y) \mid (s+x),(t+y) \in D_f; (x,y) \in D_b\} \quad (6-14)$$

式中，D_f 和 D_b 分别是 f 和 b 的定义域，要求 x 和 y 在结构元素 $b(x,y)$ 的定义域之内，而平移参数 $s+x$ 和 $t+y$ 必须在 $f(x,y)$ 的定义域内，这与二值形态学腐蚀运算定义中要求结构元素必须完全包括在被腐蚀图像中情况类似。但与二值图像的腐蚀运算的不同之处是，被移动的是输入图像函数 f 而不是结构元素 b。

灰度运算的计算是逐点进行的，求某点的腐蚀运算结果就是计算该点局部范围内各点与结构元素中对应点的灰度值之差，并选取其中的最小值作为该点的腐蚀结果。经腐蚀运算后，图像边缘部分具有较大灰度值的点的灰度会降低，因此，边缘会向灰度值高的区域内部收缩。

图 6-22 给出了一个应用非平坦结构元进行灰度腐蚀运算的例子。图 6-22a 为 5×5 的灰度图像矩阵 A，图 6-22b 为 3×3 的结构元素矩阵 B，其原点在中心位置处。图 6-22c 为最终的运算结果。下面以该例子腐蚀结果为例，说明灰度腐蚀运算过程，具体的运算过程如图 6-23 和图 6-24 所示。

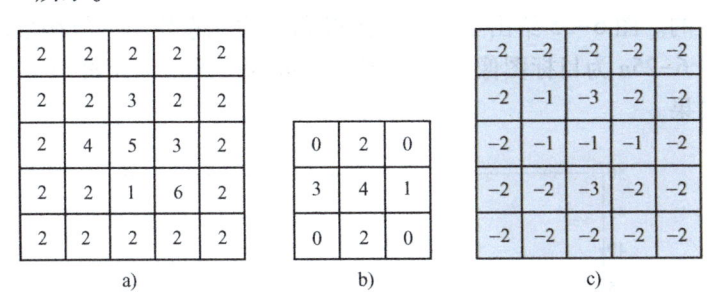

图 6-22 应用非平坦结构元进行灰度腐蚀运算结果
a）原始灰度图像矩阵　b）非平坦结构元　c）灰度腐蚀结果

图 6-23 灰度腐蚀运算过程 1
a）选取中心点进行腐蚀　b）原始图像减去结构元对应像素　c）中心位置的腐蚀结果

2	2	2	2	2
2	2	3	2	2
2	4	5	3	2
2	2	1	6	2
2	2	2	2	2

a)

2	2	2	2	2
2	2	3	0	2
2	4	2	-1	1
2	2	1	4	2
2	2	2	2	2

b)

2	2	2	2	2
2	2	3	2	2
2	4	5	-1	2
2	2	1	6	2
2	2	2	2	2

c)

图 6-24　灰度腐蚀运算过程 2

a）选取中心点相邻点进行腐蚀　b）原始图像减去结构元对应像素　c）中心位置相邻点的腐蚀结果

在图 6-23 中，将结构元的原点覆盖在 A 的中心元素上。依次用 A 的中心元素减去 B 的各个元素并将结果放在对应的位置上，如图 6-23b 所示。将 B 的原点移动到与 A 的元素相邻的 8 个元素上进行相同的操作，可得到 8 个平移相减的结果，取得到的 9 个位置的最小值，即为 A 中心元素腐蚀结果，如图 6-23c 所示。依据该方法计算 A 中的其他元素，就可得到图像灰度矩阵 A 的腐蚀结果，如图 6-24 所示。

为了便于分析和理解灰度腐蚀运算的原理和效果，可将式（6-14）进一步简化，仅列出一维函数的形式，如式（6-15）所示。

$$(f \Theta b)(s) = \min\{f(s+x) - b(x) \mid (s+x) \in D_f; x \in D_b\} \quad (6\text{-}15)$$

其中，目标图像和结构元素简化为 x 的函数，要求 x 和平移参数 $(s+x)$ 分别在定义域 D_f 和 D_b 之内是为了保证结构元素 $b(x)$ 在目标图像 $f(x)$ 的范围内进行处理，在目标图像范围外的处理是显然没有意义的。图 6-25 给出了当目标图像和结构元素均为一维函数时，腐蚀运算的过程示意图。其中 6-25a 为目标图像 $f(x)$，图 6-25b 为一维结构元素 $b(x)$，图 6-25c 为非平坦结构腐蚀的结果。

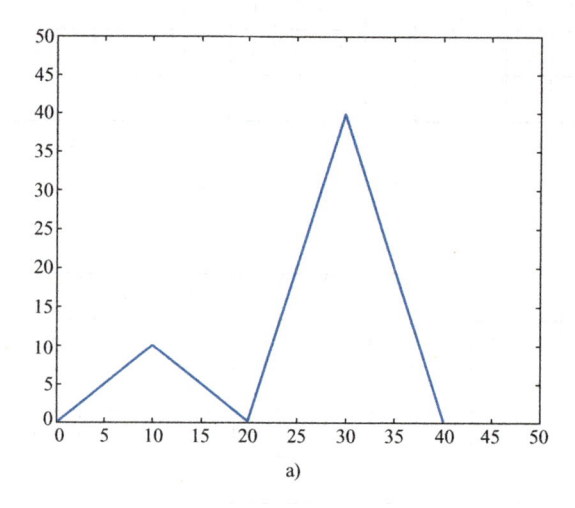

图 6-25　目标图像和结构元素均为一维函数时的腐蚀运算

a）目标图像 $f(x)$

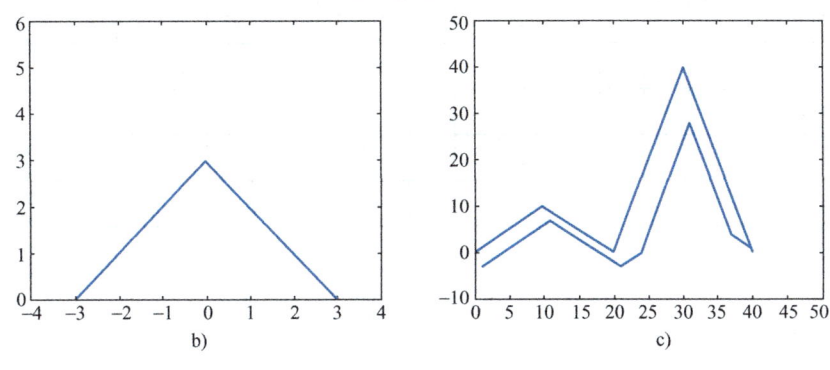

图 6-25 目标图像和结构元素均为一维函数时的腐蚀运算（续）
b）一维结构元素 $b(x)$　c）非平坦结构腐蚀结果

灰度图像的腐蚀通常采用平坦结构元执行，采用平坦结构元的灰度图像腐蚀可以表示为：$(f\ominus b)(s,t)=\min\{f(s+x,t+y)\,|\,(x,y)\in D_b\}$。平坦结构元的灰度腐蚀实际上是一个局部最小值算子，最小值的取值区域是由 D_b 确定的灰度图像区域。

图 6-26 给出了一个应用平坦结构元进行灰度腐蚀运算的例子。图 6-26a 为 5×5 的灰度图像矩阵 **A**，图 6-26b 为 3×3 的结构元素矩阵 **B**，其原点在中位位置处，图 6-26c 为最终的运算结果。下面以该例子腐蚀结果为例，说明灰度腐蚀运算过程，具体的运算过程如图 6-27 和图 6-28 所示。

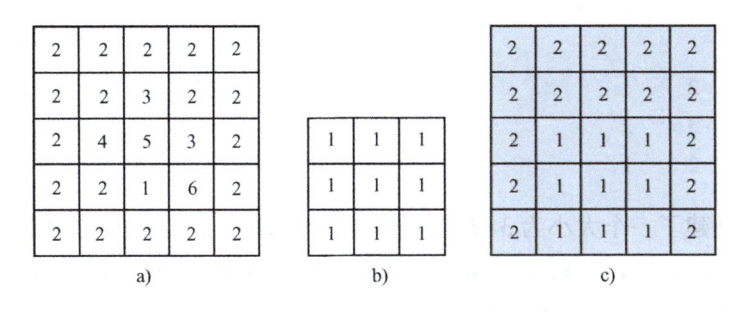

图 6-26　应用平坦结构元进行灰度腐蚀
a）原始灰度图像矩阵　b）平坦结构元　c）灰度腐蚀结果

图 6-27　应用平坦结构元灰度腐蚀过程 1
a）选取中心点进行腐蚀　b）结构元确定的原始图像区域　c）中心位置的腐蚀结果

2	2	2	2	2		2	2	2	2	2		2	2	2	2	2
2	2	3	2	2		2	2	3	2	2		2	2	3	2	2
2	4	5	3	2		2	4	5	3	2		2	4	5	1	2
2	2	1	6	2		2	2	1	6	2		2	2	1	6	2
2	2	2	2	2		2	2	2	2	2		2	2	2	2	2

a)   b)   c)

图 6-28   应用平坦结构元灰度腐蚀过程 2
a）选取中心点相邻点进行腐蚀   b）结构元确定的原始图像区域   c）中心位置相邻点的腐蚀结果

对于非平坦结构元在 MATLAB 中可以通过函数 strel( ) 函数来创建，该函数的参量是两个矩阵：①指定结构元素的定义域 D_b 的矩阵，其元素值为 0 和 1；②指定高度值 $b(x,y)$ 的矩阵。例如：

b = strel([1 1 1;1 1 1;1 1 1],[1 2 1;2 3 2;1 2 1])
b =
Nonflat STREL object containing 9 neighbors.
Neighborhood：
    1   1   1
    1   1   1
    1   1   1
Height：
    1   2   1
    2   3   2
    1   2   1

该实例函数创建了一个大小为 3×3 大小的非平坦结构元，结构元的元素分别为：$b(-1,1)=1$，$b(0,1)=2$，$b(1,1)=1$，$b(-1,0)=2$，$b(0,0)=3$，$b(0,-1)=2$，$b(-1,-1)=1$，$b(0,-1)=2$，$b(1,-1)=1$。

与二值图像的腐蚀方法相同，对于平坦结构元对灰度图像进行腐蚀时，平坦结构元同样可以用 strel( ) 函数创建。例如，下面的命令创建了一个平坦的 3×3 结构元。MATLAB 中灰度腐蚀操作函数与二值腐蚀操作函数在 MATLAB 7.x 中都为 imerode( )，如果给定图像为灰度图像，则腐蚀的函数 imerode( ) 将按照灰度图像腐蚀的运算过程进行处理。图 6-29 给出了应用平坦结构和非平坦结构对灰度图像进行腐蚀的处理结果。

     se = strel('square',3);
     gd = imerode(f,se);

对灰度图像进行膨胀同样需要结构元，灰度图像的膨胀所用的结构元同样分为非平坦结构元和平坦结构元两类。使用非平坦结构元 $b(x,y)$ 对灰度图像 $f(x,y)$ 进行膨胀表示为式（6-16）。

$$(f \oplus b)(s,t) = \max\{f(s+x,t+y) + b(x,y) \mid (s+x),(t+y) \in D_f; (x,y) \in D_b\} \quad (6-16)$$

图 6-29 灰度图像腐蚀
a）原始图像　b）平坦结构元腐蚀结果　c）非平坦结构元腐蚀结果

式中，D_f 和 D_b 分别是 f 和 b 的定义域，要求 x 和 y 在结构元素 $b(x,y)$ 的定义域之内，而平移参数 $s+x$ 和 $t+y$ 必须在 $f(x,y)$ 的定义域之内。类似于二值膨胀运算中要求目标图像集合和结构元素集合相交至少有一个元素。灰度膨胀运算的计算是逐点进行的，求某点的膨胀运算结果，也就是计算该点局部范围内各点与结构元素中对应点的灰度值之和，并选取其中的最大值作为该点的膨胀结果，经膨胀运算，边缘得到了延伸。

图 6-30 给出了一个应用非平坦结构元进行灰度膨胀运算的例子。图 6-30a 为 5×5 的灰度图像矩阵 A，图 6-30b 为 3×3 的结构元素矩阵 B，其原点在中位位置处。图 6-30c 为最终的运算结果。下面以该例子膨胀结果为例，说明灰度膨胀运算过程，具体的运算过程如图 6-31 和图 6-32 所示。

图 6-30　应用非平坦结构元进行灰度膨胀运算结果
（a）原始灰度图像矩阵　b）非平坦结构元　c）灰度膨胀结果

图 6-31　应用非平坦结构元进行灰度膨胀运算过程 1
a）选取中心点进行膨胀　b）原始图像结构元对应像素求和　c）中心位置的膨胀结果

在实际的应用中，灰度图像的膨胀通常使用平坦结构元来执行，在这种结构元素中，$b(x,y)$ 值已经没有实际的意义，起决定作用的是结构元的模式。采用平坦结构元对灰度图像进行腐蚀可以表示为式（6-17）。

图 6-32 应用非平坦结构元进行灰度膨胀运算过程 2
a）选取中心点相邻点进行膨胀 b）原始图像与结构元对应像素求和结果 c）中心位置相邻点的膨胀结果

$$(f \oplus b)(s,t) = \max\{f(s+x,t+y) \mid (x,y) \in D_b\} \quad (6-17)$$

平坦结构元的灰度膨胀实际上是一个局部最大值算子，最大值的取值区域是由 D_b 确定的灰度图像区域。由公式也可以看出，结构元的实际值不影响最终的膨胀结果。图 6-33 给出了选择平坦结构元对灰度图像进行膨胀的示例。具体的膨胀过程示例如图 6-34 和图 6-35 所示。

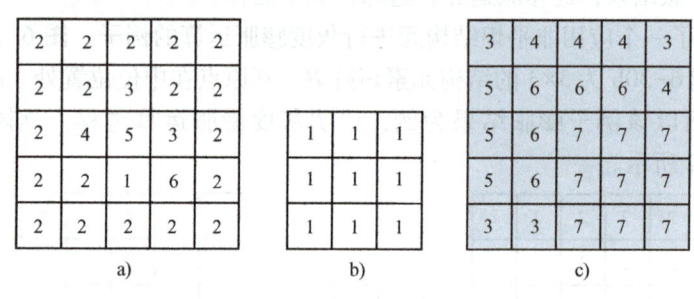

图 6-33 应用平坦结构元对灰度图像进行膨胀的结果
a）原始灰度图像矩阵 b）平坦结构元 c）灰度膨胀结果

图 6-34 应用平坦结构元进行膨胀运算的过程 1
a）选取中心点进行膨胀 b）结构元确定的原始图像区域 c）中心位置的膨胀结果

与腐蚀相似，对于非平坦结构元在 MATLAB 中可以通过函数 strel( ) 函数来创建，该函数的参量是两个矩阵：①指定结构元素的定义域 D_b 的矩阵，其元素值为 0 和 1；②指定高度值 $b(x,y)$ 的矩阵。对于平坦结构元同样可以使用 strel( ) 函数创建。

MATLAB 中灰度图像的膨胀操作函数与二值腐蚀操作函数都为 imdilate( )，如果给定图像为灰度图像，则膨胀的函数 imdilate( ) 将按照灰度图像膨胀的运算过程进行处理。图 6-36 给出了非平坦结构元和平坦结构元进行灰度图像膨胀的结果，具体的程序如下：

2	2	2	2	2
2	2	3	2	2
2	4	5	3	2
2	2	1	6	2
2	2	2	2	2

a)

2	2	2	2	2
2	2	4	3	3
2	4	6	4	3
2	2	2	7	3
2	2	2	2	2

b)

2	2	2	2	2
2	2	3	2	2
2	4	5	7	2
2	2	1	6	2
2	2	2	2	2

c)

图 6-35　应用平坦结构元进行膨胀运算的过程 2

a）选取中心点相邻点进行膨胀　b）结构元确定的原始图像区域　c）中心位置相邻点的腐蚀结果

```
yuanshi = imread('huidu.jpg');
gray = yuanshi(:,:,1);
b = strel([0 1 0; 1 1 1; 0 1 0],[1 2 1; 2 3 2; 1 2 1]);
NonFlatIm = imdilate(gray,b);
b1 = strel('square',5);
FlatIm = imdilate(gray,b1);
```

图 6-36　灰度图像膨胀

a）原始图像　b）非平坦结构元膨胀结果　c）平坦结构元膨胀结果

灰度图像的膨胀和腐蚀可以组合使用，目的是为了获得各种效果。例如，从膨胀后的图像中减去腐蚀图像可以产生"形态学梯度"，它可以作为检测图像中局部灰度级变化的一种度量。处理结果如图 6-37 所示，图 6-37b 为灰度图像的"形态学梯度"。该图像具有边缘增长特征，这些特征类似于梯度操作所得到的特征。

图 6-37　灰度图像的"形态学梯度"

a）灰度图像　b）经过膨胀和腐蚀后得到的形态学梯度图像

6.6.2 开运算和闭运算

与二值形态学类似，在定义了灰度腐蚀和灰度膨胀运算的基础上，可以进一步定义灰度开运算和灰度闭运算。

灰度开运算与二值图像的开运算具有相同的形式，用结构元素 b 对灰度目标图像 f 进行开运算可表示为：$f \circ b = (f \ominus b) \oplus b$。与二值图像的开运算过程相同，相当于 f 由 b 腐蚀，将腐蚀的结果由 b 膨胀。类似地，用结构元素 b 对灰度目标图像 f 进行闭运算可表示为：$f \cdot b = (f \oplus b) \ominus b$。

图 6-38 给出了一维状况下的开运算和闭运算。图 6-38a 为原始的一维图像，图 6-38b 为应用平坦结构元对一维原始图像进行腐蚀运算，图 6-38c 为应用平坦结构元对一维原始图像的腐蚀运算结果进行膨胀，最终得到原始图像进行开运算的结果。图 6-38d 为应用平坦结构元对一维原始图像进行膨胀运算，图 6-38e 为应用平坦结构元对一维原始图像的膨胀运算结果进行腐蚀，最终得到闭运算的结果。由一维处理的结果可以看出，开运算用于去除较小的明亮细节，而保持整体灰度级和较大的明亮特征相对不变。闭运算可以除去图像中的暗细节部分，相对保持明亮部分不受影响。

图像的开运算和闭运算中，可以将图像函数 $f(x,y)$ 看作一个三维的表面，此时的灰度值为 xy 平面的高度值。b 对灰度目标图像 f 的开运算可以看作是从 f 的下表面向上推动结构元。在 b 的每个原点位置，开运算是当从 f 的下表面向上推动结构元时，b 的任何部分所达到的最大值。最终，b 对灰度目标图像 f 的开运算就是由 b 的原点访问 f 的每一个坐标 (x,y) 所得到的所有值的集合。

图 6-39 将图 6-38 中说明的一维的概念拓展到了二维。图 6-39b 和图 6-39c 给出了二维灰度图像的开运算和闭运算结果。从结果图像也可以看出，原始图像经过开运算后，比结构元素更小的明亮细节被去除掉了。原始图像经过开运算后，比结构元素更小的暗色细节同样被去除掉。根据开运算和闭运算的特点，开运算和闭运算组合使用可以平滑图像并消除噪声点。图 6-40 给出了原始图像经过开运算和闭运算操作的结果。示例程序如下：

```
gray = imread('gray.jpg');
se = strel('square',5);
grayOpen = imopen(gray,se);
grayOpenClose = imclose(grayOpen,se);
交替顺序：
gray = imread('gray.jpg');
for k = 2:5
    se = strel('square',k);
    grayOpenClose = imclose(imopen(gray,se),se);
end
```

图 6-40b 显示了灰度图像经过 5×5 平坦结构元开运算的结果。图 6-40c 给出了经过开运算和闭运算的最终的结果。从结果中可以看到背景的平滑和噪声点的消除。这种过程也可以称为开闭滤波，当然闭开滤波也能产生这样的效果。另外一种组合使用开运算和闭运算的方式是交换顺序使用开运算和闭运算。如示例程序：交替顺序。在该程序中，开始时使用一个较小的结构元，结构元逐渐增大最终达到与图 6-40c 中采用的结构元相同大小。

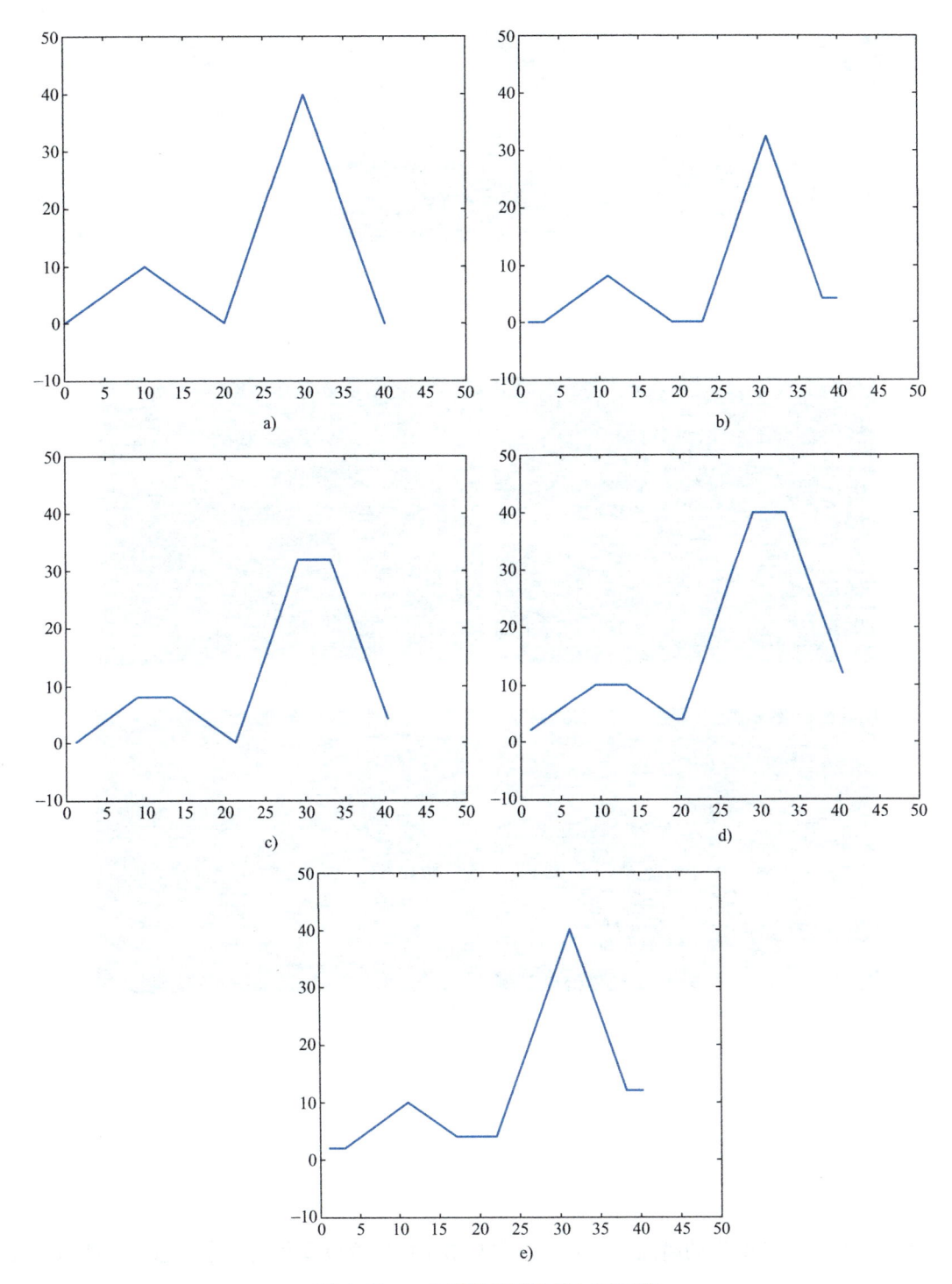

图 6-38 一维图像的开运算与闭运算

a）原始一维图像　b）平坦结构元对原始图像进行腐蚀运算操作的结果
c）平坦结构元对腐蚀结果进行膨胀操作，最终得到开运算的结果　d）平坦结构元对原始图像进行的膨胀操作的结果
e）平坦结构元对膨胀结果进行腐蚀操作，最终得到闭运算的结果

图 6-39 二维灰度图像的开运算与闭运算

a）原始灰度图像　b）灰度图像的开运算　c）灰度图像的闭运算

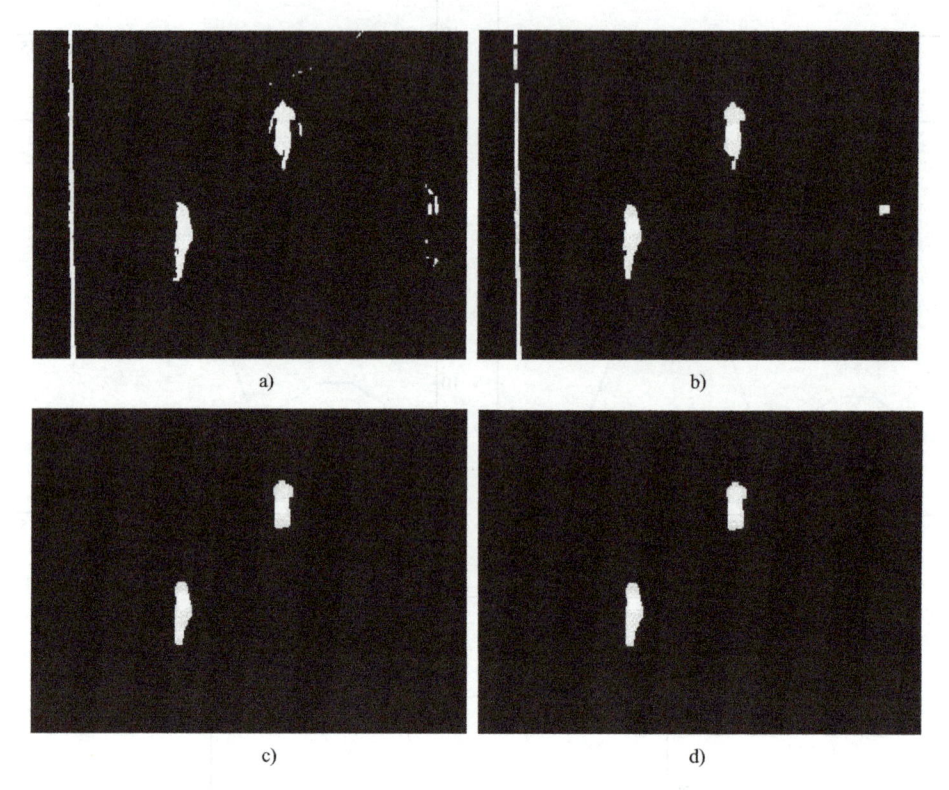

图 6-40 灰度图像经过 5×5 平坦结构元各类运算的结果

a）原始灰度图像　b）灰度图像的开运算结果　c）灰度图像的开运算、闭运算结果　d）灰度图像的交替运算结果

6.7 形态学图像处理仿真实例

本节给出了二值图像的腐蚀、膨胀、击中与击不中变换以及灰度图像形态学处理的仿真实例。

6.7.1 二值图像腐蚀和膨胀的仿真实例

MATLAB 图像处理工具 IPT 函数中给出了多种图像处理的函数。首先，应用 IPT 函数读取一帧图像并进行灰度化和二值化，为进行二值图像的形态学处理和灰度图像的形态学处理做准备。彩色图像二值化示例如图 6-41 所示。

程序：

```
f=imread('Kai.jpg');              %读取原始彩色图像
imshow(f);                         %显示彩色图像
gray=rgb2gray(f);                  %彩色图像转化为灰度图像
imshow(gray);                      %显示灰度图像
imwrite(gray,'gray.jpg');          %保存灰度图像
Bimage=im2bw(gray,0.5);            %灰度图像二值化
imshow(Bimage);                    %显示二值图像
imwrite(Bimage,'Bimage.jpg');      %保存二值图像
```

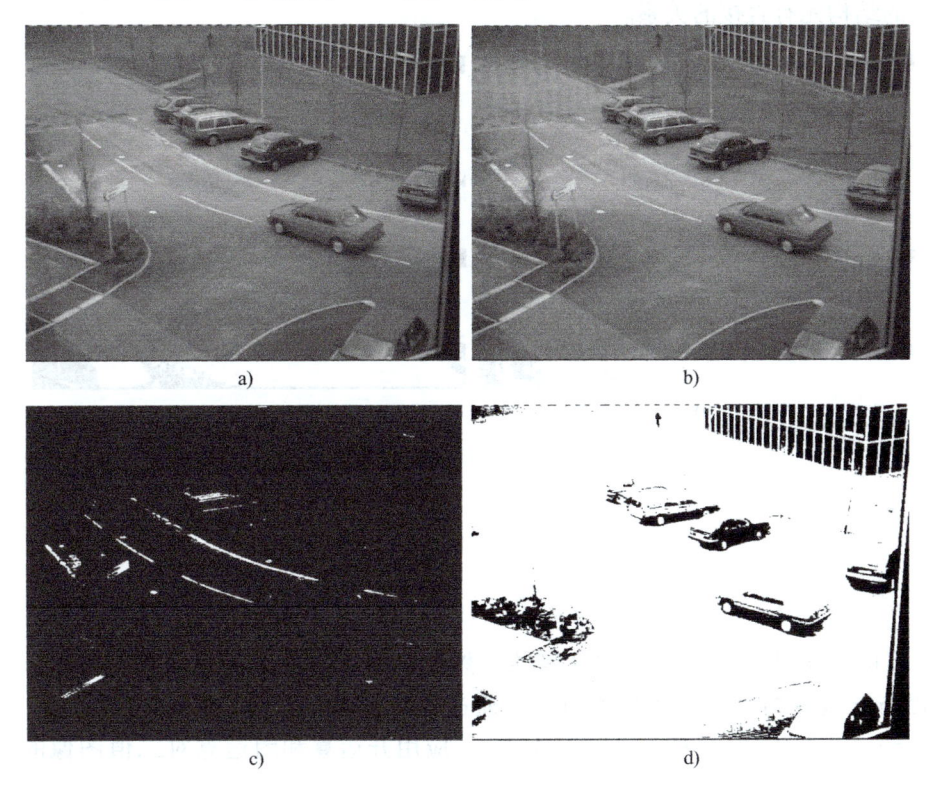

图 6-41 彩色图像二值化示例

a) 原始图像 b) 灰度图像 c) 二值化中采用阈值 0.8 的处理结果 d) 二值化中采用阈值 0.3 的处理结果

从处理结果可以看出，im2bw( )函数可以设定不同的阈值，阈值不同得到的二值图像不同。默认的阈值为 0.5。

得到的二值图像和灰度图像是为了后续的形态学处理做准备。得到的二值图像可以进行腐蚀与膨胀处理。IPT 函数 imdilate( )执行膨胀运算。基本语法为 $C=imdilate(A,B)$，其中 C 和 A 都为二值图像，B 为指定的结构元。结构元的选择有多种形式。可以直接指定结构元，也可以通过 strel( )函数指定。strel( )函数的基本语法为 se=strel(shape,parameters)，其中，shape 是指定形状的字符串，而 parameters 是指定形状信息的一系列参数。例如：se=strel('square',3); 将返回一个 3×3 的结构元矩阵。应用结构元对二值图像进行腐蚀和膨胀的处理

函数如下：

```
Bimage = imread('Bimage.jpg');      %读取二值图像
se = strel('square',5);              %设定结构元
ImD = imdilate(Bimage,se);           %二值图像的膨胀处理
imwrite(ImD,'ImD.jpg');              %保存膨胀处理图像
ImE = imerode(Bimage,se);            %二值图像的腐蚀处理
imwrite(ImE,'ImE.jpg');              %保存腐蚀处理图像
```

从图 6-42 的处理结果可以看出，经过膨胀的处理过程，图 6-42a 将原始的二值图像中较亮的线条变宽了，而腐蚀处理的结果是将较宽的两线部分变窄了。处理的结果与 strel() 函数选择的结构元有直接的关系。

图 6-42　腐蚀和膨胀的处理结果
a）膨胀的处理结果　b）腐蚀的处理结果

6.7.2　二值图像的开运算与闭运算

A 被 B 的形态学开运算是 A 被 B 腐蚀，然后再用 B 对腐蚀的结果进行膨胀。而闭运算的过程与开运算相反。开运算和闭运算通过函数 imopen() 和 imclose() 实现。具体的语法为 $C = \text{imopen}(A,B)$，$C = \text{imclose}(A,B)$。应用开运算和闭运算对二值图像的处理程序如下：

```
Bimage = imread('Bimage.jpg');      %读取二值图像
se = strel('square',5);              %设定结构元
ImO = imopen(Bimage,se);             %二值图像的开运算
imwrite(ImO,'ImO.jpg');              %保存开运算处理图像
ImC = imclose(Bimage,se);            %二值图像的闭运算
imwrite(ImC,'ImC.jpg');              %保存闭运算处理图像
```

从图 6-43 所示的开运算的结果中可以看出，相对于原始的二值图像，细长的部分被删除。

图 6-43 开运算与闭运算处理结果
a) 开运算处理结果 b) 闭运算处理结果

6.7.3 灰度图像的腐蚀和膨胀

灰度图像的形态学处理函数与二值图形的形态学处理函数相同，灰度级形态学处理过程中结构元分为平坦结构元和非平坦结构元，一般情况下均使用平坦结构元，平坦结构元的设定同样通过 strel( ) 函数指定。灰度图像的腐蚀和膨胀同样可以组合使用，例如可以从膨胀后的图像中减去腐蚀过程图像以获得"形态学梯度"，它是检测图像中局部灰度变换的一种度量。应用结构元对灰度图像进行腐蚀和膨胀的处理函数如下：

```
gray = imread('gray.jpg');              %读取灰度图像
se = strel('square',5);                 %设定结构元
GImD = imdilate(gray,se);               %灰度图像的膨胀处理
imwrite(GImD,'GImD.jpg');               %保存膨胀处理图像
GImE = imerode(gray,se);                %灰度图像的腐蚀处理
imwrite(GImE,'GImE.jpg');               %保存腐蚀处理图像
```

从图 6-44 所示的灰度图像的腐蚀和膨胀结果可以看出，灰度图像经过膨胀以后，较细的网格线变宽了，而经过腐蚀以后，较细的网格线条基本被清除了。腐蚀和膨胀可以组合使用，以获得各种效果。将膨胀后的图像减去腐蚀图像可以得到"形态学梯度"图像，它是

图 6-44 灰度图像的腐蚀和膨胀结果
a) 灰度图像的膨胀 b) 灰度图像的腐蚀

检测图像中局部灰度变化的一种度量,处理结果如图 6-45 所示。程序如下:

```
gray = imread('gray.jpg');              %读取灰度图像
se = strel('square',5);                 %设定结构元
GImD = imdilate(gray,se);               %灰度图像的膨胀处理
GImE = imerode(gray,se);                %灰度图像的腐蚀处理
morph_grad = imsubtract(GImD,GImE);
imwrite(morph_grad,'morph_grad.jpg');   %保存"形态学梯度"图像
```

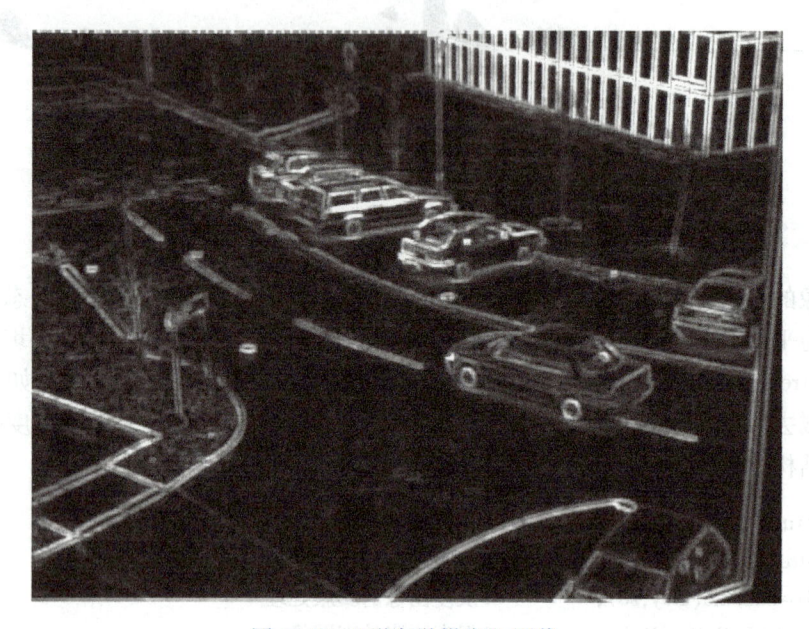

图 6-45 "形态学梯度"图像

6.7.4 灰度图像的开运算和闭运算

灰度图像的开运算与闭运算与二值图像相应的表达形式相同。开运算相当于 f 由 b 腐蚀,将腐蚀的结果由 b 膨胀。闭运算与开运算过程相反。灰度图像的开运算和闭运算的处理函数与二值图像的开运算和闭运算函数相同,处理结果如图 6-46 所示。灰度图像的开运算和闭运算程序如下:

```
gray = imread('gray.jpg');       %读取灰度图像
se = strel('square',5);          %设定结构元
GImO = imopen(gray,se);          %灰度图像的开运算
imwrite(GImO,'GImO.jpg');        %保存开运算处理图像
GImC = imclose(gray,se);         %灰度图像的闭运算
imwrite(GImC,'GImC.jpg');        %保存闭运算处理图像
```

开运算可以用于补偿不均匀的背景亮度。如果从原始图像中减去开运算后的图像,这种方法称为顶帽变换。顶帽变换可以直接调用 imtophat() 函数直接实现。IPT 函数 imtophat 只用一步就可以执行该操作。处理结果如图 6-47 所示。

a)　　　　　　　　　　　　　　　　　　　　b)

图 6-46　灰度图像的开运算与闭运算处理结果

a）开运算处理结果　b）闭运算处理结果

```
gray = imread('gray.jpg');        %读取灰度图像
se = strel('square',5);           %设定结构元
f = imtophat(gray,se);            %顶帽变换
imwrite(f,'f.jpg');               %保存顶帽变换结果
```

图 6-47　顶帽变换结果

6.8　拓展与思考

技术应用及社会影响

图像形态学是一种基于集合论和积分几何理论的分析方法，主要用于图像处理和计算机视觉领域。它通过对图像进行一系列的形态学操作，如腐蚀、膨胀、开运算和闭运算等，来

提取图像中的关键特征和结构信息。图像形态学的技术应用广泛，对社会产生了深远的影响。

1. 图像形态学在医学成像中的应用

在医学成像领域，图像形态学技术被广泛应用于病灶的检测、分割和量化分析。如：在乳腺癌的早期筛查中，图像形态学被用于从 X 射线图像中检测微钙化簇，这些钙化簇是早期乳腺癌的重要指标。通过形态学操作如开运算和闭运算，可以有效去除噪声并增强图像中的小细节，从而提高诊断的准确性。

在脑卒中诊断中，形态学处理技术被用于从 MRI 图像中分割出脑组织，评估脑卒中引起的组织损伤。通过形态学梯度和拓扑变换，医生能够更准确地确定受损区域的范围。

2. 图像形态学在工业检测中的应用

图像形态学在工业自动化和质量控制中同样扮演着关键角色。如：在半导体制造领域，图像形态学技术被用于检测硅晶片上的微小缺陷。通过形态学操作，如腐蚀和膨胀，可以识别并量化晶片表面的不规则性，确保产品质量符合高标准。

在汽车制造中，图像形态学被应用于自动化喷漆线的表面缺陷检测。利用形态学算法对图像进行分析，可以快速识别出喷漆不均或划痕等问题，及时进行调整。

3. 图像形态学在公共安全领域的应用

图像形态学技术在提高公共安全方面也有着显著的贡献。如：在交通监控系统中，图像形态学被用于识别和跟踪车辆。通过对车辆图像进行形态学处理，可以提取车辆的轮廓信息，实现车辆的自动分类和计数，有助于交通流量管理和事故预防。

在边境监控中，图像形态学技术被用于分析卫星图像，检测非法入境行为。通过形态学变换，可以从复杂的背景中分离出人类活动的迹象，提高监控效率。

通过了解图像形态学技术在多个领域的实际应用案例，我们得以一窥其广泛的应用前景及其对社会产生的深远影响。这些生动的案例不仅彰显了技术的实用价值，更凸显了在技术应用过程中不可或缺的创新驱动力与深切的社会责任感。

图像形态学技术的应用极大提升了工作效率，为各行各业带来了前所未有的便捷。在安全性方面，它通过精确的分析与识别，构筑了更加坚固的防护网。在医疗领域，它显著提高了诊断的准确性和治疗的效果，为病患带来了福音。同时，它在推动科技不断向前发展的过程中同样发挥了不可或缺的作用。

6.9 习题

1. 给出下图 a 和图 b 的补集、合集、交集和差集。

a)　　　　　　　　b)

2. 给出下图的腐蚀和膨胀结果。

3. 自选结构元定位下图所示的圆形位置。

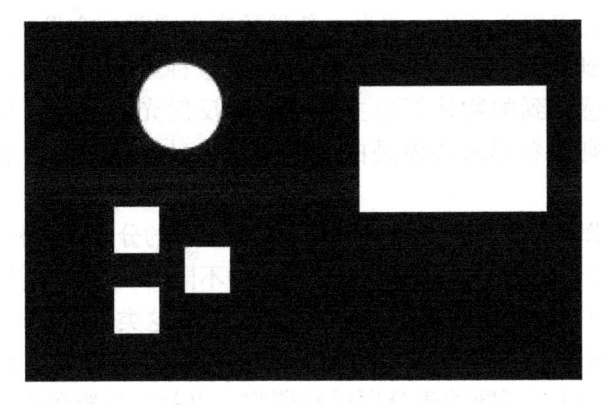

4. 自定义 7×7 灰度矩阵和平坦结构元与非平坦结构元,描述灰度级形态学的腐蚀和膨胀处理过程。

5. 自定义一维图像和平坦结构元,描述开运算与闭运算的具体过程。

第 7 章 彩色图像处理

随着计算机技术和微电子技术的发展，彩色图像成像设备性能不断提高，价格也随之下降，使得彩色图像的应用范围越来越广泛，图像处理技术也在逐步提高。与灰度图像相比，彩色图像除了包含大量信息以外，表示方法、数据结构和存储方式都与灰度图像不同。本章将介绍彩色图像处理技术，包括彩色图像的基本概念、彩色模型、伪彩色增强处理、真彩色图像处理和彩色图像处理 MATLAB 仿真实例等内容。

人的色觉的产生过程相当复杂。首先，色觉的产生需要一个发光光源，光源的光通过反射或透射方式传递到眼睛，被视网膜细胞接收产生神经信号；然后，人脑对此加以解释产生色觉。由于人感受到的物体颜色主要取决于反射光的特性，所以如果物体比较均衡地反射各种光谱，则人看起来物体是白的；若物体对特定光谱反射较强，则会呈现对应的颜色。

彩色图像处理技术可以分为两大类。首先，人对彩色的分辨能力和敏感程度都要比灰度强。人可以辨别几千种不同的色彩而只能辨别几十种不同的灰度。所以，可以将灰度图像处理或转化为彩色图像以提高人们对图像内容的观察效率。这类图像处理技术常称为伪彩色处理技术。其次，彩色图像对场景应用有更强的描述能力。借助彩色图像，人们可以了解到场景更多的性质，并且可以对不同性质分别进行研究，也就是对彩色图像的不同分量分别对待，与此相关的图像处理技术属于真彩色处理技术。

7.1 彩色图像的基本概念

7.1.1 彩色视觉基础

对彩色的视觉感知是人类视觉系统的固有能力。通过理论研究和大量实践，人们现在对颜色的物理本质已有了一定的掌握和了解。早在 17 世纪，牛顿在用三棱镜研究白光的折射现象时发现，白光可被分解成一系列从紫到红的连续光谱，从而证明白光是由不同颜色（而且这些颜色并不能再进一步被分解）的光线混合而成的。这些不同颜色的光线实际上是不同频率的电磁波，人的脑、眼将不同频率的电磁波感知为不同的颜色。

严格地说，颜色和彩色并不等同。颜色可分为无彩色和有彩色两大类。无彩色是指白色、黑色和各种深浅程度不同的灰色。以白色为一端，通过一系列从浅到深排列的各种灰色，到达另一端的黑色，这些可以组成一个黑白系列。彩色则是指除去上述黑白系列以外的各种颜色。

人们从一个物体上获得的颜色取决于这个物体的反射光的自然特性。也就是说，可见光由电磁能谱中相对狭长的频带组成。如果物体的反射光在所有可见光波长中的成分相对平衡时，物体显示出白色。如果物体只反射有限的可见频谱范围内的某些光波时，物体则显示不同的色差。例如，物体反射光的波长主要为 500～570 nm，而吸收多数其他波长的能量时，物体则显示绿色。

光的特点是颜色科学的中心。如果光线没有颜色，它唯一的属性就是它的强度和灰度。无色光通常就是我们在黑白电视机中看到的画面，而且它已成为图像处理中主要的讨论对象。因此灰度一词指的是强度的数量量度，即从黑到灰最后到白。

如图 7-1 所示，可见光的波长范围为 400~780 nm，当光谱采样限制到 3 个人类视觉系统敏感的红、绿、蓝光波段时，对这 3 个光谱带的光能量进行采样，就可以得到一幅彩色图像。

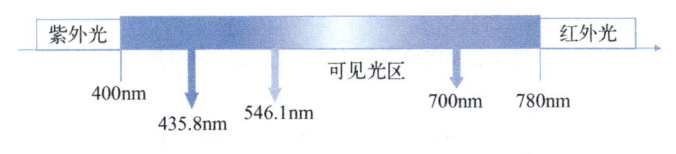

图 7-1 可见光光谱分布范围示意图

7.1.2 三原色与色匹配

根据人眼结构，人类视网膜中存在 3 种基本的颜色感知锥细胞，人对颜色的感知是 3 种细胞共同作用的结果。这样，所有颜色可以看成是 3 个基本颜色的不同组合，这 3 种颜色被称为三原色，即红（R，red）、绿（G，green）和蓝（B，blue），三种原色是相互独立的，任何一种原色都不能由其他两种颜色合成。

基于解剖学理论，人眼视网膜有 3 种不同的感受色彩的锥细胞，它们对外来辐射具有不同的频率响应曲线，如图 7-2 所示，3 条曲线的最高处（响应最大处）基本对应红、绿、蓝三色。人们认为 3 种感受彩色的锥细胞分别感受到这 3 种基本颜色，所以认为这是人眼的特性。其他颜色则为这三原色的不同组合。

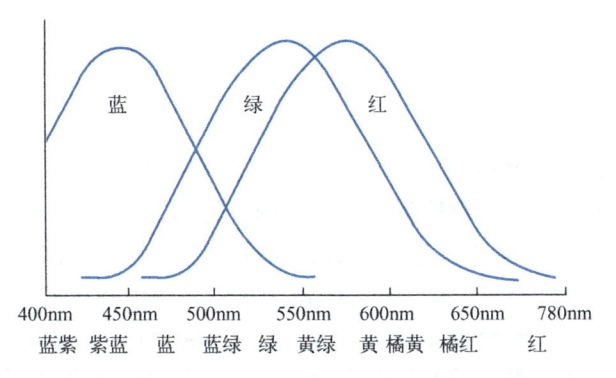

图 7-2 人眼三种视细胞的波长吸收函数曲线

需要指出，图 7-2 中，以三原色为基础的视觉机制的三条反应曲线均有较宽的分布，且相互有重叠。换句话说，某一波长的光可同时刺激 2~3 种感受细胞使之兴奋。所以，即使入射光是单一波长的，即刺激是单纯的，人的视觉系统的反应并不单纯，人的色觉是不同类型感受细胞综合反应的结果。由图 7-2 还可以看出，红、绿、蓝三色都包含一定频谱范围，为了建立标准，国际照度委员会（CIE）早在 1931 年就规定 3 种基本色的波长分别为 R：700 nm，G：546.1 nm，B：435.8 nm。

当把红、绿、蓝三色光混合时，通过改变各自的强度比例可以得到白色以及各种彩色，可表示为

$$C \equiv Rr + Gg + Bb \tag{7-1}$$

式中，C 为某种特定颜色；$\equiv$ 表示匹配；R、G、B 表示三种基本色；r、g、b 为比例系数，且有

$$r + g + b = 1 \tag{7-2}$$

设组成某种颜色 C 所需的 3 个刺激量分别为 X、Y、Z，则它们与 CIE 定义的 R、G、B 有如下关系：

$$\begin{cases} X = 0.4902R + 0.3099G + 0.1999B \\ Y = 0.1770R + 0.8123G + 0.0107B \\ Z = 0.0000R + 0.0101G + 0.9899B \end{cases} \tag{7-3}$$

反之，根据 X、Y、Z 也可得到三原色 R、G、B。

$$\begin{cases} R = 2.3635X - 0.8958Y - 0.4677Z \\ G = -0.5151X + 1.4246Y + 0.0887Z \\ B = 0.0052X - 0.0145Y + 1.0093Z \end{cases} \tag{7-4}$$

对白光，有 $X=1$、$Y=1$、$Z=1$。如果每种刺激量的比例系数为 x、y、z，则有 $C \equiv Xx + Yy + Zz$。比例系数 x、y、z 也称为色系数。

$$x = \frac{X}{X+Y+Z} \tag{7-5}$$

$$y = \frac{Y}{X+Y+Z} \tag{7-6}$$

$$z = \frac{Z}{X+Y+Z} \tag{7-7}$$

由上述三式可得：$x+y+z=1$。

7.1.3 色度图

为了方便地用组成某种色彩的三原色的比例来表示彩色，1931 年 CIE 制定了一个色度图，因为它的形状像舌头，所以也称为舌形色度图，如图 7-3 所示。

图中波长单位是 nm，横轴为红色色系数，纵轴为绿色色系数，蓝色色系数可以根据三个比例系数之和为 1 计算，$z=1-x-y$。图中给出光谱中各颜色的色度坐标，蓝紫色在图的左下方，绿色在图的左上方，红色在图的右下方，连接 400 nm 和 700 nm 的直线是光谱上所没有的由紫到红的系列。从人类视觉的角度来说，对紫色的感觉不能由某个单独的波长产生，它需要将一个较短波长的光和一个较长波长的光进行混合。在色度图上，对应紫色的线将极限的蓝色和极限的红色连起来了。

通过对色度图 7-3 的观察分析可得如下信息：

1）在色度图中，每个点都对应一种可见的颜色。反过来，任何可见的颜色都在色度图中占据确定的位置。例如，图 7-3 中 P 点的色度坐标 $x=0.48$，$y=0.40$。在以 $(0,0)$、$(0,1)$、$(1,0)$ 为顶点的三角形内且舌形色度图轮廓外的点对应不可见的颜色。

2）在色度图轮廓上的点代表纯颜色，移向中心表示混合的白光增加而纯度减少。中心

点 C 处各种光谱能量相等，由三原色各 1/3 组合产生白光，此处纯度为 0。某些颜色的纯度一般称为该颜色的饱和度。图 7-3 中的 P 点位于从 C 到纯橙色点的 66% 的地方，所以 P 点的饱和度是 66%。

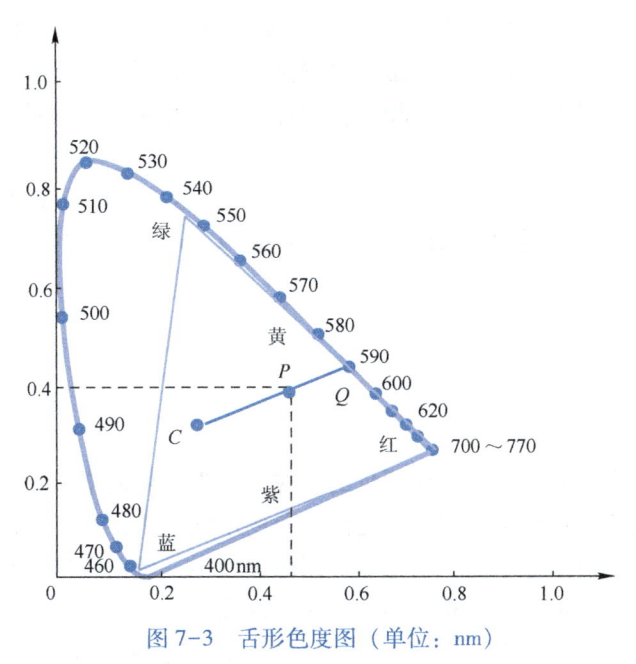

图 7-3 舌形色度图（单位：nm）

3）在色度图中，过 C 点直线端点的两彩色为互补色，如对一个紫红色段的非光谱颜色，可用直线另一端光谱的补色（C）来表示，写成 510C。

4）在色度图轮廓上各点具有不同的色调。连接中心点和边界点的直线上的各点有相同的色调。如图 7-3 中由 C 通过 P 画一条直线至边界上的 Q 点（约 590 nm），P 点颜色的主波长即为 590 nm，此处光波的颜色即 Q 点的色调（橙色）。

5）在色度图中连接任何两端点的直线上的各点表示将这两端点所代表的颜色相加可组成的一种新颜色。如果要确定由 3 个给定彩色所组合成的颜色范围，只需将这 3 种颜色对应的 3 个点连成三角形。例如，在图 7-3 中，由红、绿、蓝 3 点为顶点的三角形中的任何颜色都可由这三色组成，而在该三角形外的颜色则不能由这三色组成。需要指出的是，由于给定 3 个固定颜色而得到的三角形不能包含色度图中所有的颜色，所以只用（单波长的）三原色并不能组合达到所有可视的颜色。

7.1.4 彩色图像在 MATLAB 中的表示

1. 四种图像类型

下面详细介绍四种类型的图像，分别是二值图像、灰度图像、RGB 图像和索引图像，MATLAB 图像处理工具箱将彩色图像当作索引图或 RGB 图像来处理。

（1）二值图像

二值图像是指每个像素不是黑就是白，其灰度值没有中间过渡的图像。二值图像中所有的像素只能从 0 和 1 这两个值中取，因此在 MATLAB 中，二值图像用一个由 0 和 1 组成的二维矩阵表示。二值图像操作只返回与二值图像的形式或结构有关的信息，如果希望对其他类型的图像进行同样的操作，则首先要将其转换为二进制图像格式，可以通过调用 MATLAB 提供的 im2bw( ) 来实现。二值图像经常出现在数字图像处理中作为图像掩码或者在图像分割、二值化的结果中出现。一些输入/输出设备，如激光打印机、传真机、单色计算机显示器等都可以处理二值图像。二值图像一般用来描述文字或者图形，其优点是占用空间少，缺点是，当表示人物、风景的图像时，二值图像只能描述其轮廓，不能描述细节，这时候要用更高的灰度级。

二值图像可以保存为双精度或 unit8 类型的数组，显然，使用 unit8 型更节省空间。在图像处理工具箱中，任何一个返回二值图像的函数都是以 unit8 型逻辑数组来返回值的。

显示一幅二值图像的代码为：

```
BW = imread('circles.png');
Imshow(BW);
```

（2）灰度图像

灰度图像是每个像素只有一个采样颜色的图像。这类图像通常显示为从最暗的黑色到最亮的白色的灰度，理论上这个采样可以是任何颜色的不同深浅，甚至可以是不同亮度上的不同颜色。灰度图像与黑白图像不同，在计算机图像领域中，黑白图像只有黑色与白色两种颜色，灰度图像在黑色与白色之间还有许多级的颜色深度。

灰度图像保存在一个矩阵中，矩阵的每个元素代表一个像素点。矩阵可以是双精度型，其值域为[0,1]；也可以是 unit8 型，其值域为[0,255]。矩阵的每个元素值代表不同的亮度或灰度级，亮度值为 0，表示黑色；亮度值为 1（或 unit8 类型的 255），表示白色。

显示一幅灰度图像的代码为：

```
I = imread('moon.tif');
imagesc(I,[0,1]);
colormap(gray)
```

（3）RGB 图像

一幅 RGB 图像可以用一个 $M\times N\times 3$ 大小的彩色像素的数组表示，其中每个彩色像素点都是在特定空间位置的彩色图像所对应的红、绿、蓝三个分量。RGB 图像也可以看作由三个灰度图像形成的"堆栈"，当发送到彩色监视器的红、绿、蓝输入端时，就在屏幕上产生彩色图像。一般来说，形成一幅 RGB 彩色图像的三幅图像通常被称作红、绿、蓝三分量图像。分量图像的数据决定了它们的取值范围。如果一幅 RGB 图像的数据类型是 double，那么取值范围就是[0,1]，相应地，如果是 unit8 或 unit16 类型的彩色图像，取值范围分别是[0,255]或[0,65535]。用来表示这些分量图像像素值的位数决定了一幅图像的比特深度。例如，如果每个分量图像都是 8 bit 的图像，那么对应 RGB 图像可能有的深度就是 24 bit。通常，所有分量图像的位数都是相同的。在这种情况下，一幅 RGB 图像可能有的色彩数就是 $(2^b)^3$，其中的 b 就是每个分量图像的位数。对于 8 bit 图像，颜色数为 16777216。

令 fR、fG、fB 分别表示三幅 RGB 分量图像。RGB 图像就是利用 cat 函数操作将这些分量图像组合而成的色彩图像：

```
rgb_image = cat (3, fR, fG, fB)
```

在运算中，图像按顺序放置。通常，cat（dim，A1，A2…）沿着由 dim 指定的方式连接数组（它们必须是相同尺寸）。例如 dim=1，数组就垂直安排；dim=2，数组就水平安排；如果 dim=3，数组就按照三维方式堆叠。

如果所有分量图像都是一样的，那么结果是一幅灰度图像。令 rgb_image 表示一幅 RGB 图像，下面这些命令可以提取出三个分量图像：

```
fR = rgb_image (:, :, 1)
fG = rgb_image (:, :, 2)
fB = rgb_image (:, :, 3)
```

显示一幅 RGB 图像的代码为：

```
RGB = imread('sun.jpg');
image(RGB);
```

（4）索引图像

索引图像就是索引模式的图像，索引图像的文件结构比较复杂，除了存放图像的二维矩阵外，还包括一个称之为颜色索引矩阵 MAP 的二维数组。MAP 的大小由存放图像的矩阵元素值域决定，如矩阵元素值域为[0,255]，则 MAP 矩阵的大小为 256×3。MAP 中每一行的三个元素分别指定该行对应颜色的红、绿、蓝单色值，MAP 中每一行对应图像矩阵像素的一个灰度值，如某一像素的灰度值为 64，则该像素就与 MAP 中的第 64 行建立了映射关系，该像素在屏幕上的实际颜色由第 64 行的 R、G、B 组合决定。也就是说，图像在屏幕上显示时，每一像素的颜色由存放在矩阵中该像素的灰度值作为索引通过检索颜色索引矩阵 MAP 得到。如图 7-4a 所示索引图像；其中红色圈框起来的部位的数据矩阵 X，如图 7-4b 所示；调色板矩阵 map 如图 7-4c 所示，其中一点的索引号为 18，在调色板矩阵 map 中对应第 18 行所定义的颜色，其 RGB 颜色实际为(0.1608,0.3529,0.0627)，代表 RGB 三个分量的比重。

索引图像的数据类型一般为 8 位无符号整形（int8），相应索引矩阵 map 的大小为 256×3，因此一般索引图像只能同时显示 256 种颜色，但通过改变索引矩阵，颜色的类型可以调整。索引图像的数据类型也可采用双精度浮点型（double）。索引图像一般用于存放色彩要求比较简单的图像，如 Windows 中色彩构成比较简单的壁纸多采用索引图像存放，如果图像的色彩比较复杂，就要用到 RGB 真彩色图像。

索引模式的图像就像是一块块由彩色的小瓷砖所拼成的，由于它最多只能有 256 种彩色，所以它所形成的文件相对其他彩色要小得多。索引模式的另一个好处是它所形成的每一个颜色都有其独立的索引标识。当这种图像在网上发布时，只要根据其索引标识将图像重新识别，它的颜色就完全还原了。索引模式主要用于网络上的图片传输和一些对图像像素、大小等有严格要求的地方。

显示一幅索引图像的代码为

```
[X,map] = imread('canoe.tif');
image(X);
colcrmap(map);
```

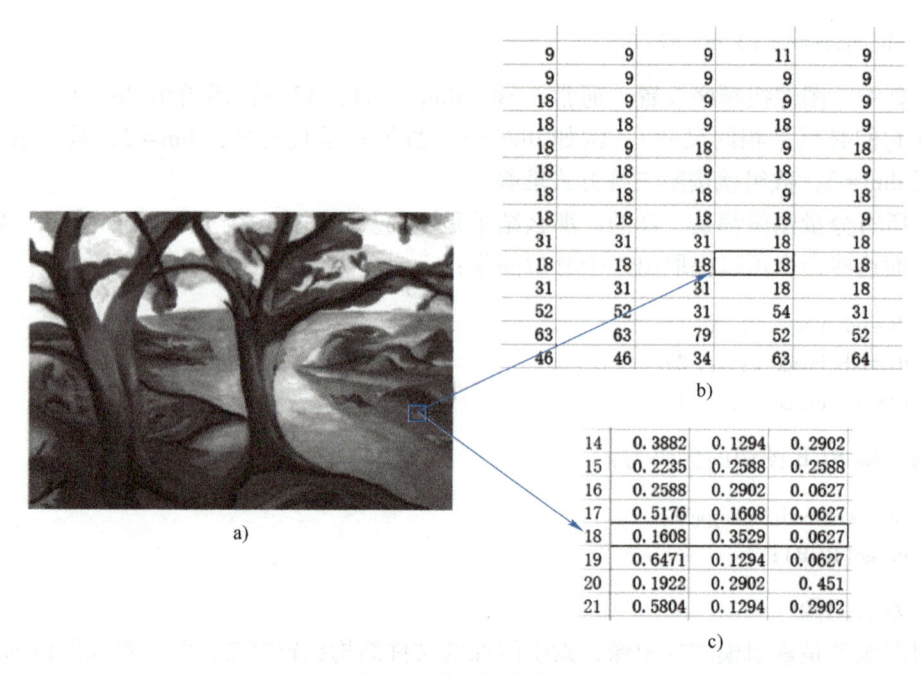

图 7-4 索引图像数据
a) 索引图像　b) 数据矩阵 X　c) 调色板矩阵 map

2. 图像类型之间相互转换

许多图像处理工作都对图像类型有特定的要求。比如要对一幅索引图像滤波，首先要把图像转换成 RGB 图像，然后才能对其进行滤波处理。在 MATLAB 中，各种图像类型之间的转换关系如图 7-5 所示。

图 7-5 图像类型之间转换关系示意图

（1）阈值法图像转换为二值图像

在 MATLAB 中，二值图像中的数据类型实际上是 logical 型，0 代表黑色、1 代表白色，所以二值图像实际上是一幅"黑白"图像。那么，将其他图像转换为二值图像，首先必须规定一个规则：将其他数组中什么数据变为"1"，什么数据变为"0"。常用的方法是阈值法，它是确定一个阈值，小于阈值就取为"0"，其他的全部取为"1"。

在 MATLAB 中实现这一功能的函数为 im2bw( )，该函数通过阈值化方法将索引、灰度和 RGB 图像转换为二值图像。其调用格式和作用有以下几种。

BW = im2bw(I, map, level)：将颜色图为 map 的索引图像转换为二值图像。

BW = im2bw(I, level)：将灰度图像 I 转换为二值图像。

BW = im2bw(RGB, level)：将 RGB 图像转换为二值图像。

(2) RGB 图像转换为灰度图像

在 MATLAB 中，将 RGB 图像转换为灰度图像，需要调用函数 rgb2gray( )，其调用格式和作用有如下两种。

X=rgb2gray(I)：该函数是将 RGB 图像 I 转换为灰度图像 X，其中 I 表示 RGB 图像，X 表示转换后的灰度图像。

newmap=rgb2gray(map)：将输入的颜色图 map 返回一个等价的灰度图。

(3) RGB 图像转换为索引图像

在 MATLAB 中，将真彩色图像转换成为索引图像直接调用函数 rgb2ind( )。在早期的 MATLAB 版本中有大致四种转换方法：直接法、均匀量化法、最小方差量化法和颜色表近似法，最新的 MATLAB 版本（如 MATLAB R2010a）中只有后三种转换方法。除此之外，函数 rgb2ind( ) 还可以输入参数项 dither_option，其表示是否使用抖动。

该函数的调用格式和作用有下面五种。

[X, map]=rgb2ind(RGB)：直接将 RGB 图像转换为具有颜色图 map 的矩阵 X。

[X, map]=rgb2ind(RGB, tol)：用均匀量化的方法将 RGB 图像转换为索引图像 X，tol 的范围从 0.0 到 1.0。

[X, map]=rgb2ind(RGB, n)：使用最小量化方法将 RGB 图像转换为索引图像 X，map 中包括至少 n 个颜色。

[X, map]=rgb2ind(RGB, map)：将 RGB 中的颜色与颜色图 map 中最相近的颜色匹配，将 RGB 转换为具有 MAP 颜色图的索引图。

[ ]=rgb2ind(…,dither_option)：通过 dither_option 参数来设置是否抖动，以达到较好的颜色效果；默认参数为 nodither，即使用新颜色图中最接近的颜色来画原图的颜色。

(4) 灰度图像转换为索引图像

在 MATLAB 中，灰度图像是一个二维数组矩阵，而索引图像不仅包括一个二维的数组矩阵，还包括一个 M×3 的颜色映射表。所以要想将灰度图像转换成为索引图像，则必须生成对应的颜色映射表。在 MATLAB 中可以直接调用函数 gray2ind( ) 来实现图像转换，其调用格式和作用有以下几种。

[X,map]=gray2ind(I,n)：该函数是将灰度图像 I 转换为索引图像，其中 I 指的是原灰度图像，n 是灰度级数，默认值为 64，[X,map] 对应转换后的索引图像，map 中对应的颜色值为颜色图 gray(n) 中的颜色值。

[X,map]=gray2ind(BW,n)：该函数是将二值图像 BW 转换为索引图像，其中 BW 指的是二值图像，n 是灰度级数，默认值为 2，[X,map] 对应转换后的索引图像，map 中对应的颜色值为颜色图 gray(n) 中的颜色值。二值图像实际上也是灰度图像，只是其灰度级为 2 而已。

输入图像 I 可以是 unit8、unit16 或 double 类型。输出图像 X 的类型由阈值决定，如果阈值小于 256，则返回图像 X 的数据类型是 unit8 类型，X 的值域为 [0,n] 或 [0,length(v)]；否则，返回图像 X 为 double 类型，值域为 [1,n+1] 或 [1,length(v)+1]。

(5) 索引图像转换为灰度图像

利用函数 gray2ind( ) 可以将灰度图像转换为索引图像，同样，索引图像也是可以转换成为灰度图像的，在 MATLAB 中直接调用函数 ind2gray( ) 即可实现，其调用格式和作用如下。

I=ind2gray(X,map)：该函数是将具有颜色映射表 map 的索引图像转换为灰度图像，去除了索引图像中的颜色、饱和度信息，保留了图像的亮度信息。其中[X,map]对应索引图像，I 表示转换后的灰度图像。输入图像的数据类型可以是 double 型或 unit8 型，但输出为 double 型。

（6）索引图像转换为 RGB 图像

在 MATLAB 中，利用函数 rgb2ind()可以将 RGB 图像转换为索引色图像，同样索引图像也可以转换为 RGB 图像，利用函数 ind2rgb()即可实现，其调用格式和作用如下。

RGB=ind2rgb(X,map)：该函数是将索引图像[X,map]转换为 RGB 图像，其中[X,map]指向索引图像，RGB 指向转换后的真彩色图像。转换过程中形成一个三维数组，然后将索引图像的颜色映射表中的颜色值赋值给三维数组。输入图像的数据类型可以是 double 型、unit8 型或 unit16 型，输出为 double 型。

（7）数据矩阵转换为灰度图像

在 MATLAB 中，一个数据矩阵就相当于一幅数字图像，只是在数字图像中对应的数组元素必须在一定的取值范围，因此，只要将对应数据矩阵中的元素按一定规律进行转换，就可以将矩阵转换为图像了。在 MATLAB 中可以利用函数 mat2gray()，将一个数据矩阵转换为一幅灰度图像，其调用格式和作用如下。

I=mat2gray(X,[xmin,xmax])：该函数是按照指定的取值区间[xmin,xmax]将数据矩阵 X 转换为灰度图像 I，xmin 对应灰度值 0，即黑色，xmax 对应灰度值 1，即白色。数据矩阵中小于 xmin 的值取为 0，大于 xmax 的值取为 1。

如果不指定取值区间[xmin,xmax]，即默认情况下，将数据矩阵 X 中最小值设为 xmin，最大值设为 xmax。

输入图像 X 和输出图像 I 都为 double 类型。

7.2 彩色模型

为正确、有效地表达彩色信息，需要建立和选择合适的彩色表达模型。人们已经提出各种彩色模型，但至今还没有一种颜色模型能满足所有彩色使用者的全部要求。彩色模型是建立在彩色空间中的，所以彩色模型和彩色空间密切相关。彩色空间可看成是一个三维的坐标系统，其中每个空间点都代表某一种特定的彩色。

在彩色图像处理中，选择合适的彩色模型是很重要的。从应用的角度看，人们所提出的众多彩色模型可分为两类：一类面向诸如彩色显示器或彩色打印机之类的硬件设备（但可以与具体设备相关，也可以独立于具体设备）；另一类面向视觉感知或者说以处理分析彩色图像为目的的应用，如动画中的彩色图形、各种图像处理的算法等。

7.2.1 面向硬件设备的彩色模型

面向硬件设备的彩色模型非常适合在图像输出显示等场合使用，诸如彩色显示器或打印机之类的硬件设备。

下面介绍几种基本的面向硬件设备的彩色模型。

1. RGB 彩色模型

最常用最典型的面向硬件设备的彩色模型是 RGB 彩色模型。电视摄像机、计算机显示器和彩色扫描仪都是根据 RGB 模型工作的。该模型是一种与人的视觉系统结构密切相连的模型。根据人眼结构，所有颜色都可看作是三个基本色的不同组合。RGB 模型采用 CIE 规定的三原色红、绿、蓝构成，图像中每个像素都以（R，G，B）表示，每种颜色用 8 位表示，每种颜色的灰度级为[0,255]共 256 级。

在 RGB 模型中，每种颜色的主要光谱中都有红、绿、蓝的成分。这种模型可以建立在笛卡儿坐标系里，可以用一个立方体来表示，其中三个坐标轴分别为 R，G，B，如图 7-6 所示。青色（蓝绿）、品红色（紫红）和黄色在立方体的三个顶角，黑色在原点，白色在离原点最远的对角线对应的顶角上。在这个模型中，连接黑白两点得到的对角线表示不同深浅的灰色，立方体内其余各点对应不同的颜色，可以用从原点到该点的矢量来表示，一般为方便起见，总将立方体归一化为单位立方体，这样所有的 R，G，B 值都在区间[0,1]之中。

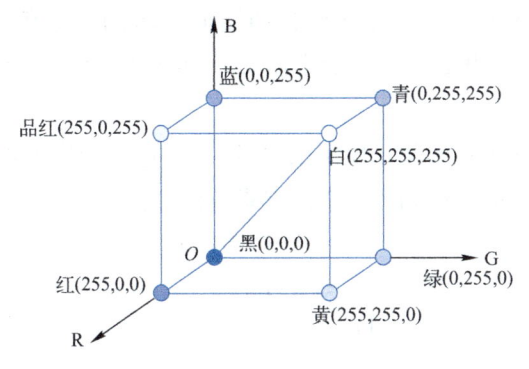

图 7-6 RGB 彩色立方体

RGB 彩色模型中的图像由三个独立的图像平面构成，每个平面代表一种原色。当输入 RGB 监视器时，这三个图像在屏幕上组合产生了合成的彩色图像。这样，当图像本身用三原色平面描述时，在图像处理中运用 RGB 模型很有意义。相应地，大多数用来获取数字图像的彩色摄像机都是用 RGB 格式。

RGB 模型应用的一个例子是航天和卫星多光谱图像数据的处理。图像是由工作于不同光谱范围的图像传感器获得的。例如，一帧 LANDSAT 陆地卫星图像由 4 幅数字图像组成。每幅图像有相同的场景，但通过不同的光谱范围或窗口获得，两个窗口在可见光谱范围内，大致对应于绿和红，另两个窗口在光谱的红外线部分。这样每幅图像平面都有物理意义。

如果对人脸的彩色图像进行增强处理，部分图像隐藏在阴影中，直方图均衡是处理这类问题的理想工具。如果应用 RGB 模型，因为存在三种图像（红、绿、蓝），而直方图均衡仅根据强度值处理，很显然，如果把每幅图像单独地进行直方图均衡，所有可能隐藏在阴影中的图像部分都将被增强。然而，所有三种图像的强度将不同地改变颜色性能（如色调），显示在 RGB 模型监视器上时就不再是自然和谐的了。因此，RGB 模型对于这类处理就不太合适。这时选择面向视觉感觉的彩色模型来进行图像处理，然后再转换为 RGB 彩色模型进行显示比较合适。

2. CMY 彩色模型

利用三原色光叠加可产生光的三补色：青（C，即绿加蓝），品红（M，即红加蓝），黄

(Y，即红加绿)。按一定的比例混合三原色或将一个补色光与相对的原色光混合就可以产生白色光。需要指出，除了光的三原色外还有颜料的三原色。颜料中的原色是指吸收一种光原色并反射其他两种光原色的颜色。所以颜料的三原色正好是光的三补色，而颜料的三补色正好是光的三原色。如果以一定的比例混合颜料的三原色或者将一个补色与相对的原色混合就可以得到黑色。

由三补色得到的 CMY 模型主要用于彩色打印，这三种补色可分别由从白光中减去三种原色而得到。一种简单而近似的从 CMY 到 RGB 的转换为

$$\begin{cases} R = 1-C \\ G = 1-M \\ B = 1-Y \end{cases} \tag{7-8}$$

彩色印刷或彩色打印的纸张是不能发射光线的，因而印刷机或彩色打印机就只能使用一些能够吸收特定的光波而反射其他光波的油墨或颜料。所以 RGB 的三个补色青（Cyan）、品红（Magenta）和黄（Yellow）也常被称为油墨或颜料的三原色。在实际印刷时，由于 CMY 混合不容易产生纯正的黑色，故印刷中需要另用黑色油墨，即 CMYK 四色印刷。

3. I_1、I_2、I_3 彩色模型

用 RGB 的不同组合来表达的颜色模型也很多，I_1、I_2、I_3 彩色模型就是其中一种，它包括可由 R、G、B 经过线性变换得到的 3 个正交彩色模型：

$$\begin{cases} I_1 = (R+G+B)/3 \\ I_2 = (R-B)/2 \\ I_3 = (2G-R-B)/4 \end{cases} \tag{7-9}$$

当将上述三个特征用于彩色图像分割时，I_1 是最佳特征，I_2 是次佳特征。在 I_1、I_2、I_3 彩色模型中

$$\begin{cases} I_2' = R-B \\ I_3' = (2G-R-B)/2 \end{cases} \tag{7-10}$$

4. 归一化彩色模型

归一化彩色模型也是一种用 RGB 的不同组合来表达的彩色模型，它的三个分量分别是

$$\begin{cases} l_1(R,G,B) = \dfrac{(R-G)^2}{(R-G)^2+(R-B)^2+(G-B)^2} \\ l_2(R,G,B) = \dfrac{(R-B)^2}{(R-G)^2+(R-B)^2+(G-B)^2} \\ l_3(R,G,B) = \dfrac{(G-B)^2}{(R-G)^2+(R-B)^2+(G-B)^2} \end{cases} \tag{7-11}$$

在对图像进行分析处理或者匹配时，需要对图像进行特征提取，我们不希望提取的特征受图像采光、几何变换等的影响，而归一化彩色模型对观察方向、物体几何、照明方向和亮度变化具有不变性。

7.2.2 面向视觉感知的彩色模型

RGB 彩色模型、CMY 彩色模型等面向硬件设备的模型虽然是目前各类显示器使用的模

型，但颜色的构成与人对颜色的理解方式不同，所以在进行处理与调整时，比较不容易获得准确的参数。所以在进行图像分析处理时，我们更多地选择基于视觉感知的彩色模型。面向硬件设备的彩色模型与人的视觉感知有一定距离且使用不方便，如给定一个彩色信号，人很难判定其中的 R、G、B 分量。而面向视觉感知的彩色模型不存在这样的问题，在面向视觉感知的彩色模型中，如 HSI 模型或者 HSV 模型，这些分量是相对独立的，相互影响较少，这些模型既与人类颜色视觉感知比较接近，又独立于显示设备，所以非常适合进行彩色图像处理。

下面介绍几种典型的面向视觉感知的色彩模型。

1. HSI 彩色模型

HSI 模型是美国色彩学家孟塞尔（H. A. Munseu）于 1915 年提出的，它反映了人的视觉系统感知彩色的方式，以色调、饱和度和亮度三种基本特征量来感知颜色。

H（Hue）表示色调，一般用角度来描述，该分量反映了颜色最接近什么样的光谱波长。色调是最容易把颜色区分开的属性，掺入白色光，色调不变。如图 7-7 所示，色调常用红、橙、黄、绿、青、蓝、紫等术语来刻画。0°为红色，120°为绿色，240°为蓝色。

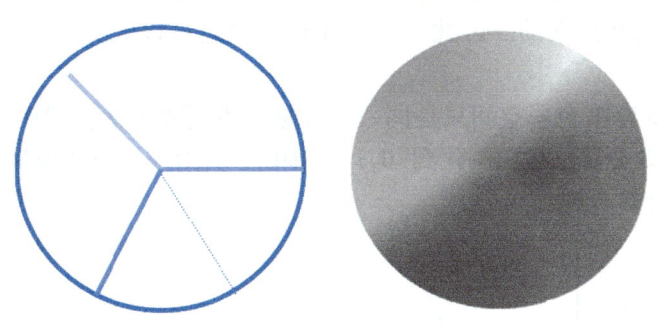

图 7-7 色调示意图

S（Saturation）表示饱和度，饱和度参数一般用色环的原点到彩色点的半径长度来描述，如图 7-8 所示。在环的外围圆周是纯的或称饱和的颜色，其饱和度值为 1。在中心是中性（灰）色调，即饱和度为 0。完全饱和的颜色是指没有掺入白光所呈现的颜色。饱和度与一定色调的纯度有关，纯光谱色是完全饱和的，随着白光的加入饱和度逐渐减少。色调和饱和度合起来称为色度。不同颜色可用亮度和色度共同表示和刻画。

图 7-8 饱和度示意图

I（Intensity）表示光照强度或称为亮度，它确定了像素的整体亮度，而与其颜色无关。与物体的反射率成正比，对应颜色的明亮度，加入白色越多，越明亮。

HSI 模型在许多处理中有其独特的优点。第一，在 HSI 模型中，亮度分量与色度分量是分开的，I 分量与图像的彩色信息无关。第二，在 HSI 模型中，色调 H 和饱和度 S 的概念互相独立，并与人的感知紧密相连。这些特点使得 HSI 模型非常适合于人的视觉系统对彩色感知特性进行处理分析的图像算法。

HSI 色彩空间可以用一个以 R、G、B 为三个顶点的立体三角形空间来描述。这种描述 HSI 色彩空间的三维模型相当复杂，但确实能把色调、亮度和饱和度的变化情形表现得很清楚。如图 7-9 所示，对其中任一个色点 P，其色调 H 的值为指向该点的矢量与 R 轴的夹角。这点的饱和度 S 与指向该点的矢量长度成正比，越长越饱和，处在三角形上的点代表饱和度值最纯。

由于人的视觉对亮度的敏感程度远强于对颜色浓淡的敏感程度，为了便于色彩处理和识别，人的视觉系统经常采用 HSI 色彩空间，它比 RGB 色彩空间更符合人的视觉特性。在图像处理和计算机视觉中大量算法都可在 HSI 色彩空间中方便地使用，它们可以分开处理而且是相互独立的。因此，在 HSI 色彩空间可以大大简化图像分析和处理的工作量。

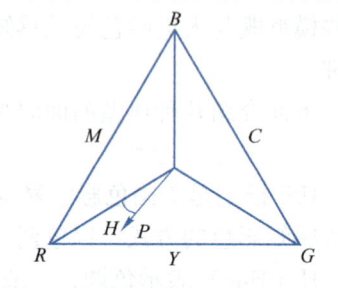

图 7-9 HSI 色彩空间示意图

HSI 色彩空间和 RGB 色彩空间只是同一物理量的不同表示法，因而它们之间存在着转换关系。设 R、G、B 分量已被归一化到 [0,1] 范围内，其对应的 HSI 模型中的 H、S、I 三个分量可由下面公式计算得到：

$$\begin{cases} I = \dfrac{1}{3}(R+G+B) \\ S = 1 - \dfrac{3}{(R+G+B)}[\min(R,G,B)] \\ H = \arccos\left\{\dfrac{[(R-G)+(R-B)]/2}{[(R-G)^2+(R-B)(G-B)]^{1/2}}\right\} \end{cases} \quad (7\text{-}12)$$

另一方面，如果已知 HSI 空间色点的 H、S、I 分量，也可将其转换到 RGB 空间。从 HSI 到 RGB 的彩色转换可表示为：假设 S、I 的值在 [0,1] 之间，R、G、B 的值也在 [0,1] 之间，则从 HSI 到 RGB 的转换公式（分成 3 段以利用对称性）如下：

（1）H 在 [0°,120°] 之间：

$$\begin{cases} B = I(1-S) \\ R = I\left[1 + \dfrac{S\cos H}{\cos(60°-H)}\right] \\ G = 3I - (B+R) \end{cases} \quad (7\text{-}13)$$

（2）H 在 [120°,240°] 之间：

$$\begin{cases} R = I(1-S) \\ G = I\left[1 + \dfrac{S\cos(H-120°)}{\cos(180°-H)}\right] \\ B = 3I - (R+G) \end{cases} \quad (7\text{-}14)$$

(3) H 在 $[240°, 300°]$ 之间：

$$\begin{cases} G = I(1-S) \\ B = I\left[1 + \dfrac{S\cos(H-240°)}{\cos(300°-H)}\right] \\ R = 3I - (G+B) \end{cases} \tag{7-15}$$

另外，需要注意的是，H 在 300°~360°之间为非可见光谱色，没有定义。

MATLAB 图像处理工具箱中提供了 HSV 模式与 RGB 模式之间的相互变换：hsv2rgb( )、rgb2hsv( )。

HSV 值与 RGB 颜色空间的相互转换：hsv2rgb( )、rgb2hsv( )。

RGBMAP = hsv2rgb(HSVMAP)；其功能是将一个 HSV 颜色图转换为 RGB 颜色图。输入矩阵 HSVMAP 中的三列分别表示色度、饱和度、纯度值；输出矩阵 RGBMAP 各列分别表示红、绿、蓝的亮度。矩阵元素在区间[0,1]。

rgb = hsv2rgb(hsv)；其功能是将三维数组表示的 HSV 模式图像 hsv 转换为等价的三维 RGB 模式图像 rgb。

当色度值从 0 到 1 变化时，颜色则从红经黄、绿、青、蓝、紫再回到红色；当饱和度为 0，颜色是不饱和的，颜色完全灰暗；当饱和度为 1，颜色是完全饱和的，颜色不含白色成分。

HSVMAP = rgb2hsv(GBMAP)；其功能是将一个 RGB 颜色图转换为 HSV 颜色图。

hsv = rgb2hsv(rgb)；其功能是将三维数组表示的 RGB 模式图像 rgb 转换为等价的三维 HSV 模式图像 hsv。

例 7-1 彩色图像的 R、G、B 分量和 H、S、I 分量示例。

彩色图像中各个分量也可以用灰度图形来表示，如浅色表示分量值较大，深色表示分量值较小。图 7-10 和图 7-11 为一组用灰度图表示彩色图像的例子。

图 7-10 彩色图像的 R、G、B 分量图
a) 原图像 b) 图 a 的 R 分量 c) 图 a 的 G 分量 d) 图 a 的 B 分量

将前三幅图像或后三幅图像的三个分量组合起来都可以得到相同的彩色图像。注意，H 和 S 分量看起来与 I 分量很不相同，表示 H、S、I 的三个分量之间的区别比 R、G、B 三个分量之间的区别要大。也可以说 H、S、I 这三个分量之间相互独立性较强，反映了彩色图像的不同性质。

图 7-11 彩色图像的 H、S、I 分量图
a) 原图像 b) 图a的H分量 c) 图a的S分量 d) 图a的I分量

2. HSV 彩色模型

HSV 彩色模型中的三个分量分别为：H 代表色调，S 代表饱和度，V 表示亮度。该模型相比 HSI 模型更接近人类对颜色的感知。HSV 模型的坐标系统也是圆柱系统，一般用六棱锥来表示，如图 7-12 所示。

在 RGB 空间中，任一点值都可以转换的 HSV 空间，其中 H 的转换方式同 HSI 模型一样，其他两个分量的相互转换公式为

$$\begin{cases} S = \dfrac{\max(R,G,B) - \min(R,G,B)}{\max(R+G+B)} \\ V = \dfrac{\max(R,G,B)}{255} \end{cases} \quad (7\text{-}16)$$

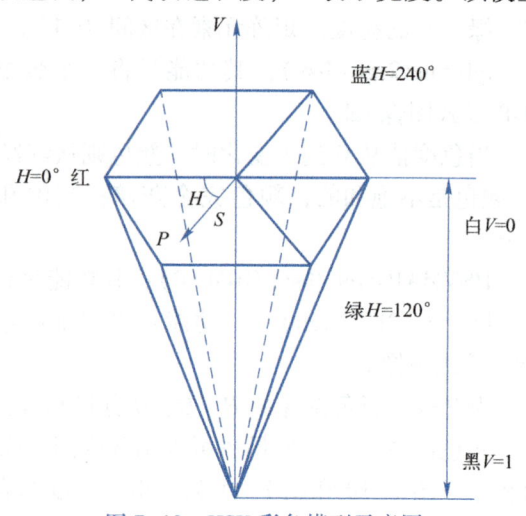

图 7-12 HSV 彩色模型示意图

7.3 伪彩色增强处理

人类对图像灰度的分辨能力比较低，只能分辨出几十种，而对彩色的辨别能力却非常强，可以分辨出上千种颜色，为了更有效地提取图像包含的信息，使原图像细节更易辨认，目标更容易识别，把黑白图像的各个不同灰度级按照线性或非线性的映射函数变换成不同的彩色，得到一幅彩色图像的技术被称为伪彩色图像增强。因为这里原图像是无彩色的，所以人工赋予的彩色常称为伪彩色。这个赋色过程实际上是一种着色过程。从图像处理的角度看，输入是灰度图像，输出是彩色图像。

以下讨论 3 种根据图像灰度的特点而赋予伪彩色的伪彩色增强方法。

7.3.1 亮度切割

一幅灰度图可看成是一个二维的亮度函数（即图像亮度是二维平面坐标的函数）。如果用一个平行于图像坐标平面 x，y 的平面去切割图像亮度函数，就可把亮度函数分成两个灰度值大小不同的区间，对这两个区间可赋予不同的颜色，这种伪彩色增强方法称为亮度切割。图 7-13 所示为亮度切割示意图（横轴为坐标轴，纵轴为灰度值轴）。

根据图 7-13 可知，对于每一个输入灰度值，如果它在切割灰度值 l_m 之上就赋予某一种

颜色，如果在 l_m 之下就赋予另外一种颜色。通过这种变换，原来的多灰度值图就变成了只有两种颜色的图，灰度值大于 l_m 和小于 l_m 的像素很容易区分。如果上下平移切割灰度值就可得到不同的区分结果。二值图像就是典型的亮度切割所得到的图像。

上述方法还可推广总结如下：设在灰度值 $l_1, l_2, \cdots, l_M$ 处定义了 M 个平面（分别对应灰度值 $l_1, l_2, \cdots, l_M$），让 l_0 代表黑色 $[f(x,y)=L]$，在 $0<M<L$ 的条件下，M 个平面将把图像灰度值分成 $M+1$ 个区间，对每个灰度值区间内的像素可赋予一种颜色，即可得到多种色彩的图像，如图 7-14、图 7-15 所示。

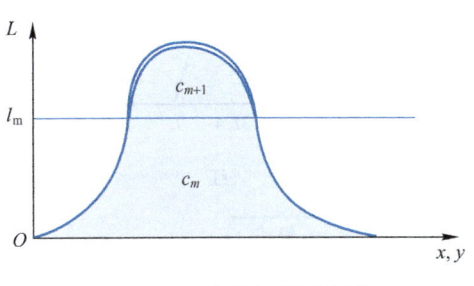

图 7-13 亮度切割示意图

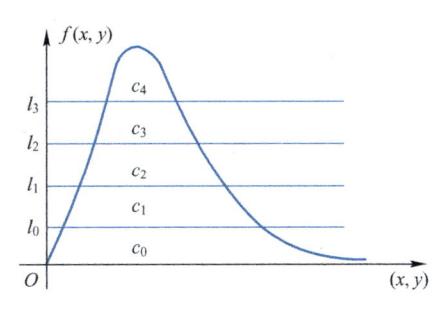

图 7-14 亮度分层伪彩色增强示意图

图 7-15 亮度分层法增强实例

上述分层过程也可由电路来实现。首先通过分压器得到一组均匀间隔的基准电压，这个基准电压送入比较器作为比较标准。图像电信号加到比较器的另一端。当信号的幅度超过比较器的基准电压时，比较器的输出端便输出一个脉冲。这样，不同的比较器的输出脉冲便代表一个不同的灰度层次，达到灰度分割的目的。

伪彩色增强的目的是给不同的灰度级赋予不同的色彩，它既可以用软件方法实现，也可以用硬件电路来实现。最后彩色显示都是将彩色编码送到彩色显示器的 RGB 电路上合成一幅彩色图像。

7.3.2 从灰度到彩色的映射

其他几种转换方法比亮度切割技术更为普遍，能更好地实现伪彩色的增强效果。其中一种非常典型的方法是对输入像素的灰度进行 3 个相互独立的转换，然后将这 3 个结果分别送到彩色显示器的红、绿、蓝的电子发射枪上。这种方法产生了一幅彩色图像，它的颜色内容由转换函数的性质决定。

图 7-16 为伪彩色增强中从灰度映射到彩色的示例，其中横轴表示原始灰度值，纵轴表

示变换后的彩色值。根据这些映射曲线可知，变换后原始图像中灰度值偏小的像素将主要呈现绿色，灰度值较大的像素主要呈现红色。如果将上述 3 个变换的结果分别输入彩色显示器的 3 个电子枪，就可得到其颜色内容由 3 个变换函数调制的混合图像原理，如图 7-17 所示。彩色显像管成像示意图如图 7-18 所示。

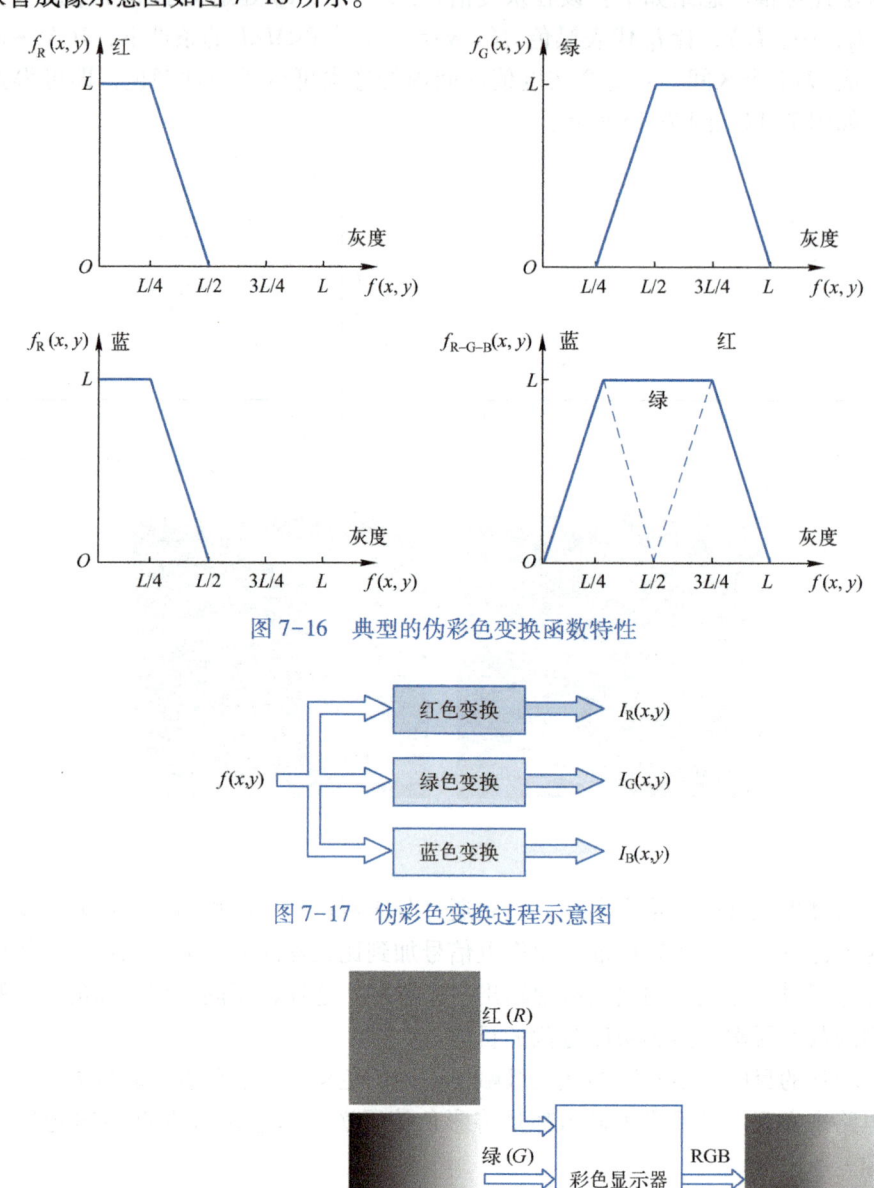

图 7-16　典型的伪彩色变换函数特性

图 7-17　伪彩色变换过程示意图

图 7-18　彩色显像管成像示意图

7.3.3 频域滤波方法

在实际应用中，根据需要也可以针对图像中不同频率成分加以彩色增强。这就是基于频域的伪彩色增强方法，其原理如图 7-19 所示。首先对灰度图像进行傅里叶变换，然后在频域中对不同频段的图像进行不同的滤波处理，这样会产生 3 个图像的频谱，对这 3 个频谱进行傅里叶逆变换得到处理后的图像，经过进一步的增强处理后送入彩色显示器的红、绿、蓝 3 个输入端生成一幅彩色图像。

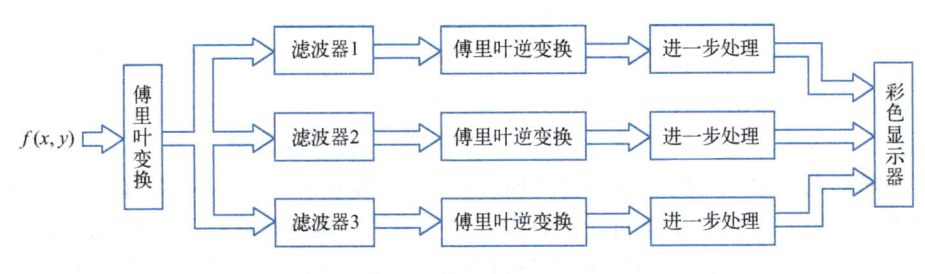

图 7-19 用于伪彩色增强的频域滤波框图

7.4 真彩色图像处理

前面所讲的伪彩色增强是对灰度图像进行的，在真彩色增强中，需增强的图像本来就是一幅自然的彩色图像，增强后的输出图像也是彩色的。由于用彩色图像增强中每个像素的表示需要三个分量来描述，所以，真彩色增强要比灰度图像增强操作复杂。

一般真彩色 RGB 图可用 24 位表示，R、G、B 分量各 8 位，即每个像素在 R、G、B 分量图中各取 256 个值。也可将 R、G、B 归一化到 [0,1] 范围，这样相邻值之间的差是 1/255。一幅真彩色 RGB 图也可用 H、S、I 各 8 位的 3 个分量图表示。这里不同的是色调（H）图中的像素值是用角度值作为单位，当用 8 位表示时，256 个值分布在 [0°,360°]，所以相邻值的差是 360°/255，或者说 256 个值分别为 $n(360°/255)$。其中 $n = 0, 1, \cdots, 255$。但色调对应的度数不是连续的。因为被增强的图像原来就是彩色的，其幅度用矢量表示，含有较多的信息，因此彩色图像增强的策略和方式也都比较多。

7.4.1 真彩色处理策略

对真彩色图像处理策略可分为两种：一种是将一幅彩色图像看作 3 幅分量图像的组合体，在处理过程中先对每幅图像（按照对灰度图像处理的方法）单独处理，再将处理结果合成彩色图像；另一种是将一幅彩色图像中的每个像素看成是具有 3 个属性值，即像素属性表现为一个矢量，需利用对矢量的表达方法进行处理。如果用 $C(x,y)$ 表示一幅彩色图像或一个彩色像素，则有 $C(x,y) = [R(x,y) \quad G(x,y) \quad B(x,y)]^T$。这里要将对灰度图像处理的方法推广到对彩色图像的处理，或者说将要对一个标量属性的处理推广到对一个矢量属性的处理，则对处理的方法和处理的对象都有一定的要求。首先，采用的处理方法应该既能用于标量又能用于矢量。其次，对一个矢量中每个分量的处理要与其他分量独立。对图像进行简单的邻域平均是满足这两个条件的一个示例。对一幅灰度图像,邻域平均的具体操作就是将一个中心像素的有模板覆盖的像素值加起来再除以模板所覆盖的像素个数。对一幅彩色图像,邻域平均既可以对各个属性矢量运算,也可对各个属性矢量的分量运算。一般满足线性关系的处理两种结果会是等价的。

7.4.2 单分量变换增强

灰度图像增强算法在第 4 章已有介绍,彩色图像增强变换可以用下式表示:

$$g_i(x,y) = T_i[f_i(x,y)] \quad i=1,2,3 \tag{7-17}$$

式中,T_1,T_2,T_3 分别是对图像不同分量进行的增强算法,当三个变换函数全部完成后就实现对图像 $f(x,y)$ 增强操作。

一幅彩色图像既可以分解为 R、G、B 三个分量,也可以分解为 H、S、I 三个分量图。如果要对一幅彩色图像的亮度进行线性变换,在 RGB 模型中,需要对 R、G、B 这三个分量分别进行线性变换,而在 HSI 空间,则只需要对亮度 I 分量进行线性变换就能达到目的。另外,需要指出的是,尽管对 R、G、B 各分量直接使用对灰度图的增强方法,可以增强图中的细节亮度,但得到的增强图中的色调有可能完全没有意义,这是因为增强图中对应同一个像素的 R、G、B 都发生了变化,它们的相对数值与原来不同,从而导致原图颜色的较大变化。比如在 RGB 空间对其三个分量进行直方图均衡化处理,则常常会引起色彩失真,如图 7-20~图 7-22 所示。

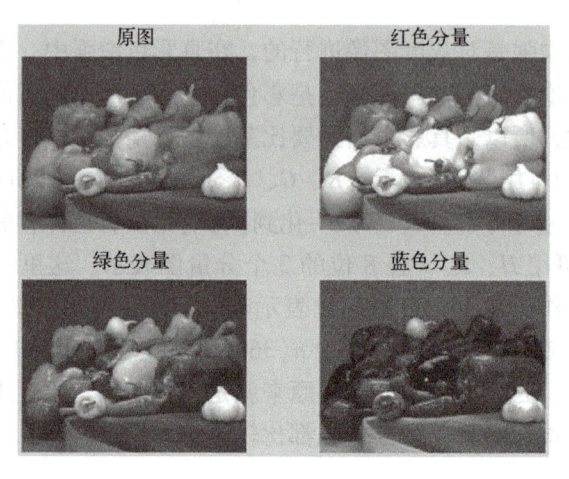

图 7-20 彩色图像及其 R、G、B 分量

由于 RGB 色彩空间不符合人类视觉的感知特性,直接在 RGB 空间进行图像增强有时候效果并不理想,可以转换到其他色彩空间进行增强处理。由于人眼对 H、S、I 三个分量的感受是比较独立的,所以在 HSI 空间有可能只使用上述 3 个变换之一就可以了。一种简便常用的真彩色增强方法的基本步骤如下:

1) 将 R、G、B 分量图转换为 H、S、I 分量图。
2) 利用对灰度图增强的方法增强其中的一个分量图。
3) 再将一个增强了的分量图和两个原来的分量图一起转换为用 R、G、B 分量图来显示。

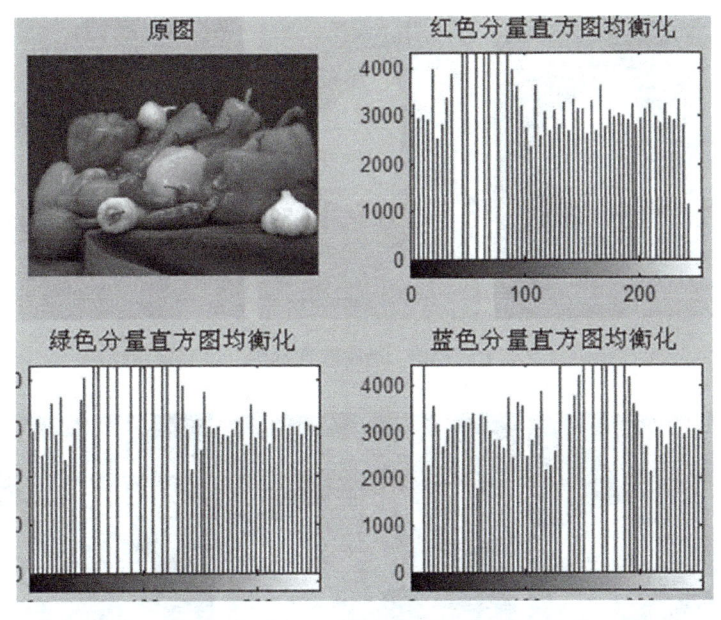

图 7-21 对 *R*、*G*、*B* 三个分量进行直方图均衡化

图 7-22 RGB 分量分别均衡化后的效果

下面来讨论对亮度、饱和度和色调的增强方法。

1. 亮度增强

若在上述增强的步骤 2）选用了亮度分量图（例如，利用直方图均衡化方法或灰度变换增强方法），得到的将是亮度增强的结果，一般图中的可视细节亮度会增加，如图 7-23 所示。对亮度增强的方法并不改变原图的彩色内容，但增强后的图看起来可能会有些色感不强。这是因为尽管色调和饱和度没有变化，但亮度分量得到了增强，会使得人对色调或饱和度的感受有所不同。事实上，人对给定光谱能量分布的色彩感知与视觉环境和人对场景或背景的适应状态密切相关，当一幅图像的整体亮度发生变化时，人会感到色度也发生了变化，尽管色调本身并没有变化。

2. 饱和度增强

图像的饱和度增强和图像的亮度增强有相似的地方。例如，通过对图像中每个像素点的饱和度分量乘以一个大于 1 的常数可使图像中的彩色更鲜明，而若乘以一个小于 1 的常数则会使图像的彩色感减少，如图 7-24 所示。如果仅改变彩色图像的饱和度，彩色图像的色调并不会改变。

图 7-23 亮度改变示例

原图像　　　　　　饱和度乘以3的图像　　　　　　饱和度乘以0.3的图像

图 7-24 饱和度改变示例

3. 色调增强

与对图像的饱和度增强不同，色调增强有其自身的特殊性。如果改变图像的色调值，得到的结果常可看成是用假彩色表达的彩色图像，这时候图像的颜色会有改变。如果对每个像素的色调增加一个常数，即一个角度，将会使每个目标的颜色在色谱上移动。当这个常数比较小时，一般仅会使彩色图像的色调改变；如果这个常数较大时，则有可能会使彩色图像的感受发生较大的变化，甚至有可能增强后图像中的色调完全失去了原有的含义。

色调增强是通过增加颜色间的差异来达到图像增强的目的，一般可以通过对彩色图像每个点的色度值加上或减去一个常数来实现。由于彩色图像的色度分量是一个角度值，因此对色度分量加上或减去一个常数，相当于图像上所有点的颜色都沿着彩色环逆时针或顺时针旋转一定的角度。由于彩色处理色相分量图像的操作必须考虑灰度级的"周期性"，即对色调值加上 120°和加上 480°是相同的，如图 7-25 所示。

原始图像　　　　　　色度值减去120°的图像　　　　　　色度值加上120°的图像

图 7-25 色调改变示例

7.4.3 全彩色增强

彩色单分量增强的优点是由于将亮度、饱和度和色调分解开来，对增强的操作比较容易进行；缺点是会产生整体彩色感知的变化，且变化的效果不易控制，常造成明显的彩色失真。所以，在有的增强应用中，会考虑用全彩色增强方法，即将图像的每个像素看作一个包含三个特性的矢量。

1. 彩色切割

彩色切割可以用来增强特定目标，保持目标原有色彩，而图像中其他区域变为单一色。自然图像中对应同一个物体或物体部分的像素的颜色在彩色空间中应该是聚集在一起的，在彩色空间中，将与需增强部分采用聚类算法确定出来，并进行增强。

在彩色空间中，任何一种颜色都占据空间中的一个位置。在自然图像中对应同一个物体或物体部分的像素，它们的颜色在彩色空间中应该是聚集在一起的。彩色空间是一个三维空间，对 RGB 空间，3 个坐标轴分别为 R、G、B。考虑图像中对应一个物体的区域 W。如果能在彩色空间将其对应的聚类确定出来，让与这个聚类对应的像素保持原来的颜色（或赋予增强的颜色），而让图像中这个聚类以外的其他像素取某个单一的颜色，就能将该物体与其他物体区别开来或突出出来，达到增强的目的。下面以采用 RGB 彩色空间为例来具体介绍，采用其他彩色空间方法也类似，与区域 W 对应的 3 个彩色分量分别为 $R_W(x,y)$，$G_W(x,y)$，$B_W(x,y)$。首先计算它们各自的平均值（即彩色空间的聚类中心坐标）为

$$\begin{cases} m_R = \dfrac{1}{\#W} \sum_{(x,y) \in W} R_W(x,y) \\ m_G = \dfrac{1}{\#W} \sum_{(x,y) \in W} G_W(x,y) \\ m_B = \dfrac{1}{\#W} \sum_{(x,y) \in W} B_W(x,y) \end{cases} \tag{7-18}$$

式中，$\#W$ 为区域 W 中的像素的个数。然后确定各个彩色分量的分布宽度 d_R、d_G、d_B。根据平均值和分布宽度可确定对应区域 W 的彩色空间中的包围矩形：

$$\{m_R - d_R/2 : m_R + d_R/2 ; m_G - d_G/2 : m_G + d_G/2 ; m_B - d_B/2 : m_B + d_B/2\} \tag{7-19}$$

这个矩形就确定了与区域 W 对应的聚类范围。实际中，平均值和分布宽度常需要借助交互来获得。

2. 彩色滤波增强

上述操作是基于点的操作，也可以采用模板操作来进行彩色图像的增强，一般称为彩色滤波。此处为保证结果不偏色，需对各个分量同时处理。

以邻域平均为例，设彩色像素 $C(x,y)$ 的邻域为 W，则彩色图像平滑的结果为

$$C_{\text{ave}}(x,y) = \frac{1}{\#W} \sum_{(x,y) \in W} C(x,y) = \frac{1}{\#W} \begin{bmatrix} \sum_{(x,y) \in W} R(x,y) \\ \sum_{(x,y) \in W} G(x,y) \\ \sum_{(x,y) \in W} B(x,y) \end{bmatrix} \tag{7-20}$$

可见，对矢量的平均结果可由其他各个分量相同方法进行平均再结合起来得到。换句话

说，可以将一幅彩色图像分解为 3 幅灰度图像，用同样的模板随 3 幅灰度图像分别进行邻域平均再组合起来。上述方法对加权平均也适用。事实上，对各种线性滤波方式都可以如此进行，但对各种非线性滤波方式情况就会变得很复杂。

需要指出，上述操作虽然看起来对 3 个彩色通道是对称的，但实际上，由于在同一个像素处 3 个彩色通道的值不同，所以滤波结果图像有可能产生彩色失真。该问题可借助先将 RGB 图像变换到 HSI 彩色空间中，然后再对图像的色调和饱和度进行滤波来部分地解决。在 HSI 彩色空间中进行滤波操作的色彩失真会比在 RGB 空间要减少些。但是，在彩色过渡的地方计算均值有可能产生中间的彩色。例如，在红和绿的交界处进行平均将会产生黄色，而这会使感知不太自然。

7.5 彩色图像处理 MATLAB 仿真实例

例 7-2 将索引图像转换为二值图像。

其实现的 MATLAB 程序如下：

```
>> clear all;
load trees
BW=im2bw(X,map,0.4);
imshow(X,map);
figure,imshow(BW)
```

运行程序后的效果如图 7-26 所示。

图 7-26 索引图像转换为二值图像示例
a）索引图像　b）二值图像

例 7-3 将真彩色图像转换为灰度图像。

其实现的 MATLAB 程序如下：

```
>> clear all;
I=imread('board.tif');
J=rgb2gray(I);
figure,imshow(I);
figure,imshow(J);
```

运行程序后的效果如图 7-27 所示。

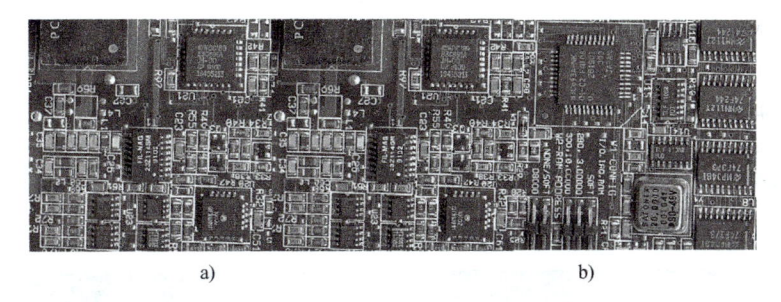

图 7-27 真彩色图像转换为灰度图像示例 1
a) 真彩色图像　b) 灰度图像

例 7-4　将真彩色图像转换为灰度图像。

其实现的 MATLAB 程序如下：

```
>> clear all;
[X,map]=imread('trees.tif');
gmap=rgb2gray(map);
figure,imshow(X,map);
figure,imshow(X,gmap);
```

运行程序后的效果如图 7-28 所示。

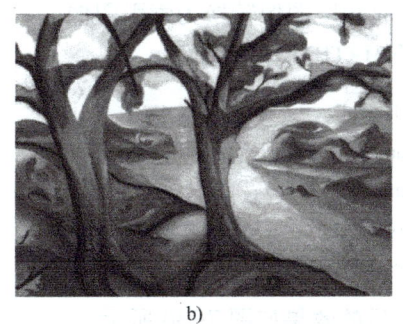

图 7-28　真彩色图像转换为灰度图像示例 2
a) 真彩色图像　b) 灰度图像

例 7-5　将真彩色图像转换为索引图像。

其实现的 MATLAB 程序如下：

```
>> clear all;
imfile=fullfile(matlabroot,...
    'toolbox','matlab','demos','html','logodemo_01.png');  %MATLAB 完整搜索路径
RGB=imread(imfile,'PNG');
figure('Name','RGB Truecolor Image')
imagesc(RGB)
axis image
zoom(4)
[IND,map]=rgb2ind(RGB,32);
```

第 7 章 | 195

```
figure('Name','Indexed image with 32 Colors')
imagesc(IND)
colormap(map)
axis image
zoom(4)
```

运行程序后的效果如图 7-29 所示。

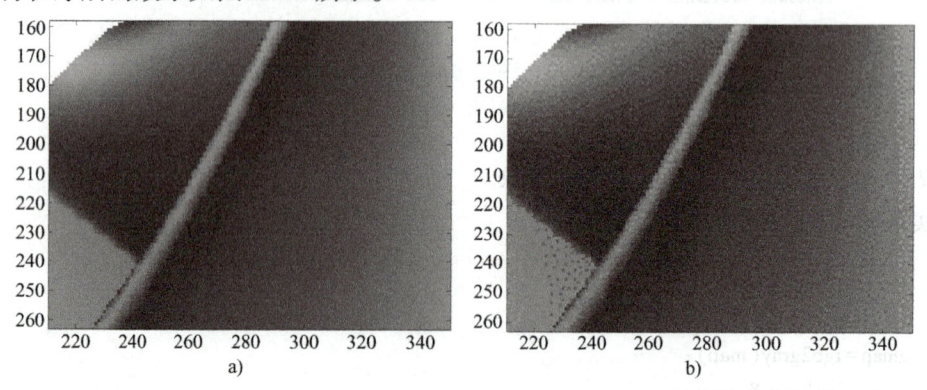

图 7-29　真彩色图像转换为索引图像示例
a）真彩色图像　b）索引图像

例 7-6　将灰度图像转换为索引图像。

其实现的 MATLAB 程序如下：

```
>> clear all;
I = imread('snowflakes.png');
X = grayslice(I,16);
imshow(I)
figure,imshow(X,jet(16));
```

运行程序后的效果如图 7-30 所示。

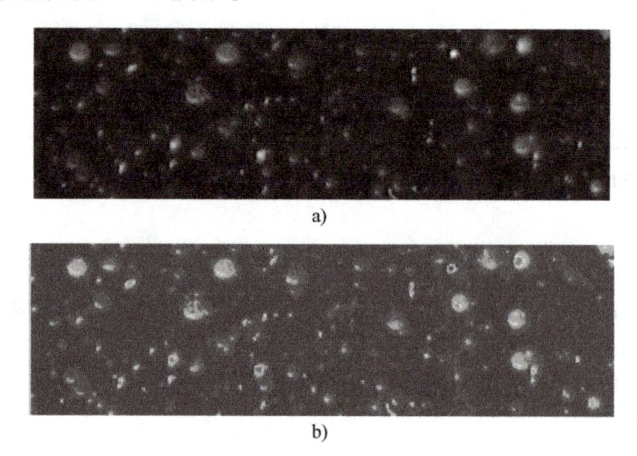

图 7-30　灰度图像转换为索引图像示例
a）灰度图像　b）索引图像

例 7-7 将索引图像转换为灰度图像。

其实现的 MATLAB 程序如下：

```
>> clear all;
load trees
I=ind2gray(X,map);
imshow(X,map)
figure,imshow(I)
```

运行程序后的效果如图 7-31 所示。

图 7-31 索引图像转换为灰度图像示例
a）索引图像　b）灰度图像

例 7-8 将索引图像转换为 RGB 图像。

其实现的 MATLAB 程序如下：

```
>> clear all;
load wmandril;
figure;imshow(X,map);
I=ind2rgb(X,map);
figure;imshow(I)
```

运行程序后的效果如图 7-32 所示。

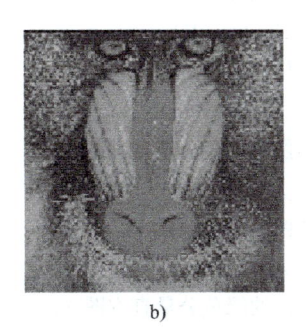

图 7-32 索引图像转换为 RGB 图像示例
a）索引图像　b）RGB 图像

例 7-9 用 Sobel 算子对图像进行滤波，并将滤波后的数据矩阵转换为灰度图像。

其实现的 MATLAB 程序如下：

```
>> clear all;
I = imread('rice.png');
J = filter2(fspecial('sobel'),I);
K = mat2gray(J);
imshow(I);
figure,imshow(K)
```

运行程序后的效果如图 7-33 所示。

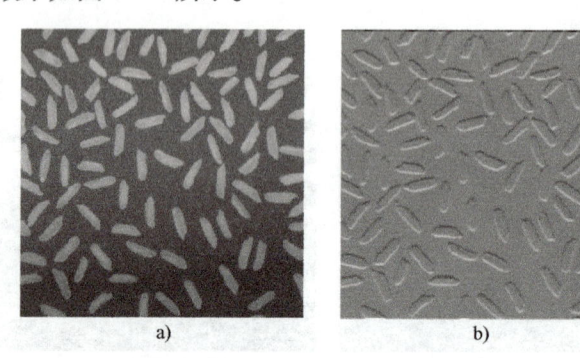

图 7-33 Sobel 算子对图像进行滤波
a) 原始图像　b) Sobel 算子滤波后图像

例 7-10 基于直方图均衡化的彩色图像增强示例。
MATLAB 程序如下：

```
clc;
RGB = imread('football.jpg');        %输入彩色图像,得到三维数组
R = RGB(:,:,1);                       %分别取三维数组的一维,得到红绿蓝三个分量为 R G B
G = RGB(:,:,2);
B = RGB(:,:,3);
subplot(4,2,1),imshow(RGB);           %绘制各分量的图像及其直方图
title('原始真彩色图像');
subplot(4,2,3),imshow(R);
title('真彩色图像的红色分量');
subplot(4,2,4),imhist(R);
title('真彩色图像的红色分量直方图');
subplot(4,2,5),imshow(G);
title('真彩色图像的绿色分量');
subplot(4,2,6),imhist(G);
title('真彩色图像的绿色分量直方图');
subplot(4,2,7),imshow(B);
title('真彩色图像的蓝色分量');
subplot(4,2,8),imhist(B);
title('真彩色图像的蓝色分量直方图');
r = histeq(R);                        %对各分量直方图均衡化,得到各分量均衡化图像
```

```
g=histeq(G);
b=histeq(B);
figure,
subplot(3,2,1),imshow(r);
title('红色分量均衡化后图像');
subplot(3,2,2),imhist(r);
title('红色分量均衡化后图像直方图');
subplot(3,2,3),imshow(g);
title('绿色分量均衡化后图像');
subplot(3,2,4),imhist(g);
title('绿色分量均衡化后图像直方图');
subplot(3,2,5),imshow(b);
title('蓝色分量均衡化后图像');
subplot(3,2,6),imhist(b);
title('蓝色分量均衡化后图像直方图')
```

运行程序后的效果如图 7-34 所示。

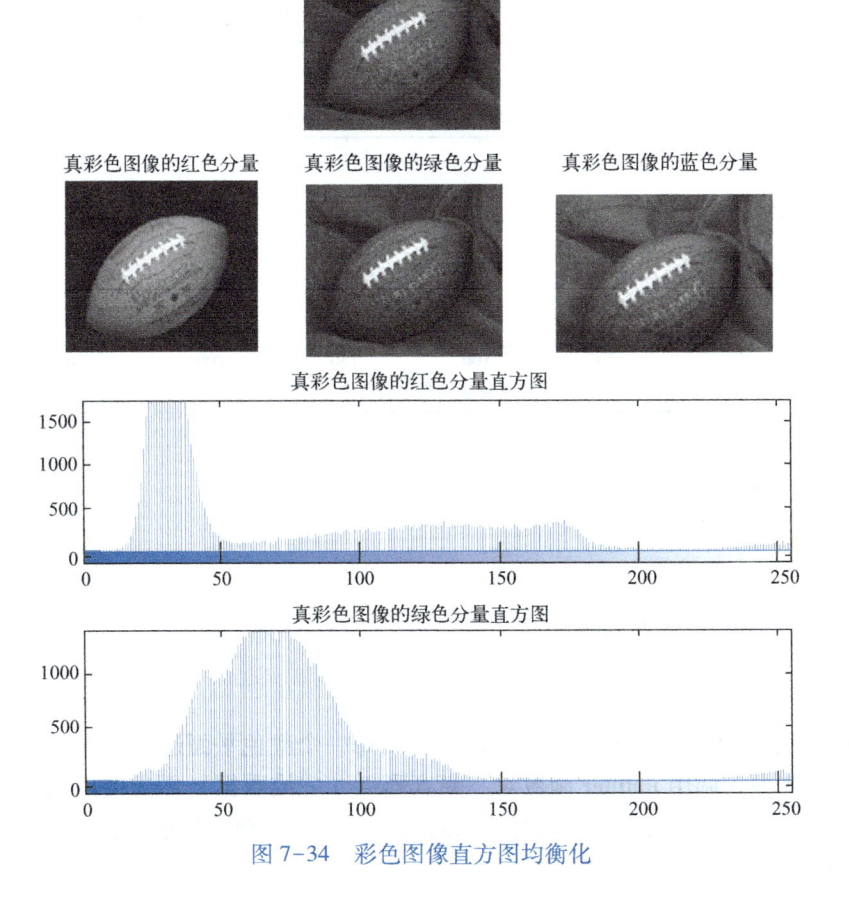

图 7-34 彩色图像直方图均衡化

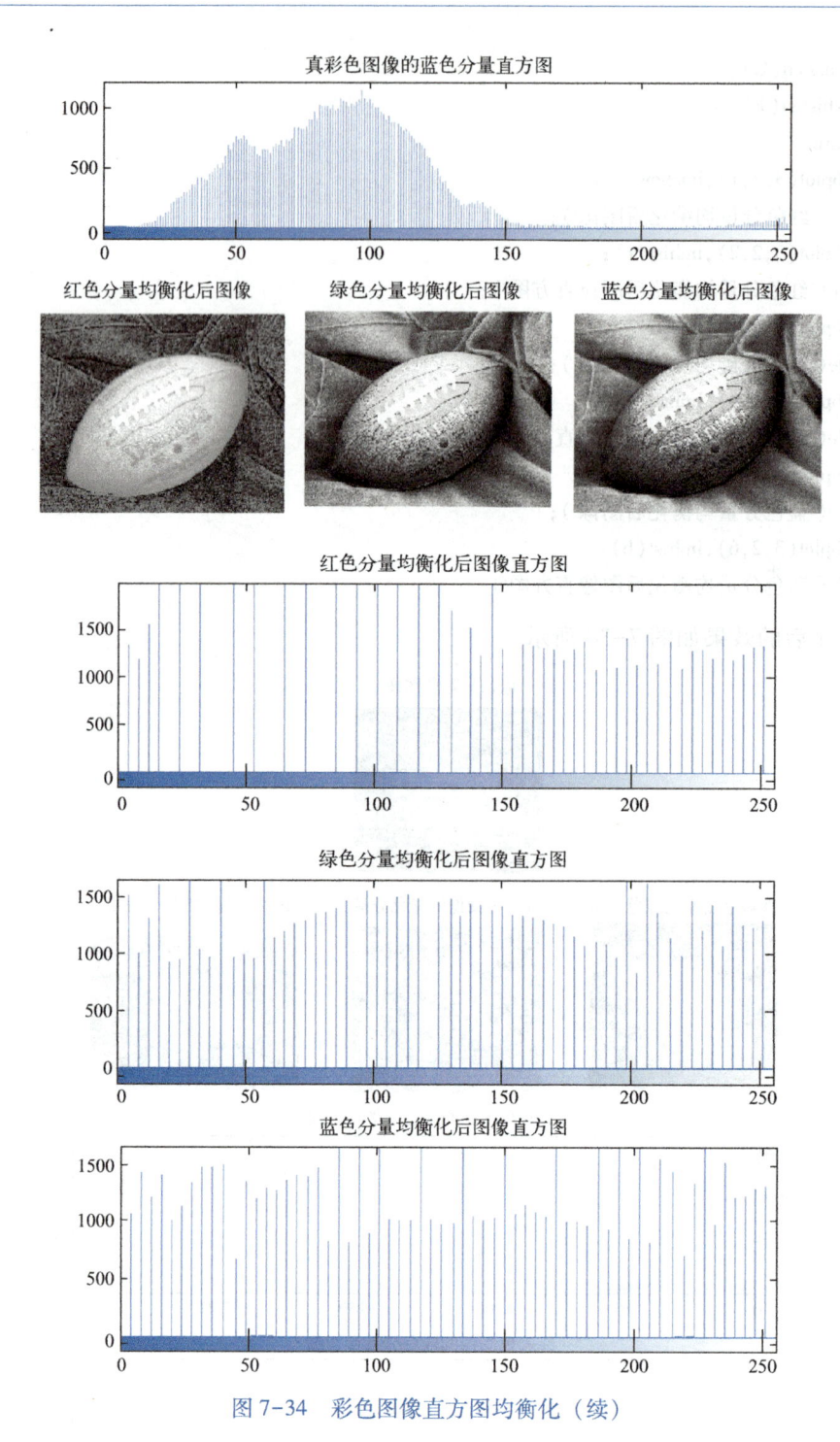

图 7-34 彩色图像直方图均衡化（续）

例 7-11 用 imfilter 函数对一个真彩色图像的每一个颜色平面进行滤波。

在 MATLAB 中，调用 imfilter 函数对一幅真彩色（三维数据）图像使用二维滤波器进行滤波就相当于使用同一个二维滤波器对数据的每一个平面单独进行滤波。

下面是对彩色图像进行滤波的程序：

```
RGB = imread('football.jpg');
H = ones(5,5)/25;
RGB1 = imfilter(RGB,H);
subplot(1,2,1),imshow(RGB),title('滤波前图像');
subplot(1,2,2),imshow(RGB1),title('滤波后图像');
```

运行程序后的效果如图 7-35 所示。

图 7-35　彩色图像进行均值滤波

例 7-12　对三个通道分别进行滤波来实现真彩色图像的滤波。

其实现的 MATLAB 程序为：

```
win = [5 5];
im1 = imread('autumn.TIF');
img = imnoise(im1,'salt & pepper',0.2);
figure;imshow(img);
x = img(:,:,1);
y = img(:,:,2);
z = img(:,:,3);
X = medfilt2(x,win);
Y = medfilt2(y,win);
Z = medfilt2(z,win);
new_img = cat(3,X,Y,Z);
figure;imshow(new_img);
```

运行程序后的效果如图 7-36 所示。

图 7-36　对彩色图像进行滤波
a) 加入椒盐噪声的图像　b) 滤波后的彩色图像

例 7-13 图像在 RGB 色彩空间和 HSV 色彩空间相互转换，具体程序如下：

```
RGB=imread('autumn.tif');
HSV=rgb2hsv(RGB);
RGB1=hsv2rgb(HSV);
subplot(2,2,1),imshow(RGB),title('RGB 图像');
subplot(2,2,2),imshow(HSV),title('HSV 图像');
subplot(2,2,3),imshow(RGB1),title('转换后 RGB 图像');
```

运行程序后的效果如图 7-37 所示。

图 7-37 彩色图像 HSV 模式和 RGB 模式之间的转换

例 7-14 灰度分层方法伪彩色处理的 MATLAB 实现。

下面是灰度分层方法伪彩色处理的 MATLAB 实现的程序清单：

```
clc;
I=imread('AT3_01.tif');
imshow(I);
X=grayslice(I,16);
figure,imshow(X,hot(16));
```

运行程序后的效果如图 7-38 所示。

例 7-15 彩色图像的平滑处理。

图 7-39a 显示了一幅 RGB 图像，其中图 7-39b~d 是 RGB 分量图像，它们是从图 7-39a 中提取出来的。从文中讨论可知，平滑单独的分量图像和直接平滑原始 RGB 图像是相同的。图 7-39e 显示了平滑三个分量后合成一幅 RGB 图像的效果，图 7-39f 则显示了直接平滑图像 7-39a 的效果，对比两图可以发现它们一样。

下面是详细的 MATLAB 程序清单：

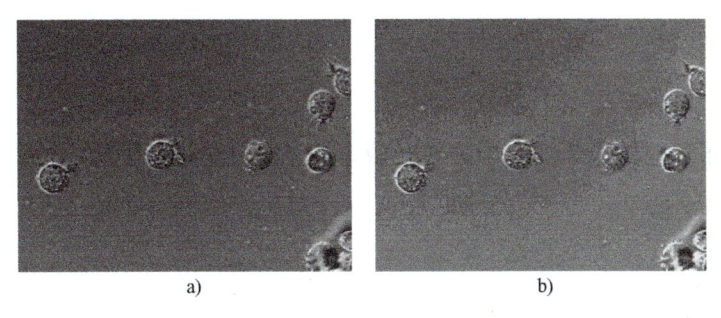

图 7-38 灰度分层方法伪彩色图像处理
a）灰度图像 b）伪彩色图像

图 7-39 例 7-15 图

```
clc;
I=imread('im1.jpg');
imshow(I);
fr=I(:,:,1);
fg=I(:,:,2);
fb=I(:,:,3);
fb=I(:,:,3);                                    %抽取3个分量图像
w=fspecial('average',25);                       %w 表示用 fspecial 产生的平滑滤波器
fR_filtered=imfilter(fr,w,'replicate');
fG_filtered=imfilter(fg,w,'replicate');
fB_filtered=imfilter(fb,w,'replicate');
fc_filtered1=cat(3, fR_filtered, fG_filtered, fB_filtered); % 重建滤波过的 RGB 图像
figure,
subplot(1,3,1),imshow(fr);
subplot(1,3,2),imshow(fg);
subplot(1,3,3),imshow(fb);
figure,
imshow(fc_filtered1);
```

```
fc_filtered2 = imfilter(fc,w,'replicate');
figure,
imshow(fc_filtered2);
```

本例还实现了仅对图像 7-39a 中的 HIS 版本的亮度分量进行平滑的效果。

```
h = rgb2hsi(I);
H = h(:,:,1);
S = h(:,:,2);
I = h(:,:,3);
w = fspecial('average',25);
I_filtered = imfilter(I,w,'replicate');
h = cat(3,H,S,I_filtered);
f = hsi2rgb(h);
```

7.6 拓展与思考

技术与伦理挑战及法规应对

彩色图像处理是数字图像处理领域中的一个重要分支，它涉及对彩色图像的获取、表示、处理和分析。随着技术的发展，彩色图像处理不仅在提高图像质量、增强视觉效果方面发挥着重要作用，而且在伦理和法规遵守方面也面临着新的挑战和要求。这些问题涉及隐私权、版权、肖像权、虚假信息的传播等多个方面。

1）隐私权保护：随着图像识别技术的发展，个人的隐私权面临更大的威胁。例如，人脸识别技术可以在未经个人同意的情况下识别和追踪个人。

2）版权和肖像权：图像处理技术使得复制和修改图像变得容易，这可能侵犯版权和肖像权。例如，Deepfake 技术的出现使得虚假的图像和视频的制作变得简单，这可能会侵犯他人的肖像权和版权。

3）虚假信息的传播：图像处理技术可以用来制作虚假的图像和视频，这可能会被用来传播虚假信息，影响社会稳定。

4）技术滥用的风险：图像处理技术可能会被用于不正当的目的，如诈骗、色情、恐怖主义等。

为了应对这些挑战，各国政府和国际组织都在制定相应的法规和政策。例如，欧盟制定了通用数据保护条例（GDPR），对个人数据的保护提出了严格的要求。美国也在制定相关的法规，如加州的消费者隐私法案（CCPA）等。同时，国际组织也在推动跨国合作，共同打击滥用图像处理技术的行为。总之，技术是一把双刃剑，我们在享受技术带来的便利和进步的同时，也要警惕和应对其可能带来的负面影响。这需要社会各界的共同努力，包括政策制定者、技术开发者、用户以及教育工作者，共同推动技术的健康、安全和可持续的发展。

7.7 习题

1. 借助色度图的讨论，任何可见的颜色是否都可由三原色组合而成？

2. 常用的彩色模型有哪几种？它们的用途分别是什么？它们是如何相互转换的？
3. 为什么 HSI 模型相对于 RGB 模型更适宜于彩色图像的增强？
4. 什么是伪彩色图像增强？有哪些方法？它的目的是什么？
5. 真彩色增强的处理策略是什么？
6. 试用 MATLAB 对彩色图像的各个分量进行比较处理。可得出什么结果？
7. 编程读取一幅彩色图像，将这幅图像转换到 HIS 空间，显示其各个分量图。

参 考 文 献

[1] 张弘. 数字图像处理与分析 [M]. 4版. 北京：机械工业出版社，2024.
[2] 王永琦，杨洋. 基于MATLAB的机器视觉和深度学习处理技术 [M]. 南京：东南大学出版社，2024.
[3] 杨钰. 数字信号与图像处理的MATLAB实践 [M]. 厦门：厦门大学出版社，2024.
[4] 杨帆. 数字图像处理与分析 [M]. 5版. 北京：北京航空航天大学出版社，2024.
[5] 周越. 数字图像处理 [M]. 上海：上海交通大学出版社，2023.
[6] 魏龙生. 数字图像处理 [M]. 武汉：中国地质大学出版社，2023.
[7] 贾永红. 数字图像处理 [M]. 4版. 武汉：武汉大学出版社，2023.
[8] 周洪成，牛奔，许德智. 数字图像处理及实例MATLAB版 [M]. 北京：北京理工大学出版社，2023.
[9] 全红艳. 智能数字图像处理原理与技术 [M]. 北京：机械工业出版社，2023.
[10] 赵荣椿，张艳宁，赵歆波，等. 数字图像处理 [M]. 2版. 西安：西北工业大学出版社，2023.
[11] 王俊祥，赵怡，张天助. 数字图像处理及行业应用 [M]. 北京：机械工业出版社，2022.
[12] 郭红宇. 数字图像处理技术及典型应用 [M]. 广州：广东人民出版社，2022.
[13] 耿楠，宁纪锋，胡少军，等. 数字图像处理 [M]. 4版. 西安：西安电子科技大学出版社，2022.
[14] 刘冰. MATLAB图像处理与应用 [M]. 北京：机械工业出版社，2022.
[15] 张云佐. 数字图像处理技术及应用 [M]. 北京：北京理工大学出版社，2021.
[16] 郭显久. 数字图像的变换处理与实现 [M]. 大连：辽宁师范大学出版社，2021.
[17] 袁伯园. 智能图像处理及应用研究 [M]. 北京：中国原子能出版社，2021.
[18] 黄少罗，闫聪聪. MATLAB 2020图形与图像处理从入门到精通 [M]. 北京：机械工业出版社，2021.
[19] 余顺园. 弱图像信号的复原理论与方法研究 [M]. 北京：中国纺织出版社，2021.
[20] 张弘，李嘉锋. 数字图像处理与分析 [M]. 北京：机械工业出版社，2020.
[21] 欧阳玉梅. 数字信号处理实验教程 [M]. 武汉：华中科技大学出版社，2020.
[22] 孙华魁. 数字图像处理与识别技术研究 [M]. 天津：天津科学技术出版社，2019.
[23] 官云兰，何海清，王毓乾. MATLAB遥感数字图像处理实践教程 [M]. 上海：同济大学出版社，2019.
[24] 赵小川. MATLAB图像处理 [M]. 北京：北京航空航天大学出版社，2019.
[25] 李达辉. 数字图像处理核心技术及应用 [M]. 成都：电子科技大学出版社，2019.
[26] 张小波. 图像处理的基本方法 [M]. 长春：吉林大学出版社，2019.
[27] 张晶. 数字图像处理应用研究 [M]. 长春：吉林大学出版社，2019.
[28] 黄丽韶. 数字图像处理及实现方法探究 [M]. 北京：北京工业大学出版社，2018.
[29] 宋丽梅，王红. 数字图像处理基础及工程应用 [M]. 北京：机械工业出版社，2018.
[30] 陆玲. 数字图像处理课程教学实践研究 [M]. 成都：电子科技大学出版社，2018.
[31] 姚敏. 数字图像处理 [M]. 3版. 北京：机械工业出版社，2017.
[32] 全红艳，王长波. 数字图像处理原理与实践 [M]. 北京：机械工业出版社，2017.
[33] 刘小园. 数字图像处理原理与算法分析 [M]. 长春：东北师范大学出版社，2017.
[34] 张博，史革盟，付浩. 数字图像处理技术及其应用研究 [M]. 天津：天津科学技术出版社，2017.
[35] 刘嵩，曲海成，尹艳梅. 数字图像处理原理、实现方法及实践探究 [M]. 哈尔滨：哈尔滨工业大学出版社，2017.

［36］张锲石，张军．数字图像处理与分析研究［M］．北京：现代出版社，2017.

［37］张机．计算机数字图像处理与应用［M］．延吉：延边大学出版社，2017.

［38］朱秀昌，刘峰，胡栋．数字图像处理与图像信息［M］．北京：北京邮电大学出版社，2016.

［39］孙正．数字图像处理技术及应用［M］．北京：机械工业出版社，2016.

［40］鲁溟峰，张峰，陶然．分数傅里叶变换域数字化与图像处理［M］．北京：北京理工大学出版社，2016.

［41］王延江，林青．数字图像处理［M］．东营：中国石油大学出版社，2016.